常用建筑材料速查丛书

建筑五金速查手册

沈 杰 编

U0287658

中国建筑工业出版社

图书在版编目(CIP)数据

建筑五金速查手册/沈杰编. —北京:中国建筑
工业出版社,2013.12
(常用建筑材料速查丛书)
ISBN 978-7-112-15869-0

Ⅰ.①建… Ⅱ.①沈… Ⅲ.①建筑五金-技
术手册 Ⅳ.①TU513-62

中国版本图书馆 CIP 数据核字(2013)第 221063 号

常用建筑材料速查丛书
建筑五金速查手册
沈 杰 编

*

中国建筑工业出版社出版、发行(北京西郊百万庄)
各地新华书店、建筑书店经销
北京天成排版公司制版
北京富生印刷厂印刷

*

开本:889×1194毫米 1/64 印张:16⅛ 字数:570千字
2014 年 4 月第一版 2014 年 4 月第一次印刷
定价:**39.00** 元
ISBN 978-7-112-15869-0
(24625)

本手册为"常用建筑材料速查丛书"之一。全书共分为十章，包括建筑五金工具、建筑门窗、建筑门窗五金、建筑小五金、龙骨、吊顶及隔墙、焊接器材、给排水管材及管件等。

本手册结合目前最新的国家标准和行业标准，图文并茂，查看快捷方便，可供预算员以及从事基建、建材、施工、销售与采购等工作的人员查阅使用，也可供普通家庭用户装修房屋时使用。

责任编辑：范业庶　王砾瑶
责任设计：董建平
责任校对：王雪竹　关　健

前　　言

　　建筑五金是指建筑物或构筑物中装用的金属和非金属制品、配件的总称，具有实用性和装饰性双重效果，与我国经济建设和人们日常生活密切相关。近年来，随着科学技术的飞速发展，建筑五金类产品的新品种日益增多，新的国家标准和行业标准不断增多。为了使读者能方便快捷地查询和选择各类建筑五金产品的品种、规格、性能和用途等，我们编写了这本《建筑五金速查手册》。

　　本手册共分十章，内容包括建筑五金工具，建筑门窗，建筑门窗五金，建筑小五金，建筑消防器材，水暖器材，卫浴五金，龙骨、吊顶及隔墙，焊接器材，给排水管材及管件等。

　　本手册结合目前最新的国家标准和行业标准，图文并茂，查看快捷方便。本手册可供预算员以及从事基建、建材、施工、销售与采购等工作的人员查阅使用，也可供普通家庭用户装修房屋时使用。

　　由于编者的水平有限，书中难免存在错误和不足之处，敬请广大读者批评指正。

编者

目　录

第一章 建筑五金工具

第一节 扳手类工具

一、单头呆扳手（GB/T 4388—2008）

1. 外形结构如图 1-1 所示。

图 1-1 单头呆扳手

2. 规格及用途

开口宽度 /mm	5.5, 6, 7, 8, 9, 10, 11, 12, 13, 14, 15, 16, 17, 18, 20, 21, 22, 23, 24, 25, 26, 27, 28, 29, 30, 31, 32, 34, 36, 38, 41, 46, 50, 55, 60, 65, 70
用途	专用于扳拧一种规格的六角头或方头螺栓、螺母

二、双头呆扳手（GB/T 4388—2008）

1. 外形结构（图 1-2）

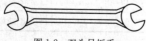

图 1-2 双头呆扳手

2. 规格及用途

(1) 单件双头呆扳手

开口宽度/mm	用途
3.2×4, 4×5, 4×5.5, 5.5×7, 6×7①, 7×8, 8×9①, 8×10, 10×11, 10×13, 11×13, 12×14①, 13×15, 13×16, 13×17①, 14×17①, 15×16, 16×17①, 16×18, 17×19①, 18×21, 21×23①, 21×24, 22×24①, 24×27, 27×29①, 27×30, 30×32①, 30×34, 32×36①, 34×36, 36×41, 41×46, 46×50, 50×55, 55×60	适用于扳拧两种规格的六角头或方头螺栓、螺母

备注：①为非优先组配。

(2) 成套双头呆扳手

每套件数	开口宽度/mm
6	5.5×7, 8×10, 12×14, 14×17, 17×19, 22×24
8	5.5×7, 8×10, 9×11, 12×14, 14×17, 17×19, 19×22, 22×24
10	5.5×7, 8×10, 9×11, 12×14, 14×17, 17×19, 19×22, 22×24, 24×27, 30×32
新5件	5.5×7, 8×10, 13×16, 18×21, 24×27

每套件数	开口宽度/mm
新6件	5.5×7，8×10，13×16，18×21，24×27，30×34
用途	每把扳手适用于扳拧两种规格的六角头或方头螺栓、螺母

三、活扳手（GB/T 4440—2008）

1. 外形结构　如图1-3所示。

图1-3　活扳手

2. 规格及用途

总长度/mm	最大开口宽度/mm	用途
100	13	
150	19	
200	24	
250	28	调节开口宽度，用于扳拧一定尺寸范围的六角头或方头螺栓、螺母
300	34	
375	43	
450	52	
600	62	

四、梅花扳手（GB/T 4388—2008）

1. 单头梅花扳手

（1）外形结构　如图 1-4 所示。

图 1-4　单头梅花扳手

（2）规格及用途　与单头呆扳手相同，但只用于六角头螺栓、螺母。

2. 双头梅花扳手

（1）外形结构　如图 1-5 所示。

（2）规格及用途

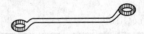

图 1-5　双头梅花扳手

① 单件双头梅花扳手

适用的六角头对边宽度/mm	5.5×7, 8×10, 10×11, 11×13, 12×14, 13×17, 14×17, 117×19, 19×22, 22×24, 24×27, 27×30, 30×32, 32×36, 36×41, 41×46, 46×50, 50×55, 55×60
用途	与双头呆扳手相同，但只用于六角头螺栓、螺母

② 成套双头梅花扳手

每套件数	适用的六角头对边宽度/mm
6	5.5×7, 9×11, 12×14, 14×17, 17×19, 22×24
8	5.5×7, 9×11, 10×12, 12×14, 14×17, 19×22, 22×24, 24×27
10	5.5×7, 9×11, 10×12, 12×14, 14×17, 19×22, 24×27, 27×30, 30×32
用途	与双头呆扳手相同，但只用于六角头螺栓、螺母

3. 两用扳手

(1) 外形结构　如图 1-6 所示。

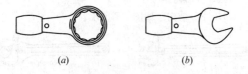

(a)   (b)

图 1-6　两用扳手

(a)两用梅花扳手；(b)两用呆扳手

(2) 规格及用途

规格/mm	50	55	60	65	70	75
长度/mm	300		350		375	
规格/mm	80	85	90	95	100	105
长度/mm	400		450		500	
规格/mm	110	115	120	130	135	145
长度/mm	500		600			
规格/mm	150	155	165	170	180	185
长度/mm	700				800	
规格/mm	190		200		210	
长度/mm	800					
用途	除了可用于扳拧一种规格的六角头或方头螺栓和螺母外，其柄端还可当锤子用					

五、管活两用扳手

1. 外形结构　如图 1-7 所示。

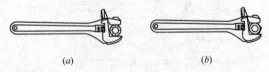

图 1-7　管活两用扳手

(a)当管子钳用；(b)当活扳手用

2. 规格及用途

型式	长度/mm	螺栓、螺母对边宽度/mm	管子外径/mm
Ⅰ型	250	30	30
	300	36	36
Ⅱ型	200	24	25
	250	30	32
	300	36	40
	375	46	50
用途	既可扳拧一定尺寸范围的六角头或方头螺栓、螺母，又可装拆管子或圆柱形件		

六、手动套筒扳手(GB/T 3390—2004)

1. 外形结构 如图1-8所示。

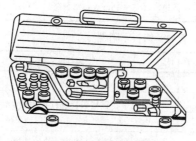

图1-8 手动套筒扳手

2. 普通套筒规格(GB/T 3390.1—2004)

每套件数	每套规格/mm
9	10, 11, 12, 14, 17, 19, 22, 24
13	10, 11, 12, 14, 17, 19, 22, 24, 27
17	10, 11, 12, 14, 17, 19, 22, 24, 27, 30, 32
24	10, 11, 12, 13, 14, 15, 16, 17, 18, 19, 20, 21, 22, 23, 24, 27, 30, 32
28	10, 11, 12, 13, 14, 15, 16, 17, 18, 19, 20, 21, 22, 23, 24, 26, 27, 28, 30, 32
32	8, 9, 10, 11, 12, 13, 14, 15, 16, 17, 18, 19, 20, 21, 22, 23, 24, 26, 27, 28, 30, 32, 13/16in火花塞套筒

3. 普通套筒扳手附件

每套件数	附件
9	弯头手柄
13	棘轮扳手、直接头、滑行头手柄、快速摇柄、接杆
17	
24	棘轮扳手、滑行头手柄、快速摇柄、接杆、万向接头

每套件数	附件
28	棘轮扳手、直接头、滑行头手柄、快速摇柄、接杆、万向接头、旋具接头
32	棘轮扳手、弯柄、滑行头手柄、快速摇柄、接杆、万向接头、旋具接头

4. 用途　用于扳拧六角螺栓、螺母，特别适用于空间狭小、位置深凹的工作场合。

七、十字柄套筒扳手(GB/T 14765—2008)

1. 外形结构　如图 1-9 所示。

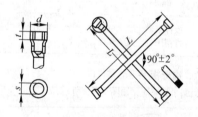

图 1-9　十字柄套筒扳手

2. 规格及用途

型号	s_{max} /mm	d_{max} /mm	L_{min} /mm	方榫 /mm	t_{min} /mm
1	24	38	355	12.5	
2	27	42.5	450		$0.8 \times s$
3	34	55	630	20	
4	41	63	700		
备注	S系列/mm		10, 11, 12, 13, 14, 15, 16, 17, 18, 19, 20, 21, 22, 23, 24, 25, 26, 27, 28, 30, 32, 34, 36, 41, 46		
	方榫系列/mm		10, 12.5, 20		
用途	扳拧车辆轮胎上的六角螺栓、螺母的专用工具，也可用于扳拧其他螺栓、螺母				

八、钩形扳手

1. 外形结构　如图 1-10 所示。

图 1-10　钩形扳手

2. 规格及用途

圆螺母外径/mm	扳手长度/mm
22~26	120
28~32	130
34~36	140
38~42	150
45~52	170
55~62	190
68~72	210
78~85	230
90~95	250
100~110	270
115~130	290
用途	只用于扳拧各种机械设备上的圆螺母

九、内六角扳手(GB/T 5356—2008)

1. 外形结构　如图 1-11 所示。

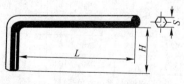

图 1-11　内六角扳手

2. 规格及用途

S/mm	L/mm	H/mm
2	50	16
2.5	56	18
3	63	20
4	70	25
5	80	28
6	90	32
7	95	34
8	100	36
10	112	40
12	125	45
14	140	56
17	160	63
19	180	70
22	200	80
24	224	90
27	250	100
32	315	125
36	355	140
用途	专用于扳拧标准内六角螺钉	

十、内四方扳手(JB/T 3411.35—1999)

1. **外形结构** 如图 1-12 所示。

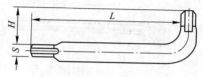

图 1-12 内四方扳手

2. 规格及用途

S/mm	L/mm	H/mm
2	56	18
2.5		
3	63	20
4	70	25
5	80	28
6	90	32
8	100	36
10	112	40
12	125	45
14	140	56
用途	专用于扳拧内四方螺钉	

十一、指针式扭力扳手（GB/T 15729—2008）

1. 外形结构　如图 1-13 所示。

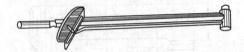

图 1-13　指针式扭力扳手

2. 规格及用途

力矩/(N·m)	方榫边长/mm	用途
100		
200	12.5	专用于对螺栓、螺母有拧紧精度要求的装配工作
300		
500	20	

十二、预置式扭力扳手（GB/T 15729—2008）

1. 外形结构　如图 1-14 所示。

图 1-14　预置式扭力扳手

2. 规格及用途

预置力矩 /(N・m)	方榫边长 /mm	用途
0～10	6.3	
20～100	12.5	适用于需要提供预置紧固力矩的六角螺栓、螺母的拧紧装配
80～300		
280～760	20	
750～2000	25	

十三、管子钳(QB/T 2508—2001)

1. 外形结构(图 1-15)

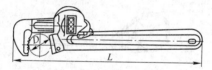

图 1-15　管子钳(管子扳手)

2. 规格及用途

L/mm	D_{max}/mm	用途
150	20	
200	25	适用于夹持和旋转钢管类工件及其他圆柱形工件
250	30	
300	40	

L/mm	D_{max}/mm	用途
350	50	适用于夹持和旋转钢管类工件及其他圆柱形工件
450	60	
600	75	
900	85	
1200	110	

十四、链条管子钳(QB/T 1200—1991)

1. 外形结构　如图 1-16 所示。

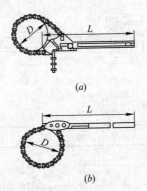

(a)

(b)

图 1-16　链条管子钳(链条管子扳手)

(a)A 型；(b)B 型

2. 规格及用途

型号	L/mm	D_{max}/mm	用途
A 型	300	50	
B 型	900	100	适用于夹持和旋转大型金属管或圆柱形零件
	1000	150	
	1200	200	
	1300	250	

十五、多用扳手(或快速管钳)

1. 外形结构 如图 1-17 所示。

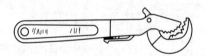

图 1-17 多用扳手(或快速管钳)

2. 规格及用途

公称长度/mm	200	250	300
夹持范围/mm	12~25	14~30	16~40
用途	适用于夹持和旋转小型金属管或圆柱形零件,也可当作普通扳手使用		

十六、组合扳手

1. 外形结构　如图 1-18 所示。

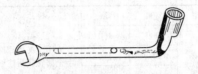

图 1-18　组合扳手

2. 规格及用途

对边尺寸/mm	全长/mm	用途
10	179	
11	190	
12	200	适用于扳拧公制、英制六角头螺栓、螺母以及方头螺栓、螺母
13	210	
14	220	
15	229	
17	241	
19	250	
备注	组合扳手一端为呆扳手，另一端为套筒扳手	

十七、两用扳手(GB/T 4388—2008)

1. 外形结构　如图 1-19 所示。

18

图 1-19　两用扳手

2. 规格及用途

单件两用扳手	
开口宽度 /mm	5.5，6，7，8，9，10，11，12，13，14，15，16，17，18，19，20，21，22，23，24，25，26，27，28，29，30，31，32，33，34，36

成套两用扳手	
每套件数	开口宽度/mm
6	10，12，14，17，19，22
8	8，9，10，12，14，17，19，22
10	8，9，10，12，14，17，19，22，24，27
新6	10，13，16，18，21，24
新8	8，10，13，16，18，21，24，27
用途	适用于扳拧六角头或方头螺栓和螺母
备注	其一端为呆扳手，另一端为梅花扳手

第二节 手钳类工具

一、钢丝钳（QB/T 2442.1—2007）

1. **外形结构** 如图 1-20 所示。

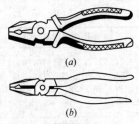

(a)

(b)

图 1-20 钢丝钳

(a)带塑料套钢丝钳；(b)无塑料套钢丝钳

2. **规格及用途**

全长/mm	用途
140	
160	
180	适用于夹持或弯折薄片形、细圆柱形金属零件，切断细金属丝
200	
220	
250	

二、鲤鱼钳(QB/T 2442.4—2007)

1. 外形结构 如图 1-21 所示。

图 1-21 鲤鱼钳

2. 规格及用途

全长/mm	用途
125	适用于夹持扁形或圆柱形金属零件,切断金属丝。钳口开口宽度有两档,可根据被夹持零件尺寸大小进行调节。也可替代扳手装拆螺栓和螺母
160	
180	
200	
250	

三、水泵钳(QB/T 2440.4—2007)

1. 外形结构 如图 1-22 所示。

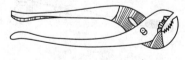

图 1-22 水泵钳

2. 规格及用途

全长/mm	用途
100	
125	
160	
200	适用于夹持、旋拧圆柱形管件和扁形或圆柱
250	形金属零件。钳口开口宽度有多档（三至四
315	档），可根据被夹持零件尺寸大小进行调节
350	
400	
500	

四、断线钳（QB/T 2206—2011）

1. 外形结构　如图 1-23 所示。

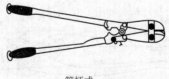

管柄式

图 1-23　断线钳（一）

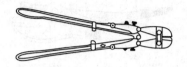

普通式(铁柄)

图 1-23　断线钳(二)

2. 规格及用途

全长/mm	剪切直径/mm	
	黑色金属	有色金属
300	≤4	2~6
350	≤5	2~7
450	≤6	2~8
600	≤8	2~10
750	≤10	2~12
900	≤12	2~14
1050	≤14	2~16
用途	适用于剪断较粗的、硬度≤30HRC 的金属丝、线材刺丝及电线等	

五、通用型大力钳（QB/T 4062—2010）

1. 外形结构　如图 1-24 所示。

图 1-24　通用型大力钳

2. 规格及用途

直口型大力钳		
全长/mm	钳口最大开口度/mm	头部宽度/mm
140	28.7	40
180	33.3	57
220	44.5	67
曲口型大力钳		
100	25.4	33
140	28.7	40
180	38.1	51
220	47.8	57
尖嘴型大力钳		
135	38.1	33
165	50.8	40
220	69.9	51
用途	适用于夹持、扳拧和锁定零件，兼有剪切的功能	

六、尖嘴钳（QB/T 2440.1—2007）

1. 外形结构　如图 1-25 所示。

图 1-25　尖嘴钳

2. **分类、规格及用途**

分类	分为柄部带塑料套和不带塑料套两种
全长/mm	125，140，160，180，200
用途	适用于在狭小工作空间夹持小零件和切断或扭曲细金属丝

七、带刃尖嘴钳（QB/T 2442.3—2007）

1. 外形结构　如图 1-26 所示。

图 1-26　带刃尖嘴钳

2. **分类、规格及用途**

分类	分为柄部带塑料套和不带塑料套两种
全长/mm	125，140，160，180，200
用途	适用于剪断、夹扭细金属丝

八、扁嘴钳(QB/T 2440.2—2007)

1. **外形结构**　如图 1-27 所示。

图 1-27　扁嘴钳

2. **规格及用途**

短嘴式扁嘴钳	
钳头长/mm	全长/mm
25	125
32	140
40	160
长嘴式扁嘴钳	
32	125
40	140
50	160
63	180
80	200
用途	适用于弯曲金属薄片和细金属丝，拔装销子、弹簧等小零件
备注	可分为柄部带塑料套和不带塑料套两种

九、圆嘴钳（QB/T 2440.3—2007）

1. 外形结构　如图 1-28 所示。

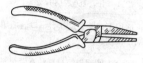

图 1-28　圆嘴钳

2. 规格及用途

全长/mm	125，140，160，180，200
用途	适用于弯曲金属薄片和金属丝
备注	可分为柄部带塑料套和不带塑料套两种

十、斜嘴钳（QB/T 2441.1—2007）

1. 外形结构　如图 1-29 所示。

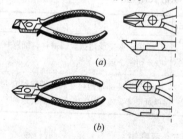

(a)

(b)

图 1-29　斜嘴钳

(a)平口斜嘴钳；(b)普通斜嘴钳

2. 规格及用途

全长/mm	125，140，160，180，200
用途	适用于切断金属丝。平口的适用于在凹入空间中使用
备注	可分为柄部带塑料套和不带塑料套两种

十一、电工钳（QB/T 2442.2—2007）

1. 外形结构　如图 1-30 所示。

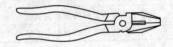

图 1-30　电工钳

2. 规格及用途

全长/mm	160，180，200
用途	适用于夹持或弯折金属薄片、细圆柱形工件以及切断金属丝
备注	可分为柄部带塑料套和不带塑料套两种。用户对尺寸另有要求时，可协商决定

十二、弯嘴钳

1. 外形结构　如图 1-31 所示。

28

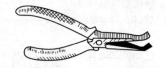

图 1-31　弯嘴钳

2. 规格及用途

全长/mm	125，140，160，180，200
用途	适用于在狭窄或凹陷的工作空间中夹持零件
备注	可分为柄部带塑料套和不带塑料套两种

十三、鸭嘴钳

1. 外形结构　如图 1-32 所示。

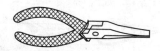

图 1-32　鸭嘴钳

2. 规格及用途

全长/mm	125，140，160，180，200
用途	与扁嘴钳相似
备注	可分为柄部带塑料套和不带塑料套两种

十四、胡桃钳（QB/T 1737—2011）

1. 外形结构　如图 1-33 所示。

图 1-33　胡桃钳

2. 规格及用途

全长/mm	125，150，175，200，225，250
用途	适用于拔鞋钉及起钉子，也可剪断金属丝

十五、卡簧钳（或挡圈钳）

1. 外形结构　如图 1-34 所示。

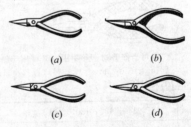

(a)　　　　　　　　　　(b)

(c)　　　　　　　　　　(d)

图 1-34　卡簧钳（或挡圈钳）

(a)直嘴式轴用；(b)弯嘴式轴用；(c)直嘴式孔用；(d)弯嘴式孔用

30

2. 规格及用途

全长/mm	125，175，225
用途	专用于装拆弹性挡圈

十六、十用钳

1. 外形结构　如图 1-35 所示。

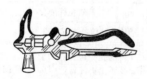

图 1-35　十用钳

2. 规格及用途

全长/mm	力矩/(N・m)
175	6
用途	既可当作普通钢丝钳用，又可用于锤、铆、起拔钉子，装卸一字槽螺钉，扳拧 M6～M10 六角头螺栓或螺母

十七、拉铆枪

1. 外形结构　如图 1-36 所示。
2. 规格及用途

图 1-36　拉铆枪

型号	SM-2	SLM-2
拉铆钉直径/mm	2.2, 3, 4, 8	3~5
拉铆头孔径/mm	与铆钉拉杆配套	2, 2.5, 3
用途	适用于拉铆抽芯铝铆钉	
备注	工件的孔径应比铆钉直径大 0.1~0.2mm,铆钉要长于工件 2.5~3mm,需按照铆钉拉杆尺寸装配拉铆头	

十八、手动铆螺母枪

1. 外形结构　如图 1-37 所示。

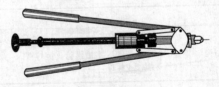

图 1-37　手动铆螺母枪

2. 规格及用途

型号	SLM-M	SLM-M-1
铝质铆螺母规格/mm	M3，M4	M5，M6
外形尺寸/mm	490×172×50	345×160×42
质量/kg	0.7	1.9
用途	专门用于双手操作单面拉铆螺母	

第三节　螺钉旋具类工具

一、一字槽螺钉旋具（QB/T 2564.4—2012）

1. 外形结构　如图 1-38 所示。

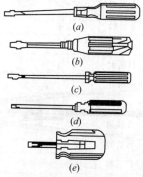

图 1-38　一字槽螺钉旋具

(a)木柄螺钉旋具；(b)木柄穿心螺钉旋具；(c)塑料柄螺钉旋具；

(d)方形旋杆螺钉旋具；(e)矩形柄螺钉旋具

2. 规格及用途

公称厚度/mm		0.4	0.4	0.5	0.6
公称宽度/mm		2	2.5	3	3
旋杆长度/mm	A系列	—			25
	B系列	40	50		75
	C系列	—	75		100
	D系列	—	100		125

公称厚度/mm		0.6	0.8	1	1
公称宽度/mm		3.5	4	4.5	5.5
旋杆长度/mm	A系列	25			
	B系列	75		100	
	C系列	100		125	
	D系列	125		150	

公称厚度/mm		1.2	1.2	1.6	1.6
公称宽度/mm		6.5	8	8	10
旋杆长度/mm	A系列	25	—		
	B系列	100	125		150
	C系列	125	150		175
	D系列	150	175		200

公称厚度/mm		2	2.5
公称宽度/mm		12	14
旋杆 长度 /mm	A系列	—	
	B系列	150	200
	C系列	200	250
	D系列	250	300
用途	适用于拆卸或紧固各种标准的一字槽螺钉		
备注	一字槽螺钉旋具的规格是用公称厚度×公称宽度表示的		

二、十字槽螺钉旋具(QB/T 2564.5—2012)

1. 外形结构　如图 1-39 所示。

图 1-39　十字槽螺钉旋具

2. 规格及用途

旋杆槽号	旋杆长度/mm		适用螺钉直径 /mm
	A系列	B系列	
0	—	60	≤M2
1	25(35)	75(80)	M2.5，M3
2	25(35)	100	M4，M5

旋杆槽号	旋杆长度/mm		适用螺钉直径 /mm
	A 系列	B 系列	
3	—	150	M6
4	—	200	M8, M10
用途	适用于紧固或拆卸各种标准十字槽螺钉		
备注	括号内的尺寸为非推荐尺寸		

三、夹柄螺钉旋具

1. 外形结构　如图 1-40 所示。

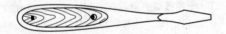

图 1-40　夹柄螺钉旋具

2. 规格及用途

带柄总长度/mm	150, 200, 250, 300
用途	适用于扳拧一字槽螺钉, 允许敲击尾部。不能用于带电场合

四、多用螺钉旋具

1. 外形结构　如图 1-41 所示。

2. 规格及用途

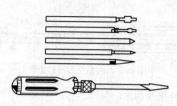

图 1-41　多用螺钉旋具

十字槽号	1, 2	1, 2	1, 2
件数	6	8	10
带柄总长度/mm	230	230	230
一字槽旋杆头宽度/mm	3, 4, 6	3, 4, 5, 6	3, 4, 5, 6
钢锥/把	1	1	1
刀片/片	—	1	1
小锤/只	—	—	1
木工钻直径/mm	—	—	6
套筒/mm	—	—	6, 8
用途	适用于扳拧一字槽、十字槽螺钉及木螺钉，可以在软质木料上钻孔，并可兼作测电笔用		

五、内六角花形螺钉旋具（GB/T 5358—1998）

1. 外形结构　如图 1-42 所示。

37

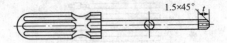

图 1-42　内六角花形螺钉旋具

2. 规格及用途

型号	旋杆长度/mm	用途
T6		
T7		
T8	75	
T9		
T10		
T15		
T20	100	专用于扳拧内六角螺钉
T25	125	
T27	150	
T30		
T40	200	
T45	250	
T50	300	

六、双弯头螺钉旋具

1. 外形结构　如图 1-43 所示。

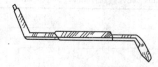

图 1-43　双弯头螺钉旋具

2. 规格及用途

总长/mm	100	125	150	200
直径/mm	5	6，8		
扭矩/(N·m)	3.5	6，12		

3. 用途　适用于扳拧工作空间有障碍的一字槽、十字槽螺钉。

七、两用螺钉旋具

1. 外形结构　如图 1-44 所示。

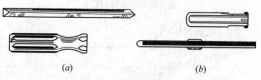

(a)　　　　　　　　　　　(b)

图 1-44　两用螺钉旋具

(a)方杆两用旋具；(b)圆杆两用旋具

2. 规格及用途

旋杆长度/mm	旋杆直径/mm	总长/mm	用途
70	6	156	适用于扳拧一字槽、十字槽螺钉
100		200	
100	6×6（方形旋杆）	210	

注：塑料手柄内装有弹簧夹头或弹性镶件，旋杆一端插入手柄，另一端即可使用。

八、三头螺钉旋具

1. 外形结构　如图 1-45 所示。

图 1-45　三头螺钉旋具

2. 规格及用途

十字槽号	一	1	2
旋杆长/mm	40		
旋杆直径/mm	6	4	6

40

一字端口宽/mm	6
一字口厚/mm	0.8
用途	适用于扳拧一字槽螺钉和十字槽螺钉。不可带电操作

九、袖珍螺钉旋具

1. 外形结构　如图 1-46 所示。

图 1-46　袖珍螺钉旋具

2. 规格及用途

总长/mm	旋杆长度/mm	旋杆直径/mm
105	40	3
180	70	4
190	80	4.5
用途	适用于扳拧不同尺寸的一字槽螺钉和十字槽螺钉，可在软质材料上钻孔，并可兼作测电笔	

十、螺旋棘轮螺钉旋具（QB/T 2564.6—2002）

1. 外形结构　如图 1-47 所示。

图 1-47　螺旋棘轮螺钉旋具

2. 规格及用途

型式	全长/mm
A 型	220
	300
B 型	450
用途	适用于扳拧一字槽螺钉、十字槽等各类螺钉。具有顺旋、倒旋和同旋三种功能，换上木钻、三棱锥可进行钻孔

第四节　钳工工具

一、普通台虎钳（QB/T 1558.2—1992）

1. 外形结构　如图 1-48 所示。

2. 规格及用途

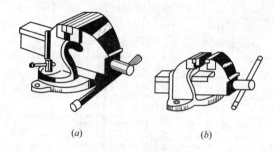

图 1-48　普通台虎钳

(a)转盘式；(b)固定式

钳口开口度 /mm	夹紧力/kN	
	轻级	重级
75	7.9	15.0
90	9.0	18.0
100	10.0	20.0
115	11.0	22.0
125	12.0	25.0
150	15.0	30.0
200	20.0	40.0

外形尺寸/mm				
钳口开口度	75	90	100	115
长	300	340	370	400
宽	200	220	230	260
高	160	180	200	220

外形尺寸/mm				
钳口开口度	125	150	200	—
长	430	510	610	—
宽	280	330	390	—
高	230	260	310	—

用途	安装在工作台上，用于夹紧工件。转盘式台虎钳的钳体可以旋转到合适的位置，便于操作

二、管子台虎钳（QB/T 2211—1996）

1. **外形结构**　如图 1-49 所示。

图 1-49　管子台虎钳

2. 规格及用途

规格号	1	2	3
夹持管子直径/mm	10～60	10～90	15～115
夹紧力/kN	88.2	117.6	127.4
规格号	4	5	6
夹持管子直径/mm	15～165	30～220	30～300
夹紧力/kN	137.2	166.6	196.0
用途	适用于夹紧管子，便于进行切割或铰制螺纹等		

三、多用台虎钳(QB/T 1558.3—1992)

1. 外形结构　如图 1-50 所示。

图 1-50　多用台虎钳

2. 规格及用途

钳口开口度/mm	管钳口夹持直径/mm	夹紧力/kN	
		轻级	重级
60	6～40	15	9
80	10～50	20	20
100	15～60	25	16
120	15～65	30	18

3. 用途　与普通台虎钳的用途相同。另外还可用于夹持管子等圆柱形工件以及对小工件进行锤击加工。

四、手摇钻（QB/T 2210—1996）

1. 外形结构　如图 1-51 所示。

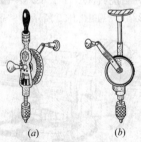

(a)　　　　(b)

图 1-51　手摇钻

(a)手持式；(b)胸压式

2. 规格及用途

手持式	规格	6	9
	加持钻头最大直径/mm	6	9
胸压式	规格	9	12
	加持钻头最大直径/mm	9	12
用途	适用于在金属或非金属材料上手摇钻孔		

五、手摇台钻

1. 外形结构 如图 1-52 所示。

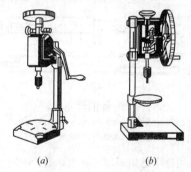

(a)   *(b)*

图 1-52 手摇台钻

(a)封闭式手摇台钻；(b)开启式手摇台钻

2. 规格及用途

型式	钻孔直径/mm	最大钻孔深度/mm	转速比
开启式	1～12	80	1∶1，1∶2.5
封闭式	1.51～3	50	1∶2.6，1∶7

六、普通螺纹丝锥

1. 外形结构　如图 1-53 所示。

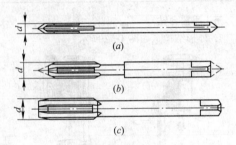

图 1-53　机用和手用丝锥

(a)粗柄机用和手用丝锥；(b)粗柄带颈机用和手用丝锥；
(c)细柄机用和手用丝锥

2. 用途　适用于加工普通螺纹。手用丝锥用于手工攻丝，机用丝锥用于在机床上攻丝。

3. 规格

(1) 通用机柄用和手用丝锥（GB/T 3464.1—2007）

48

粗柄丝锥		
公称直径/mm	螺距/mm	
	粗牙	细牙
1～1.2	0.25	0.2
1.4	0.30	
1.6	0.35	0.2
1.8		
2	0.40	0.25
2.2	0.45	
2.5		0.35

粗柄带颈丝锥和细柄丝锥		
公称直径/mm	螺距/mm	
	粗牙	细牙
3	0.5	0.35
3.5	0.6	
4	0.7	0.5
4.5	0.75	
5	0.8	
5.5	——	
6，7	1	0.75

粗柄带颈丝锥和细柄丝锥		
公称直径/mm	螺距/mm	
	粗牙	细牙
8	—	0.5
8, 9	—	0.75
8, 9	1.25	1
10	—	0.75
	1.5	1, 1.25

细柄丝锥		
公称直径/mm	螺距/mm	
	粗牙	细牙
11	—	0.75, 1
	1.5	—
12	—	1
		1.25
	1.75	1.5
14	—	1
		1.25
14	2	1.5

细柄丝锥		
公称直径/mm	螺距/mm	
	粗牙	细牙
15	—	1.5
16	—	1
	2	1.5
17	—	1.5
18	—	1
18, 20	2.5	1.5, 2
20	—	1
22	—	1
	2.5	1.5, 2
24	—	1
24, 25	3	1.5, 2
26	—	1.5
27~30	—	1
		1.5, 2
27	3	—
30	3.5	3

	细柄丝锥	
公称直径/mm	螺距/mm	
	粗牙	细牙
32, 33	—	1.5, 2
33	3.5	3
35, 36	—	1.5
36	—	2
	4	3
38	—	1.5
39~42	—	1.5, 2
39	4	3
40		3
42	4.5	3, 4
45~50	—	1.5, 2
45	4.5	3, 4
48	5	3, 4
50	—	3
52~56	—	1.5, 2
52	5	3, 4

细柄丝锥		
公称直径/mm	螺距/mm	
	粗牙	细牙
55	—	3, 4
56	5.5	3, 4
58~62		1.5, 2
		3, 4
60	5.5	—
64, 65		1.5, 2
		3, 4
64	6	—
68		1.5, 2
		3, 4
68	6	—

（2）细长柄机用丝锥（GB/T 3464.2—2003）

公称直径/mm	螺距/mm	
	粗牙	细牙
3	0.5	0.35
3.5	0.6	

公称直径/mm	螺距/mm	
	粗牙	细牙
4	0.7	
4.5	0.75	0.5
5	0.8	
5.5	—	
6, 7	1	0.75
8, 9	—	1
9	1.25	—
10	—	1, 1.25
	1.5	—
11	1.5	—
12	—	1.25
14	—	1.25
	2	1.5
15	—	
16	2	1.5
17	—	
18, 20		

公称直径/mm	螺距/mm	
	粗牙	细牙
18, 20	2.5	2
22	—	1.5
	2.5	2
24	—	1.5, 2
	3	—

（3）短柄机用和手用丝锥(GB/T 3464.3—2007)

粗短柄机用和手用丝锥		
公称直径/mm	螺距/mm	
	粗牙	细牙
1~1.2	0.25	
1.4	0.3	0.2
1.6	0.35	
1.8	0.35	
2	0.4	
2.2	0.45	0.35
2.5	0.45	
3	0.5	0.35
3.5	0.6	

粗柄带颈短柄、细短柄机用和手用丝锥		
公称直径/mm	螺距/mm	
	粗牙	细牙
4	0.7	
4.5	0.75	0.5
5	0.8	
5.5	—	0.5
6	—	0.5, 0.75
6, 7	1	
7		0.75
8		0.5
8, 9		0.75
		1
	1.25	—
10	—	0.75
		1, 1.25
	1.5	

细短柄机用和手用丝锥		
公称直径/mm	螺距/mm	
	粗牙	细牙
11	—	0.75, 1
	1.5	—
12	1.75	—

细短柄机用和手用丝锥		
公称直径/mm	螺距/mm	
	粗牙	细牙
12，14	—	1
12		1.25，1.5
14	—	1.25
	2	—
14，15	—	1.5
16	—	1
	2	—
16，17	—	1.5
18，20	—	1
		1.5，2
28，30		1.5，2
30		3
	3.5	—
32，33		1.5，2
33		3
	3.5	—
35	—	1.5
36		1.5，2
		3

细短柄机用和手用丝锥

公称直径/mm	螺距/mm	
	粗牙	细牙
36	4	—
36	4	—
38	—	1.5
39~42	—	1.5, 2 3
39	4	—
42		4
	4.5	—

（4）螺母丝锥（GB/T 967—2008）和长柄螺母丝锥（GB/T 28257—2012）

粗牙普通螺纹用螺母丝锥

公称直径 /mm	螺距 /mm	公称直径 /mm	螺距 /mm
2	0.4	6	1
2.2	0.45	7	
2.5	0.45	8	1.25
3	0.5	10	1.5
3.5	0.6	12	1.75
4	0.7	14	2
5	0.8	16	

58

粗牙普通螺纹用螺母丝锥

公称直径 /mm	螺距 /mm	公称直径 /mm	螺距 /mm
18	2.5	36	3.5
20	2.5	39	4
22		42	4.5
24	3	45	
27		48	5
30	3.5	52	
33		—	—

细牙普通螺纹用螺母丝锥

公称直径 /mm	螺距 /mm	公称直径 /mm	螺距 /mm
3	0.35	8	0.75
3.5		8	1
4		10	0.75
4.5	0.5		1
5			1.25
5.5		11	0.75
6	0.75		1

细牙普通螺纹用螺母丝锥			
公称直径 /mm	螺距 /mm	公称直径 /mm	螺距 /mm
12	1	24	1
12	1.25	24	1.5
12	1.5	24	2
14	1	25	1.5
14	1.25	25	2
14	1.5	26	1.5
16	1	26	2
16	1.5	27	1
18	1	27	1.5
18	1.5	27	2
18	2	30	1
20	1	30	1.5
20	1.5	30	2
20	2	30	3
22	1	33	1.5
22	1.5	33	2
22	2	33	3

细牙普通螺纹用螺母丝锥

公称直径 /mm	螺距 /mm	公称直径 /mm	螺距 /mm
	1.5		2
36	2	45	3
	3		4
38	1.5		1.5
	1.5		2
39	2	48	3
	3		4
	1.5		1.5
42	2	52	2
	3		3
	4		4
45	1.5	—	—

七、管螺纹丝锥

1. 外形结构　如图 1-54 所示。

2. 用途　在一般机件和管路附件上铰制内螺纹。

3. 规格

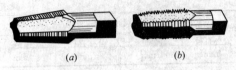

图 1-54　管螺纹丝锥

(a)圆锥管螺纹丝锥；(b)圆柱管螺纹丝锥

(1) 55°圆柱管螺纹丝锥（GB/T 20333—2006）

螺纹代号	每英寸内的牙数/个	基面处大径/mm
G¹⁄₁₆	28	7.723
G¹⁄₈		9.728
G¹⁄₄	19	13.157
G³⁄₈		16.662
G¹⁄₂	14	20.995
G⁵⁄₈		22.991
G³⁄₄		26.441
G⁷⁄₈		30.201
G1		33.249
G1¹⁄₈	11	37.897
G1¹⁄₄		41.910
G1¹⁄₂		47.803

螺纹代号	每英寸内的牙数/个	基面处大径/mm
G1¾		53.764
G2		59.614
G2¼		65.710
G2½	11	75.184
G2¾		81.534
G3		87.884
G3½		100.330
G4		113.030

(2) 55°圆锥管螺纹丝锥(GB/T 20333—2006)

螺纹代号	Rc⅛	Rc¼	Rc⅜
基面处大径/mm	9.728	13.157	16.662
每英寸牙数/个	28	19	19
基面至端面距离/mm	12	16	18

螺纹代号	R_c½	R_c¾	R_c1
基面处 大径/mm	20.995	26.441	33.249
每英寸牙 数/个	14	14	11
基面至端 面距离/mm	22	24	28
螺纹代号	R_c1¼	R_c1½	R_c2
基面处 大径/mm	41.910	47.803	59.614
每英寸牙 数/个	11	11	11
基面至端 面距离/mm	30	32	34

（3）60°圆锥管螺纹丝锥（JB/T 8364.2—2010）

螺纹代号	每英寸 牙数	基面处 大径/mm	刃部长度 /mm
NPT¹⁄₁₆	27	7.142	11
NPT⅛		9.489	
NPT¼	18	12.487	16
NPT⅜		15.926	

64

螺纹代号	每英寸牙数	基面处大径/mm	刃部长度/mm
NPT½	14	19.772	21
NPT¾		25.117	
NPT1	11.5	31.461	26
NPT1¼		40.218	27
NPT1½		46.287	
NPT2	11.5	58.352	28

八、圆板牙(GB/T 970.1—2008)

1. **外形结构** 如图 1-55 所示。

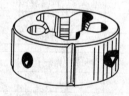

图 1-55　圆板牙

2. **用途** 适用于在螺栓或其他几件上加工普通螺纹。

3. **规格**

公称直径/mm	粗牙螺距/mm	细牙螺距/mm
1～1.2	0.25	0.2
1.4	0.3	0.2
1.6, 1.8	0.35	0.2
2	0.4	0.25
2.2	0.45	0.25
2.5		
3	0.5	0.35
3.5	0.6	
4～5.5	—	0.75
4	0.7	
4.5	0.75	—
5	0.8	
6	1	0.75
7	1	
8, 9	1.25	0.75, 1
10	1.5	0.75, 1, 1.5
11		0.75, 1
12, 14	—	1, 1.25, 1.5

公称直径/mm	粗牙螺距/mm	细牙螺距/mm
12	1.75	—
14	2	
15	—	1.5
16	—	1, 1.5
	2	—
17	—	1.5
18, 20	—	1, 1.5, 2
	2.5	—
22, 24	—	1, 1.5, 2
22	2.5	—
24	3	
25	—	1.5, 2
27~30	—	1, 1.5, 2
27	3	—
30, 33	3.5	3
32, 33	—	1.5, 2
35	—	1.5
36	—	1.5, 2
	4	3

公称直径/mm	粗牙螺距/mm	细牙螺距/mm
39～42	—	1.5，2
39	4	3
40	—	3
42	4.5	3，4
45～52	—	1.5，2
45	4.5	3，4
48，52	5	3，4
50	—	3
55，56	—	1.5，2
		3，4
56，60	5.5	—
64，68	6	

九、60°圆锥管螺纹圆板牙(JB/T 8364.1—2010)

1. 外形结构　如图 1-56 所示。

图 1-56　60°圆锥管螺纹圆板牙

2. 规格及用途

螺纹代号	D/mm	厚度/mm	P/mm
NPT1/16	30	11	0.941
NPT1/8	30	11	0.941
NPT1/4	38	16	1.411
NPT3/8	45	18	1.411
NPT1/2	45	22	1.814
NPT3/4	55	22	1.814
NPT1	65	26	2.209
NPT1 1/4	75	28	2.209
NPT1 1/2	90	28	2.209
NPT2	105	50	2.209
备注	P 为螺距，D 为外径		

适用于加工螺纹尺寸代号为 1/16～2 的 60°圆锥管螺纹。加工时，圆板牙装在圆板牙架或机床上。

十、圆板牙架（GB/T 970.1—2008）

1. 外形结构　如图 1-57 所示。

图 1-57　圆板牙架

2. 规格及用途

外径/mm	16	20	25	30
加工螺纹直径/mm	1～2.5	3～6	7～9	10～11
外径/mm	38	45	55	65
加工螺纹直径/mm	12～15	16～20	22～25	27～36
外径/mm	75	90	105	120
加工螺纹直径/mm	39～42	45～52	55～60	64～68

十一、丝锥扳手

1. 外形结构　如图 1-58 所示。

图 1-58　丝锥扳手

2. 规格及用途

总长度/mm	夹持丝锥公称直径/mm
130	2～4
180	3～6
230	3～10
280	6～14

总长度/mm	夹持丝锥公称直径/mm
380	8～18
480	12～24
600	16～27
用途	适用于装夹圆板牙

十二、管螺纹铰板（QB/T 2509—2001）

1. **外形结构**　如图 1-59 所示。

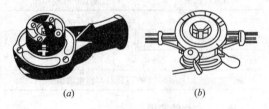

(a)　　　　　　　　(b)

图 1-59　管螺纹铰板

(a)轻便式管螺纹铰板；(b)普通式管螺纹铰板

2. **用途**　适用于用手工铰制 55°圆柱和圆锥管螺纹。

3. **规格**

(1) 普通式管螺纹铰板

管螺纹铰板型号	铰制管子外径/mm
GJB-60	21.3～26.8
GJB-60W	33.5～42.3
	48.0～60.0
GJB-114W	66.5～88.5
	101.0～114.0

（2）轻便式管螺纹铰板

管螺纹铰板型号	铰制管子外径/mm
Q74-1	13.5～33.5
SH-76	21.3～38.1
SH-48	
备注	SH-76 可铰制 55°圆柱与圆锥管螺纹

十三、电线管铰板

1. 外形结构 如图 1-60 所示。

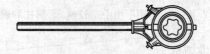

图 1-60 电线管铰板

2. 规格及用途

72

型号	铰制套管外径/mm	圆板牙外径尺寸/mm
SHD-25	12.70，15.88，19.05，25.40	41.2
SHD-50	31.75，38.10，50.80	76.2
用途	适用于铰制电线套管上的外螺纹	

十四、手用钢锯条 (GB/T 14764—2008)

1. 外形结构　如图 1-61 所示。

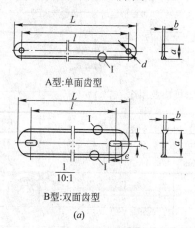

A型:单面齿型

B型:双面齿型

(a)

图 1-61　手用钢锯条(一)

(a)锯齿型式

73

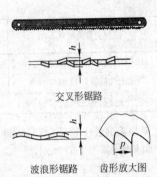

交叉形锯路

波浪形锯路　　齿形放大图

(b)

图 1-61　手用钢锯条(二)

(b)锯路型式

2. 规格及用途

型式	A 型		B 型
L/mm	265	315	315
a/mm	10.7	12.7	22，25
p/mm	0.8，1.0，1.2，1.4，1.5，1.8		0.8，1.0，1.4
b/mm	0.65		
h/mm	0.90，0.95，1.00		0.90，1.00
用途	适用于装在钢锯架上锯割金属材料		

3. 分类、代号及性能要求

根据锯条的材质不同，可分为优质碳素钢锯条，其代号用 D 表示，齿部最小硬度值为 76HRA；碳素工具钢锯条和合金工具钢锯条，其代号用 T 表示，齿部最小硬度值为 81HRA；高速钢锯条和双金属复合钢锯条，其代号用 G 表示，齿部最小硬度值为 82HRA。

十五、机用锯条(GB/T 6080.1—2010)

1. 外形结构　如图 1-62 所示。

图 1-62　机用锯条

2. 规格

公称长度/cm	宽度/mm	厚度/mm	齿距/mm
30，35	25	1.25	1.8，2.5
35，40，45	32	1.6	2.5，4.0
40，45	38	1.8	
50，55	40	2.0	4.0，6.3
	45	—	
60	50	—	

3. 材质、性能要求及用途

机用钢锯条用高速钢制成。齿部最小硬度为
63HRC。适用于装在弓锯床上锯割金属材料。

十六、钢锯架(QB/T 1108—1991)

1. 外形结构　如图1-63所示。

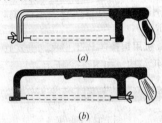

(a)

(b)

图1-63　钢锯架

(a)钢管制锯架(固定式)；(b)钢板制锯架(可调式)

2. 规格及用途

型式		手用锯条长度/mm		
钢板制	调节式	200	250	300
	固定式	300		
钢管制	调节式	—	250	300
	固定式	300		
用途	适用于安装手用锯条，锯割金属材料			

十七、钳工锉（QB/T 2569.1—2002）

1. 外形结构　如图 1-64 所示。

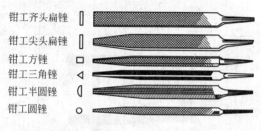

钳工齐头扁锉

钳工尖头扁锉

钳工方锉

钳工三角锉

钳工半圆锉

钳工圆锉

图 1-64　钳工锉

2. 规格及用途

锉身长度/mm		100	125	150
扁锉/mm	宽	12	14	16
	厚	2.5	3	3.5
半圆锉/mm	宽	12	14	16
	厚（薄型）	3.5	4.0	5.0
	厚（厚型）	4.0	4.6	5.5
三角锉/mm	宽	8.0	9.5	11.0
方锉/mm	宽	3.5	4.5	5.5
圆锉/mm	直径	3.5	4.5	5.5

锉身长度/mm		200	250	300
扁锉/mm	宽	20	24	28
	厚	4.5	5.5	6.5
半圆锉/mm	宽	20	24	28
	厚(薄型)	5.5	7.0	8.0
	厚(厚型)	6.5	8.0	9.0
三角锉/mm	宽	13	16	19
方锉/mm	宽	7.0	9.0	11.0
圆锉/mm	直径	7.0	9.0	11.0
锉身长度/mm		350	400	450
扁锉/mm	宽	32	36	40
	厚	7.5	8.5	9.5
半圆锉/mm	宽	32	36	—
	厚(薄型)	9.0	10.0	—
	厚(厚型)	10.0	11.5	—
三角锉/mm	宽	22	26	—
方锉/mm	宽	14.0	18.0	22.0
圆锉/mm	直径	14.0	18.0	—
用途	适用于锉削或整修金属工件的表面和孔以及槽			

十八、錾子

1. 外形结构　如图 1-65 所示。

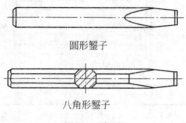

圆形錾子

八角形錾子

图 1-65　錾子

2. 规格及用途

全长/mm	錾口宽度/mm	用途
180	16	适用于錾切薄金属板材或其他脆性材料
	18	
200	20	同上
	27	
250	27	

十九、钳工锤（QB/T 1290.3—2010）

1. 外形结构　如图 1-66 所示。

2. 规格及用途

79

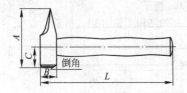

图 1-66 钳工锤

型式	质量(不带柄)/kg
A 型	0.1, 0.2, 0.3, 0.4, 0.5, 0.6, 0.8, 1.0, 1.5, 2.0
B 型	0.28, 0.40, 0.67, 1.50
用途	适用于维修装配时用作敲击或整形

二十、圆头锤(QB/T 1290.2—2010)

1. 外形结构　如图 1-67 所示。

图 1-67　圆头锤

2. 规格及用途

锤孔编号	质量(不带柄)/mm	用途
A-01	0.11	
A-03	0.22	
A-04	0.34	
A-05	0.45	适用于维修装配时用
A-06	0.68	作敲击或整形
A-08	0.91	
A-09	1.13	
A-09	1.36	

二十一、冲子(JB/T 3411—1999)

(一)尖冲子(JB/T 3411.29—1999)

1. 外形结构 如图 1-68 所示。

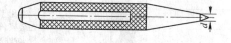

图 1-68 尖冲子

2. 规格及用途

d/mm	外径/mm	全长/mm	用途
2	8		适用于钳工划线时进行冲压眼痕
3	8	80	
4	10		
6	14	100	

（二）圆冲子（JB/T 3411.30—1999）

1. 外形结构　如图1-69所示。

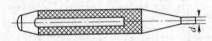

图1-69　圆冲子

2. 规格及用途

d/mm	外径/mm	全长/mm	用途
3	8	80	适用于在金属薄板上冲眼
4	10		
5	12	100	
6	14		
8	16	125	
10	18		

二十二、白铁剪

1. 外形结构　如图 1-70 所示。

图 1-70　半圆头铆钉冲子

2. 规格及用途

全长/mm	剪切厚度/mm	
	薄钢板	镀锌薄钢板
200	0.25	0.3
250	0.3	0.35
300	0.4	0.45
350	0.5	0.55
400	0.6	0.7
450	0.8	0.9
500	1.1	1.2
用途	适用于裁剪金属薄板材	

二十三、内、外卡钳

1. 外形结构　如图 1-71 所示。

2. 规格及用途

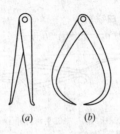

图 1-71　内、外卡钳

(a)内卡钳；(b)外卡钳

全长/mm	100，125，150，200，250，300，350，400，450，500，600
用途	适用于与钢直尺、游标卡尺、千分尺配合使用。内卡钳测量工件的内尺寸(如内径)，外卡尺测量工件的外尺寸

第五节　防爆用工具

一、防爆用活扳手(QB/T 2613.8—2005)

1. 外形结构　如图 1-72 所示。

图 1-72　防爆用活扳手

2. 规格及用途

全长/mm	最大开口/mm	用途
150	19	
200	24	
250	30	适用于易燃易爆场合中扳拧六角头、方头螺栓及螺母
300	36	
375	46	
450	55	
600	65	

二、防爆用管子钳（QB/T 2613.10—2005）

1. 外形结构　如图 1-73 所示。

图 1-73　防爆用管子钳

2. 规格及用途

全长/mm	夹持最大外径/mm	用途
200	25	
300	40	适用于易燃易爆场合中扳拧金属管子
350	50	

全长/mm	夹持最大外径/mm	用途
450	60	适用于易燃易爆场合中扳拧金属管子
600	75	
900	85	

三、防爆用錾子（QB/T 2613.2—2003）

1. 外形结构　如图 1-74 所示。

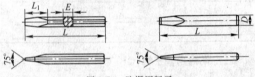

图 1-74　防爆用錾子

2. 规格及用途

L/mm	L_1/mm	E/mm	D/mm
180	70	19	16
		25	18
200	50	19	20
200	70	25	27
250			
用途	适用于易燃易爆场合中铲、凿、切金属障碍物		

86

四、防爆八角锤（QB/T 2613.6—2003）

1. 外形结构 如图 1-75 所示。

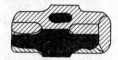

图 1-75 防爆八角锤

2. 规格及用途

锤头高/mm	质量(不带柄)/mm
98	0.9
108	1.4
122	1.8
142	2.7
155	3.6
170	4.5
178	5.4
186	6.4
195	7.3
203	8.2
210	9.1
216	10.2
222	10.9
用途	适用于易燃易爆场合中锤击钢铁件

五、防爆用检查锤（QB/T 2613.3—2003）

1. 外形结构　如图1-76所示。

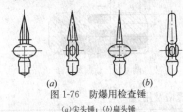

图1-76　防爆用检查锤

(a)尖头锤；(b)扁头锤

2. 用途

适用于检查装有易燃易爆的容器及易燃易爆输气管道等。

3. 规格

质量(不带柄)/kg	锤总高/mm
0.25	120

六、防爆用圆头锤（QB/T 2613.7—2003）

1. 外形结构　如图1-77所示。

图1-77　防爆用圆头锤

2. 规格及用途

质量(不带柄)/kg	锤头高/mm
0.11	66
0.22	80
0.33	90
0.44	101
0.66	116
0.88	127
1.10	137
1.32	147
用途	适用于易燃易爆场合中敲击工件

七、防爆用梅花扳手(QB/T 2613.5—2003)

1. 外形结构　如图 1-78 所示。

(a)　　　　　　　　(b)

图 1-78　防爆用梅花扳手
(a)单头梅花扳手；(b)双头梅花扳手

2. 规格及用途

六角头对边宽度 （单头）/mm	18，19，20，21，22，23，24，25，26，27，28，29，30，31，32，34，38，41，46，50，55，60，65，70，75，80
六角头对边宽度 （双头）/mm	5.5×7，6×7，7×8，8×9，8×10，9×11，10×11，10×12，11×13，12×13，12×14，13×14，14×15，13×17，14×17，16×17，17×19，18×19，19×22，20×22，21×23，19×24，22×24，24×27，25×28，24×30，27×30，30×32，30×36，32×36，36×41，38×41，41×46，46×50
用途	适用于易燃易爆场合中扳拧六角头螺栓和螺母

八、防爆用呆扳手（QB/T 2613.1—2003）

1. 外形结构　如图 1-79 所示。

(a)　　　　　　　　(b)

图 1-79　防爆用呆扳手

(a)双头呆扳手；(b)单头呆扳手

90

2. 规格

对边宽度 （单头）/mm	5.5, 6, 7, 8, 9, 10, 11, 12, 13, 15, 16, 17, 18, 19, 20, 21, 22, 23, 24, 25, 26, 27, 28, 29, 30, 31, 32, 34, 38, 41, 46, 50, 55, 60, 65, 70, 75, 80
六角头对边宽度 （双头）/mm	5.5×7, 6×7, 7×8, 8×9, 8×10, 9×11, 10×11, 10×12, 11×13, 12×13, 12×14, 13×14, 14×15, 13×17, 14×17, 16×17, 17×19, 18×19, 19×22, 20×22, 21×23, 19×24, 22×24, 24×27, 25×28, 24×30, 27×30, 30×32, 30×36, 32×36, 36×41, 38×41, 41×46, 46×50, 50×55, 55×60, 60×65, 65×70, 70×75, 75×80

3. 用途　适用于易燃易爆场合中扳拧六角头或方头螺栓和螺母。

九、防爆用桶盖扳手（QB/T 2613.4—2003）

1. 外形结构　如图 1-80 所示。

2. 规格及用途

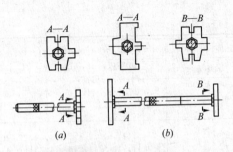

图 1-80　防爆用桶盖扳手

(a)单头桶盖扳手；(b)双头桶盖扳手

型式	全长/mm
单头桶盖扳手	≥300
双头桶盖扳手	≥350
用途	适用于旋拧装有易燃易爆品的金属桶桶盖（如汽油桶等）

第六节　测量工具

一、金属直尺（GB/T 9056—2004）

1. 外形结构　如图 1-81 所示。

图 1-81　金属直尺

2. 规格及用途

标称长度/mm	150，300，500，600，1000，1500，2000
用途	适用于一般工件尺寸的测量

二、钢卷尺（QB/T 2443—2011）

1. 外形结构　如图 1-82 所示。

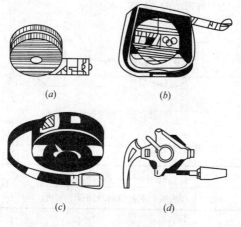

图 1-82　钢卷尺

(a)A 型；(b)B 型；(c)C 型；(d)D 型

2. 规格及用途

型式	标称长度/m
A、B型	1，2，3，3.5，5，10
C、D型	5，10，15，20，30，50，100
用途	适用于长工件或长距离尺寸的测量

三、纤维卷尺（QB/T 1519—2011）

1. 外形结构　如图 1-83 所示。

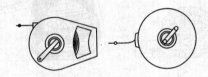

图 1-83　纤维卷尺

2. 规格及用途

标称长度/m	10，15，20，30，50，100，150，200
用途	适用于测量一般较长距离的长度

四、游标卡尺（GB/T 21389—2008）

1. 外形结构　如图 1-84 所示。

2. 规格及用途

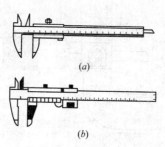

图 1-84　游标卡尺

(a) Ⅰ型游标卡尺；*(b)* Ⅱ型游标卡尺

型式	测量范围/mm	游标分度值/mm
Ⅰ型	0～150	0.01, 0.02, 0.05,
Ⅱ型	0～200, 0～300	0.10
用途	适用于工件内、外径的测量。带深度尺的游标卡尺，还可测量工件的深度尺寸	

五、千分尺

（一）外径千分尺（GB/T 1216—2004）

1. 外形结构　如图 1-85 所示。

2. 规格及用途

（二）内千分尺（GB/T 8177—2004）

1. 外形结构　如图 1-86 所示。

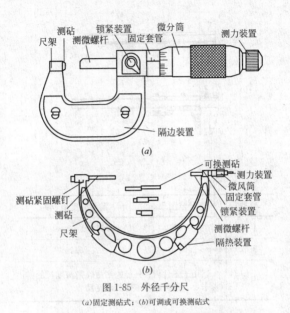

图 1-85 外径千分尺

(a)固定测砧式；(b)可调或可换测砧式

测量范围 /mm	0~25, 20~50, 50~75, 75~100, 100~ 125, 125~150, 150~175, 175~200, 200~ 225, 225~250, 250~275, 275~300, 300~ 400, 400~500, 500~600, 600~700, 700~ 800, 800~900, 900~1000
分度值/mm	0.001, 0.002, 0.005, 0.01
用途	适用于工件外径、长度、厚度等的测量

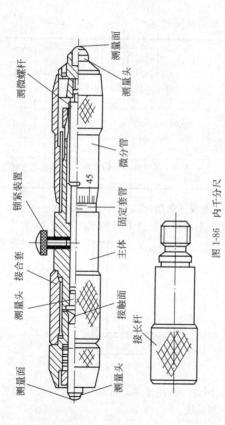

测量面　测微螺杆　测量头　测量面　锁紧装置　接合套　测量头　测量面　微分管　固定套管　主体　接触面　接长杆　测量头　测量面

45

图 1-86　内干分尺

2. 规格及用途

测量范围 /mm	50～250，50～600，100～1225，100～1500， 100～5000，150～1250，150～1400，150～2000， 150～3000，150～4000，150～5000，250～2000， 250～4000，250～5000，1000～3000，1000～ 4000，1000～5000，2500～5000
分度值 /mm	0.001，0.002，0.005，0.01
测微螺杆螺距/mm	0.5，1.0
用途	适用于工件孔径、沟槽及卡规等内尺寸的 测量

六、宽座直角尺（GB/T 6092—2004）

1. 外形结构　如图 1-87 所示。

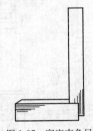

图 1-87　宽座直角尺

2. 用途　适用于零、部件的安装定位，检验直角，划垂线。

98

3. 规格

长边长/mm	短边长/mm	精度等级
63	40	
125	80	
200	125	
315	200	
500	315	0, 1, 2
800	500	
1250	800	
1600	1000	

七、游标万能角度尺（GB/T 6315—2008）

1. 外形结构　如图 1-88 所示。

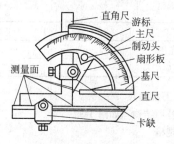

I 型

图 1-88　游标万能角度尺（一）

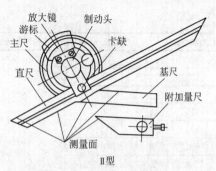

放大镜　制动头
游标
主尺　　　　　　卡缺
直尺　　　　　　　基尺
　　　　　　　　　附加量尺
测量面

Ⅱ型

图 1-88　游标万能角度尺（二）

2. 用途

适用于精密工件内、外角度的测量。

3. 规格

型式	Ⅰ型	Ⅱ型
测量范围/°	0～320	0～360
分度值/′	2，5	5

八、万能角尺

1. 外形结构　如图 1-89 所示。

2. 规格

钢尺长度/mm	300

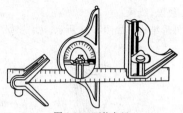

图 1-89　万能角尺

3. 用途　适用于角度、水平度、深度、长度的测量以及圆形工件中心位置的定位。

九、铁水平尺

1. 外形结构　如图 1-90 所示。

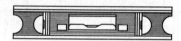

图 1-90　铁水平尺

2. 规格及用途

长度/mm	主水准分度值/(mm/m)
150	0.5
200，250，300，350，400，450，500，550，600	2
用途	适用于设备安装及土木建筑物水平及垂直位置的检查

十、线坠（线锤）

1. 外形结构　如图 1-91 所示。

图 1-91　线坠

2. 规格及用途

质量/kg	钢质	0，1，0.15，0.2，0.25，0.3，0.4，0，5，0.75，1.0，1.25，2.0，2.5
	铜质	0.0125，0.025，0.05，0.1，0.15，0.2，0.25，0.3，0.4，0.5，0.6，0.75，1.0，1.5
用途		适用于建筑测量时测量垂直基准线，也适用于机械安装基准线测量

十一、平板（铸铁：GB/T 22095—2008；岩石：GB/T 20428—2006）

1. 外形结构　如图 1-92 所示。

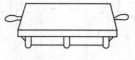

图 1-92　平板

2. 规格及用途

材质	铸铁平板	岩石平板
等级精度	0，1，2，3	
工作面尺寸 范围/mm	160×100～ 2500×1600	160×100～ 4000×2500
形状	长方形和方形	
用途	适用于工件检验或划线时用的平面基准件。 除 3 级为划线用外，其余为检验用	

第七节　土石方和泥瓦工具

一、钢锹（QB/T 2095—1995）

（一）农用锹

1. 外形结构　如图 1-93 所示。

2. 规格及用途

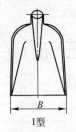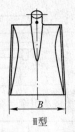

Ⅰ型　　　　　　　Ⅱ型

图 1-93　钢锹

全长 /mm	身长 /mm	锹裤外径 /mm	前幅 B /mm	厚度 /mm
345	290	37	230	1.7
用途	适用于农田、兴修水利、挖沟			

（二）煤锹

1. 外形结构　如图 1-94 所示。

图 1-94　煤锹

2. 规格及用途

全长/mm	1号	550
	2号	510
	3号	490
锹裤外径/mm	37	
厚度/mm	1.6	
锹身长/mm	1号	400
	2号	380
	3号	360
前幅宽 B/mm	1号	285
	2号	275
	3号	265
用途	适用于铲煤块、垃圾、沙土等	

（三）尖锹

1. **外形结构**　如图 1-95 所示。

图 1-95　尖锹

2. 规格

全长/mm	1号	460
	2号	425
	3号	380
锹身长/mm	1号	320
	2号	295
	3号	265
前幅宽 B/mm	1号	250
	2号	225
	3号	210
锹裤外径/mm	37	
厚度/mm	1.6	

3. 用途 适用于铲取沙质泥土。

（四）方锹

1. 外形结构 如图 1-96 所示。

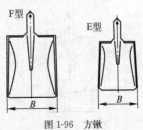

图 1-96 方锹

2. 规格及用途

全长/mm	1号	420
	2号	380
	3号	340
锹身长/mm	1号	295
	2号	280
	3号	235
前幅宽 B/mm	1号	250
	2号	230
	3号	190
锹裤外径/mm	37	
厚度/mm	1.6	
用途	适用于铲取沙质泥土	

（五）深翻锹

1. 外形结构　如图 1-97 所示。

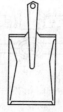

图 1-97　深翻锹

2. 规格

全长/mm	1 号	450
	2 号	400
	3 号	350
锹身长/mm	1 号	300
	2 号	265
	3 号	225
前幅宽 B/mm	1 号	190
	2 号	170
	3 号	150
锹裤外径/mm	37	
厚度/mm	1.7	

3. 用途　适用于铲取沙质泥土。

二、钢镐（QB/T 2290—1997）

1. 外形结构　如图 1-98 所示。

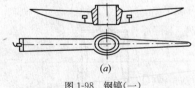

图 1-98　钢镐(一)

(a)尖扁型

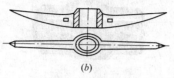

图 1-98　钢镐(二)

(b)双尖型

2. 规格及用途

镐头质量/kg	总长/mm			
	双尖 A 型	双尖 B 型	尖扁 A 型	尖扁 B 型
1.5	450	—	450	420
2	500	—	500	
2.5	520	—	520	520
3	560	500	560	550
1.5	580	520	600	570
2	600	540	620	—
型号	SJA	SJB	JBA	JBB
用途	尖扁式钢镐适用于黏质、韧硬土层的挖掘;双尖式适用于岩石、混凝土和硬质土层的凿挖			

三、八角锤(QB/T 1290.1—2010)

1. 外形结构　如图 1-99 所示。

109

图 1-99　八角锤

2. 规格及用途

垂头质量/kg	全长/mm	用途
0.9	105	
1.4	115	
1.8	130	
2.7	152	
3.6	165	
4.5	180	适用于自由锻打工件；开山和筑路时凿岩、碎石、锤击钢钎以及机器安装
5.4	190	
6.3	198	
7.2	208	
8.1	216	
9	224	
10	230	
11	236	

四、钢钎

1. 外形结构　如图 1-100 所示。

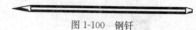

图 1-100　钢钎

2. 规格及用途

六角形对边距/mm	长度/mm
25，30，32	1200，1400，1600，1800
用途	适用于筑路、开山、打井勘探作业时凿钻岩石

五、撬杠

1. 外形结构　如图 1-101 所示。

图 1-101　撬杠

2. 规格及用途

直径/mm	长度/mm
20，25，32，38	500，1000，1200，1500
用途	适用于搬运笨重物体、开山、筑路时撬挪重物、山石

六、石工锤（QB/T 1290.10—2010）

1. 外形结构　如图 1-102 所示。

图 1-102　石工锤

2. 规格

垂头质量/kg	0.25, 0.80, 1.00, 1.25, 1.5, 2.00

3. 用途　适用于敲击钎、錾等工具。

七、劈石斧

1. 外形结构　如图 1-103 所示。

图 1-103　劈石斧

2. 规格及用途

全长/mm	斧顶尺寸/mm	质量/kg
185	70×67	2.2
用途	适用于矿山、筑路以及采石	

八、砌铲(QB/T 2212.15—1996)

1. 外形结构 如图 1-104 所示。

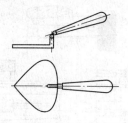

图 1-104 砌铲

2. 规格及用途

形状	铲板长 /mm	铲板宽 /mm	铲板厚 /mm
梯形叶形 圆头形	125、130、140 150、155、16、 175、180、190 200、205、215 225、230、240 250、255	60、65、70、75、 80、85、90、95、 100、105、110、 115、120、125、 130	≤2.0
棱形	180、200、230、 250	125、140、160、 175	
用途	适用于砌砖、抹灰、刮灰、铺灰		

113

九、平抹子

1. 外形结构　如图 1-105 所示。

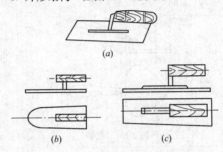

图 1-105　平抹子
(a)长方形平抹子；(b)尖头形平抹子；(c)梯形平抹子

2. 规格

(1) 尖头形平抹子(QB/T 2212.2—2011)

板长/mm	板宽/mm	板厚/mm
220，224	80，85，90	
236，240	85，90，95	
250	90，95，100	
260，265	95，100，105	<2.5
280	100，105，110	
300	105，110，115	

114

（2）长方形平抹子（QB/T 2212.4—1996）

板长/mm	板宽/mm	板厚/mm
220，224	85，90，95	
236，240	90，95，100	
250	95，100，105	
260，265	100，105，110	<2.0
280	105，110，115	
300	110，115，120	

（3）梯形平抹子（QB/T 2212.5—1996）

板长/mm	板宽/mm	板厚/mm
220，224	90，95	
236，240	95，100	
250	100，105	
260，265	105，110	<2.0
280	110，115	
300	118，120	

3.用途 适用于抹顶或水泥平面、砌墙时刮平和抹平灰沙、水泥。

115

十、阳角抹子（QB/T 2212.6—1996）

1. 外形结构　如图 1-106 所示。

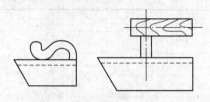

图 1-106　阳角抹子

2. 规格及用途

抹板长/mm	80，90，100，110，120，130，140，150，160，170，180
抹扳角度	93°
抹板厚/mm	≤2.0
用途	适用于在砌体外角、内角及圆角处水泥砂和灰砂

十一、泥压子

1. 外形结构　如图 1-107 所示。

2. 规格及用途

116

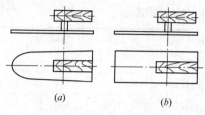

图 1-107　泥压子

(a)尖头形泥压子；(b)长方形泥压子

形状	尖头形(QB/T 2212.3—2011) 长方形(QB/T 2212.9—1996)
压板长× 压板宽/mm	190×50，195×50，200×55，205×55， 210×60
压板厚/mm	≤2.0
用途	适用于水泥、灰砂作业面的压光及整平

十二、缝溜子(QB/T 2212.22—1996)

1. **外形结构**　如图 1-108 所示。

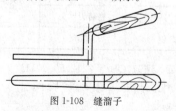

图 1-108　缝溜子

2. 规格及用途

溜板长/mm	100，110，120，130，140，150，160
溜板宽/mm	10
溜板厚/mm	≤3
溜板直径/mm	≤12
用途	适用于外砖墙灰缝的溜光

十三、瓷砖刀

1. 外形结构　如图 1-109 所示。

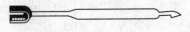

图 1-109　瓷砖刀

2. 用途　适用于划割瓷砖。

3. 规格

瓷砖刀材质		全长/mm
瓷砖刀刀杆	瓷砖刀倒头	
45 钢	YG6	200

十四、砌刀（QB/T 2212.5—2011）

1. 外形结构　如图 1-110 所示。

I 型　　　　II 型　　　　双刃砌刀

图 1-110　砌刀

2. 规格及用途

刀体前宽 /mm	刀总长 /mm	刀体刃长 /mm	刀体厚 /mm
50	335	135	
	340	140	
	345	145	
55	350	150	
	355	155	≤8
	360	160	
60	365	165	
	370	170	
	375	175	
	380	180	
用途	适用于砌墙时，砍断砖瓦、披灰缝、发碹铺砖瓦等		

十五、打砖刀（QB/T 2212.6—2011）

1. 外形结构　如图 1-111 所示。

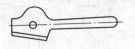

图 1-111 打砖刀

2. 规格及用途

刀全长/mm	刀体刃长/mm	刀体头宽/mm
300	110	75
用途	适用于砌墙时打砖	

十六、分格器(抿板)(QB/T 2212.7—2011)

1. 外形结构　如图 1-112 所示。

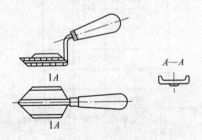

图 1-112　分格器(抿板)

2. 规格

抿板宽/mm	45	60	65
抿板长/mm	80	100	110
抿板厚/mm	≤2.0		

3. 用途　适用于抹灰地面和墙面分格。

十七、双刃斧

1. 外形结构　如图 1-113 所示。

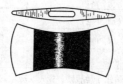

图 1-113　双刃斧

2. 规格及用途

型号	质量/kg	用途
A615	0.4536	适用于修理 石件
A615B	1.5876	

十八、瓷砖切割机

1. 外形结构　如图 1-114 所示。

2. 规格及用途

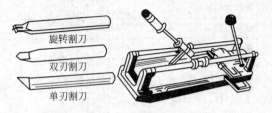

旋转割刀

双刃割刀

单刃割刀

图 1-114　瓷砖切割机

最大切割厚度/mm	12
最大切割长度/mm	36
质量/kg	6.5
用途	适用于地板砖、瓷砖及玻璃的切割

十九、墙地砖切割机

1. 外形结构　如图 1-115 所示。

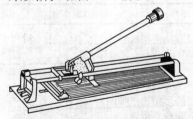

图 1-115　墙地砖切割机

2. 规格

切割厚度/mm	5～12
切割宽度/mm	300～400
质量/kg	6.5

3. 用途　适用于地砖、陶瓷砖、墙砖、玻璃装饰砖以及平板玻璃的精密切割。

二十、手持式混凝土切割机

1. 外形结构　如图 1-116 所示。

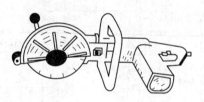

图 1-116　手持式混凝土切割机

2. 规格及用途

最大切割深度/mm	刀片转速/(r/min)	质量/kg
70	2100	13
用途	主要适用于切割混凝土及其构件。对于大理石、耐火砖、陶瓷等脆性材料也能够切割	

二十一、混凝土钻孔机（JG/T 5005—1992）

1. 外形结构　如图 1-117 所示。

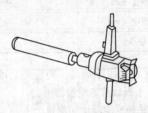

图 1-117　混凝土钻孔机

2. 规格及用途

型号	HZ-100	HZ₁-200	Z1Z-56
最大钻孔深度/mm	500	500	400
最大钻孔直径/mm	100	280	56
转速/(r/min)	875	450/900	1200
用途	适用于用金刚石薄壁钻头，对混凝土构件进行钻孔、取样		

二十二、混凝土开槽机

1. 规格

型号	SKH-5	SKH-25A
开槽宽度/mm	30～50	25
开槽深度/mm	20～50	0～25
转速/(r/min)	2000	
质量/kg	10	8

注：开槽宽度和深度可以调节。

2. 用途　适用于埋设暗管、暗线时在混凝土墙面、水泥制品、砖墙上开槽。

二十三、砖墙洗沟机

1. 外形结构　如图 1-118 所示。

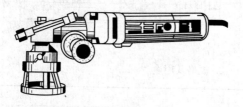

图 1-118　砖墙洗沟机

2. 用途　适用于在泥夹墙、砖墙、木材和石膏等材料表面铣切沟槽。

3. 规格

型号		Z1R-16
输入功率/W		400
铣沟尺寸 /mm	铣沟宽	≤20
	铣沟深	≤16
质量/kg		3.1

第八节 木工工具

一、木工锯条(QB/T 2094.1—1995)

1. 外形结构 如图 1-119 所示。

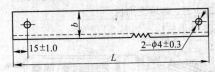

图 1-119 木工锯条

2. 规格及用途

长度/mm	400	450	500	550
宽度/mm	22，25		25，32	
厚度/mm	0.50			
长度/mm	600	650	700	750
宽度/mm	32，38		38，44	
厚度/mm	0.60		0.70	

长度/mm	800	850	900	950
宽度/mm	38，44			44，50
厚度/mm	0.70			0.80，0.90
长度/mm	1000	1050	1100	1150
宽度/mm	44，50			
厚度/mm	0.80，0.90			
齿距/mm	2，2.5，3，4，5，6，7，8，9			
用途	适用于木材的锯割			

二、木工绕锯条(QB/T 2094.4—1995)

1. 外形结构　如图 1-120 所示。

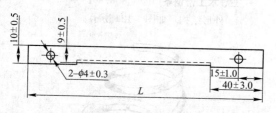

图 1-120　木工绕锯条

2. 规格及用途

127

长度/mm	宽度/mm	厚度/mm	齿距/mm
400		0.50	
450			
500			
600	10		2.5，3.0 4.0
650			
700		0.60，0.70	
750			
800			
用途	适用于锯割木制品的圆弧、曲线及凹凸面		

三、木工带锯条(JB/T 8087—1999)

1. 外形结构　如图 1-121 所示。

图 1-121　木工带锯条

2. 规格及用途

宽度/mm	厚度/mm
6.3	0.40～0.50
10, 12.5, 16	0.40～0.60
20, 25, 32	0.40～0.70
40	0.60～0.80
50, 63	0.60～0.90
75	0.70～0.90
90	0.80～0.95
100	0.80～1.00
125	0.90～1.10
150	0.95～1.30
180	1.25～1.40
200	1.30～1.40
用途	适用于装在带锯床上对木材进行锯割

四、木工圆锯片 (GB/T 13573—1992)

1. 外形结构 如图 1-122 所示。

2. 规格及用途

折背齿(K)

直背齿 (N)

等腰三角齿 (A)

图 1-122　木工圆锯片

外径/mm	160	200	250	315
	0.6	0.8	0.8	1.0
	0.8	1.0	1.0	1.2
厚度/mm	1.0	1.2	1.2	1.6
	1.2	1.6	1.6	2.0
	1.6	2.0	2.0	2.5
孔径/mm	20	30，60		
齿数/个	80，100			
外径/mm	400	500	630	800
	1.0	1.2	1.6	1.6
	1.2	1.6	2.0	2.0
厚度/mm	1.6	2.0	2.5	2.5
	2.0	2.5	3.2	3.2
	2.5	3.2	4.0	4.0
孔径/mm	30，85			40
齿数/个	80，100	72，100		

外径/mm	1000	1250	1600	2000
厚度/mm	2.0	3.2	3.2	3.6
厚度/mm	2.5	3.6	4.5	5.0
	3.2	4.0	5.0	7.0
	4.0	5.0	6.0	
	5.0			
孔径/mm	40	60		
齿数/个	72, 100			
用途	适用于装在木工锯床或手持电锯上对木材、各种人造板以及塑料进行锯割			

五、木工硬质合金圆锯片(GB/T 14388—2010)

1. 外形结构　如图 1-123 所示。

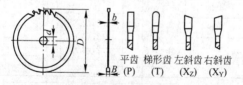

平齿　梯形齿　左斜齿　右斜齿
(P)　(T)　(X_Z)　(X_Y)

图 1-123　木工硬质合金圆锯片

2. 规格及用途

外径/mm	齿厚/mm	盘厚/mm	孔径/mm
100			
125	2.5	1.6	20
140			
160			
180			
200	2.5, 3.2	1.6, 2.2	30, 60
225			
250			
280	2.5, 3.2 3.6	1.6, 2.2 2.6	
315			30, 60, 85
355	3.2, 3.6	2.2, 2.6	
400	4.0, 4.5	2.8, 3.2	
450			
500	3.6, 4.0 4.5, 5.0	2.6, 2.8 3.2, 3.6	30, 85
560	4.5, 5.0	3.2, 3.6	
630			40
用途	适用于装在木工圆锯床上对木材、各种人造板、有色金属以及塑料进行锯割		

六、手板锯(QB/T 2094.3—1995)

1. 外形结构 如图 1-124 所示。

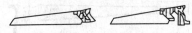

A型(封闭式)   B型(敞开式)

图 1-124 手板锯

2. 规格及用途

锯身长/mm	锯身宽/mm		厚度/mm
	小端	大端	
300	25	90，100	0.8，0.85，0.90
300	25	90，100	0.8，0.85 0.90
350			
400			
450	30	100，110	0.85，0.90 0.95，1.00
500			
550	35	125	
600			
齿距/mm	≥3		
用途	适用于各种木材的锯切		

七、鸡尾锯(QB/T 2094.5—1995)

1. **外形结构**　如图 1-125 所示。

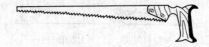

图 1-125　鸡尾锯

2. 规格及用途

锯身长/mm		250	300	350，400
锯身宽/mm	小端	6，9		
	大端	25	30	40
厚度/mm		0.85		
齿距/mm		≥3		
用途		适用于木板材小孔槽等几何形状的锯切		

八、夹背锯(QB/T 2094.6—1995)

1. **外形结构**　如图 1-126 所示。

A型　　　　　　　　　　B型

图 1-126　夹背锯

134

2. 规格及用途

锯身长/mm	锯身宽/mm		厚度/mm
	A 型	B 型	
250	100	70	0.8
300, 350		80	
齿距/mm	≥3		
用途	适用于木板材开凹槽等几何形状的锯切		

九、多用锯

1. 外形结构　如图 1-127 所示。

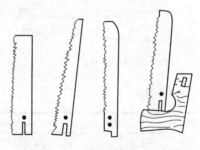

图 1-127　多用锯

2. 规格及用途

类型	长度/mm	宽度/mm		厚度/mm
		前端	后端	
刀锯	300	12	30	6
夹背锯	250	50		2.5
手锯	300	30	55	4
鸡尾锯		6	40	
用途	兼有手锯、夹背锯、刀锯、鸡尾锯的用途			

十、双面刀锯

1. 外形结构　如图 1-128 所示。

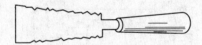

图 1-128　双面刀锯

2. 规格及用途

长度/mm	宽度/mm	厚度/mm
225	100，110	0.85
250		
300	120	0.90
350	130	1.05

136

长度/mm	宽度/mm	厚度/mm
400	140	1.10
450	150	1.25
500	160	1.40
用途	适用于大面积薄板的锯切	

十一、木工手用刨刀（QB/T 2082—1995）

1. 外形结构　如图 1-129 所示。

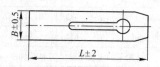

图 1-129　木工手用刨刀

2. 规格及用途

L/mm	≥175
B/mm	25，32，38，44，51，57，64
厚度/mm	3
用途	适用于推刨各种木材

十二、盖铁（QB/T 2082—1995）

1. 外形结构　如图 1-130 所示。

137

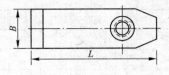

图 1-130　盖铁

2. 规格及用途

前端外形型式	折角形（A 型），弧形（B 型）		
L/mm	≥96		
B/mm	25	32	38，44，51，57，64
纹孔尺寸/mm	M8	M10	—
用途	适用于固定和压紧手用木工刨刀		

十三、刨台

1. 外形结构　如图 1-131 所示。

图 1-131　刨台

2. 规格及用途

138

长度/mm	长型	450
	中型	300
	短型	200
	大刨	600
厚度/mm		38, 44, 51
用途	适用于装上刨刀、盖铁和楔木后，手工推刨木材表面成光滑平整的表面	

十四、绕刨

1. 外形结构　如图 1-132 所示。

图 1-132　绕刨

2. 规格及用途

刨台材质	铸铁
适用刨刀宽度/mm	40, 42, 44, 45, 50, 52, 54
用途	适用于曲面木工件的刨削

十五、绕刨刀

1. 外形结构　如图 1-133 所示。

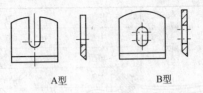

A型   B型

图 1-133　绕刨刀

2. 规格及用途

宽度/mm	长度/mm	镶钢长度/mm
40	40	11
42	42	15.5
44	43	16
45	45	15.5
50	50	14.5
52	52	14.5
54	54	18
厚度/mm	2	
镶钢厚度/mm	0.7	
槽眼直径/mm	7	
前刃角度/°	38	
用途	专用于绕刨	

140

十六、线刨

1. 外形结构　如图 1-134 所示。

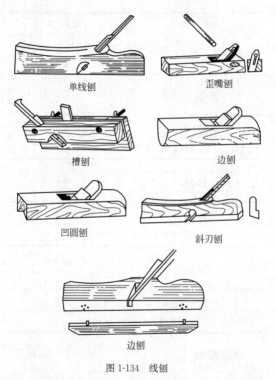

单线刨

歪嘴刨

槽刨

边刨

凹圆刨

斜刃刨

边刨

图 1-134　线刨

141

2. 规格及用途

(1) 单线刨

长度/mm	400
用途	适用于刨削较宽的沟槽及平面刨削不到的地方

(2) 边刨

长度/mm	300~400
用途	适用于刨削台阶企口等

(3) 凹圆刨

长度/mm	300~400
用途	适用于圆柱形面构件的刨削

(4) 凸圆刨

长度/mm	300~400
用途	适用于圆凹形面构件的刨削

(5) 槽刨

槽刨长度/mm		360～400
槽刨刀长度/mm	A 型	124
	B 型	150
槽刨宽度/mm	3.2, 5, 6.5, 8, 9.5, 13, 16, 19	
用途	适用于榫线及小沟槽的刨削	

（6）斜刃刨

长度/mm	300～400
用途	适用于角度槽及角形件的刨削

（7）歪嘴刨

长度/mm	300～400
用途	适用于较大企口的刨削

十七、槽刨刀

1. 外形结构　如图 1-135 所示。

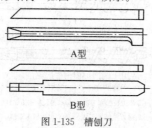

A型

B型

图 1-135　槽刨刀

2. 规格及用途

槽刨刀宽度/mm		3.2，5，6.5，8，9.5，13，16，19
槽刨刀 长度/mm	A 型	124
	B 型	150
用途		适用于榫线及小沟槽的刨削

十八、木工钻（QB/T 1736—1993）

1. 外形结构　如图 1-136 所示。

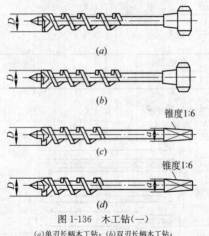

图 1-136　木工钻（一）

（a）单刃长柄木工钻；（b）双刃长柄木工钻；
（c）单刃短柄木工钻；（d）双刃短柄木工钻

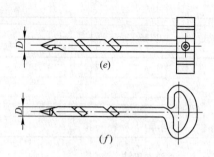

图 1-136　木工钻(二)

(e)木柄电工钻；(f)铁柄电工钻

2. 规格及用途

型式	直径/mm	全长/mm	
		短柄	长柄
木工钻	5	150	250
	6，6.5，8	170	380
	9.5，10，11，12，13	200	420
	14，16，19，20	230	500
	22，24，25	250	560
	28，30		
	32，38	280	610

型式	直径/mm	全长/mm	
		短柄	长柄
电工钻	4，5	120	
	6，8	130	
	10，12	150	
用途	适用于在木材上钻孔		

十九、活动木工钻

1. 外形结构　如图 1-137 所示。

图 1-137　活动木工钻

2. 规格及用途

型式	手动式	机动式
总长/mm	225	130
刀片长/mm	21，40	
钻孔直径/mm	22~36	22~60

3. 用途　用于安装门锁和抽屉锁时钻孔。

二十、弓摇钻(QB/T 2510—2001)

1. 外形结构 如图 1-138 所示。

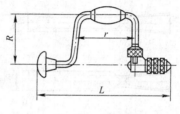

图 1-138 弓摇钻

2. 规格及用途

型号	GZ25	GZ30	GZ35
L/mm	320~360	340~380	360~400
R/mm	125	150	175
r/mm	150	150	160
用途	适用于夹持短柄木工钻,在木材上钻孔		

注:弓摇钻按爪夹数目分为二爪和四爪两种;按换向机构
型式分为持式、推式和按式三种。

二十一、手用木工凿(QB/T 1201—1991)

1. 外形结构 如图 1-139 所示。

2. 规格及用途

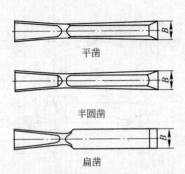

平凿

半圆凿

扁凿

图 1-139　手用木工凿

种类	长度≥/mm	凿刃宽度/mm
平凿	150	4, 6, 8, 10
	160	13, 16, 19, 22, 25
半圆凿	150	4, 6, 8, 10
	160	13, 16, 19, 22, 25
扁凿	180	13, 16, 19
	200	22, 25, 32, 38
用途	适用于在木料上开凿榫头、沟槽、起线、打眼以及刻印等	

二十二、机用木工方凿

1. 外形结构　如图 1-140 所示。

148

图 1-140　机用木工方凿

2. 规格及用途

凿套刃部尺寸/mm	9.5，11，12.5，14，15.5
用途	专门供打方孔的木工机使用

注：凿套、凿芯要配合使用。凿芯高速旋转在木材上钻削，
凿套上下运动切出方孔。

二十三、木工锉（QB/T 2569.6—2002）

1. 外形结构　如图 1-141 所示。

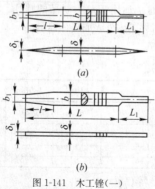

(a)

(b)

图 1-141　木工锉（一）

(a)扁木锉；(b)半圆木锉

149

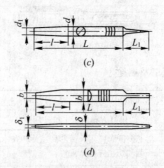

(c)

(d)

图 1-141　木工锉(二)

(c)圆木锉；(d)家具半圆木锉

2. 用途　适用于对木制品的圆孔、沟槽、槽眼以及不规则的内外表面进行锉削。

3. 规格

(1) 扁木锉

代号	b/mm	δ/mm	L/mm	L_1/mm
M-01-200	20	6.5	200	55
M-01-250	25	7.5	250	65
M-01-300	30	8.5	300	75

(2) 半圆木锉

代号	b/mm	δ/mm	L/mm	L_1/mm
M-01-150	16	6	150	45
M-01-200	21	7.5	200	55
M-01-250	25	8.5	250	65
M-01-300	30	10	300	75

（3）圆木锉

代号	b/mm	d/mm	L/mm	L_1/mm
M-01-150	16	7.5	150	45
M-01-200	21	9.5	200	55
M-01-250	25	11.5	250	65
M-01-300	30	13.5	300	75

注：$d_1 \leqslant 80\% \times d$。

（4）家具半圆木锉

代号	b/mm	δ/mm	L/mm	L_1/mm
M-01-150	18	4	150	45
M-01-200	25	6	200	55
M-01-250	29	7	250	65
M-01-300	34	8	300	75

二十四、木工锤（QB/T 1290.9—2010）

1. **外形结构** 如图 1-142 所示。

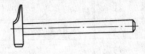

图 1-142　木工锤

2. **规格及用途**

垂头质量/mm	0.2, 0.25, 0.33, 0.42, 0.5
用途	适用于敲钉或敲击其他物品

二十五、羊角锤（QB/T 1290.8—2010）

1. **外形结构** 如图 1-143 所示。

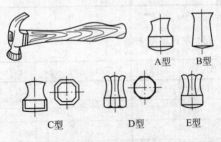

图 1-143　羊角锤

2. 规格及用途

锤击端截面形状	A型，B型，C型，D型，E型
垂头质量/kg	0.25，0.35，0.45，0.5，0.55，0.65，0.75
用途	适用于起钉或敲击其他物品

二十六、木工斧（QB/T 2565.5—2002）

1. 外形结构　如图 1-144 所示。

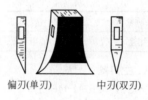

偏刃（单刃）　　　中刃（双刃）

图 1-144　木工斧

2. 规格及用途

斧头质量/kg	1.0，1.25，1.5
用途	适用于劈砍木材

二十七、锤斧

1. 外形结构　如图 1-145 所示。

153

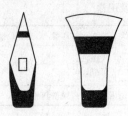

图 1-145　锤斧

2. 规格及用途

斧头质量/kg	2.7216
用途	适用于剁、破木材

二十八、三用斧

1. 外形结构　如图 1-146 所示。

图 1-146　三用斧

2. 规格及用途

全长/mm	140	150	160
刃宽/mm	95	100	102
斧顶/mm	46×19	48×20	50×21
斧孔/mm	36×16	38×17	
质量/kg	0.2268	0.9072	1.134
用途	适用于起钉子、敲击及伐木		

二十九、四用斧

1. 外形结构　如图 1-147 所示。

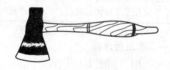

图 1-147　四用斧

2. 规格及用途

长度/mm	230
质量/kg	0.68
用途	适用于起钉子、敲击、伐木和作旋具

三十、多用斧（QB/T 2565.6—2002）

1. 外形结构　如图 1-148 所示。

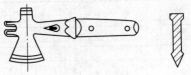

图 1-148　多用斧

2. 规格及用途

长度/mm	260，280，300，340
斧头质量/kg	1，1.2，1.4，1.6，1.8，2.0
用途	适用于起钉子、敲击、砍劈和开箱等

三十一、木工台虎钳

1. 外形结构　如图 1-149 所示。

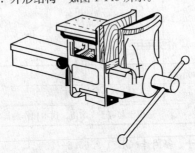

图 1-149　木工台虎钳

2. 规格及用途

钳口长度/mm	钳口开度/mm	夹紧力/kg
75	100	1500
100	125	2000
125	150	2500
160	175	3000
200	225	4000
用途	适用于装在工作台上，装夹木料	

三十二、木工夹

1. 外形结构　如图 1-150 所示。

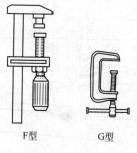

F型　　　　G型

图 1-150　木工夹

2. 规格及用途

型号	夹持最大负荷/kg	夹持范围/mm
FS150	180	0～150
FS200	1600	0～200
FS250	1400	0～250
FS300	100	0～300
GQ8150	300	0～50
GQ8175	350	0～75
GQ81100		0～100
GQ81125	450	0～125
GQ81150	500	0～150
GQ81200	1000	0～200
用途	适用于夹持两块板材或待粘结的构件	

注：G 型为多功能夹，F 型专门用于夹持胶合板。

三十三、木水平尺

1. 外形结构　如图 1-151 所示。

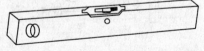

图 1-151　木水平尺

2. 规格及用途

158

全长/mm	150，200，250，300，350，400，450，500，550，600
用途	适用于建筑物或设备的水平位置偏差的检查。常用于建筑、安装维修、装饰等行业

三十四、电圆锯(GB/T 22761—2008)

1. 外形结构　如图 1-152 所示。

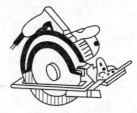

图 1-152　电圆锯

2. 规格及用途

锯片规格/mm	外径	160	180	200
	孔径	30		
最大锯割深度/mm		55	60	65
输出功率/W		≥550	≥600	≥700
额定转矩/(N·m)		1.7	1.9	2.3
质量/kg		3.3	3.9	5.3
最大调整角度		45°		

锯片规格/mm	外径	235	270
	孔径	30	
最大锯割深度/mm		84	98
输出功率/W		≥850	≥1000
额定转矩/(N·m)		3.0	4.2
质量/kg		8	9.5
最大调整角度		45°	
用途		适用于对木材、塑料、纤维板及其他类似材料进行锯割	

三十五、电链锯

1. 外形结构　如图 1-153 所示。

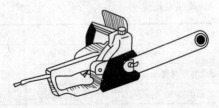

图 1-153　电链锯

2. 规格及用途

总长度/mm	锯条尺寸/mm	速度/(m/min)	质量/kg	输入功率/W
560	300	1600	4.3	1140
680	335	1140	5.6	1300
750	405		6.0	
用途	适用于用回转的链状锯条截切和裁解木材			

三十六、曲线锯(GB/T 22680—2008)

1. **外形结构** 如图 1-154 所示。

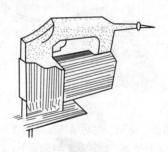

图 1-154 曲线锯

2. **用途** 适用于各种形状板材(如木材、金属材料、塑料、皮革等)的直线或曲线锯割。

3. **规格**

最大锯割 厚度/mm	硬木	40	55	60
	钢板	3	6	8
额定输出功率/W		140	200	270
工作轴额定往 复次数/(次/min)		1600	1500	1400
质量/kg		2.5		—

三十七、电刨(JB/T 7843—1999)

1. 外形结构　如图 1-155 所示。

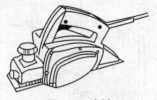

图 1-155　电刨

2. 用途　适用于各种装饰及移动性强的场所。用于各种木材平面、倒棱及裁口的刨削。

3. 规格

型号	质量/kg	最大宽度 /mm	最大深度 /mm
M1B-60/1	2.2	60	1

162

型号	质量/kg	最大宽度/mm	最大深度/mm
M1B-80/1	2.5		1
M1B-80/2	4.2	80	2
M1B-80/3	5.0		3
M1B-90/2	5.3	90	2
M1B-90/3			3
M1B-100/2	4.2	100	2

三十八、手持式木工电钻

1. 外形结构　如图 1-156 所示。

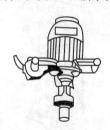

图 1-156　手持式木工电钻

2. 用途　适用于在木质工件上钻削大直径孔和深孔。

3. 规格

型号	M3Z-26
最大钻孔直径/mm	26
最大钻孔深度/mm	800
转速/(r/min)	480
额定电压/V	380
输出功率/W	600
质量/kg	10.5

三十九、电动木工凿眼机

1. 外形结构　如图 1-157 所示。

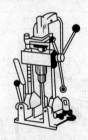

图 1-157　电动木工凿眼机

2. 用途　适用于在木质工件上凿方眼(用方眼钻头),也可钻圆孔。

3. 规格

型号	ZMK-16
最大凿孔深度/mm	100
凿眼宽度/mm	8～16
夹持工件最大尺寸/mm	100×100
电动机功率/W	550
质量/kg	74
附件	4号钻头夹/只	1
	方眼钻头/mm	8, 9.5, 11, 12.5, 14, 16
	钩扳手/把	1
	方壳锥套/件	3

四十、电动木工修边机

1. 外形结构　如图 1-158 所示。

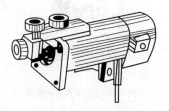

图 1-158　电动木工修边机

2. 规格及用途

铣刀直径/mm	6
主轴转速/(r/min)	30000
输入功率/W	440
底边长×宽/mm	82×90
机高/mm	220
质量/kg	3
用途	适用于修整木质工件的边棱、整平,加工斜面,图形切割及开槽

四十一、电动木工开槽机

1. 外形结构 如图 1-159 所示。

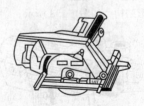

图 1-159 电动木工开槽机

2. 规格及用途

最大刀宽/mm	25	3～36
刨槽深/mm	20	23～64
输入功率/W	810	1140
转速/(r/min)	11000	5500
额定电压/V	220	
用途	适用于在木质工件上开槽和刨边	

四十二、电木铣

1. 外形结构　如图 1-160 所示。

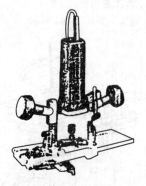

图 1-160　电木铣

2. 规格及用途

167

铣刀直径/mm	输入功率/W	质量/kg
8	850	3.8
	910	
12	1600	6
	1650	
	1850	
用途	适用于平整、倒圆、倒角、修边、开燕尾榫等	

四十三、木工多用机

1. 外形结构　如图 1-161 所示。

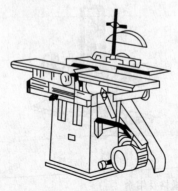

图 1-161　木工多用机

2. 用途　适用于木材以及木制品的刨、锯、钻孔、开企口、开榫、裁口、压刨等。

3. 规格

型号	MQ421	MQ422	MQ422A
主轴转速/(r/min)	3000		3160
刨削宽度/mm	160	200	250
锯切厚度/mm	50	90	100
锯片直径/mm	200	300	
工作台升降范围/mm 刨削	5		
工作台升降范围/mm 锯削	65	95	100

型号	MQ433A-1	MQ472
主轴转速/(r/min)	3960	
刨削宽度/mm	320	200
锯切厚度/mm	—	—
锯片直径/mm	350	
工作台升降范围/mm 刨削	5～120	5～100
工作台升降范围/mm 锯削	140	90

四十四、盘式砂光机

1. 外形结构　如图 1-162 所示。

2. 规格及用途

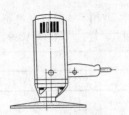

图 1-162　盘式砂光机

砂轮外径/mm	砂轮内径/mm	输入功率/W	质量/kg
180	22	860	2.7
用途	适用于砂磨或抛光家具、墙壁、地板等		

四十五、地板磨光机

1. 外形结构　如图 1-163 所示。

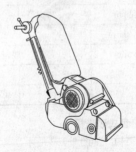

图 1-163　地板磨光机

2. 规格及用途

型号	SD300A	SD300B	SD300C
额定电压/V	220	380	110
额定功率/W	2.2	3.0	2.2
滚筒宽度/mm		300	
用途	适用于磨平和抛光地板；翻新旧地板；钢板除锈、除漆；打磨环氧树脂自流坪及塑胶跑道；打毛和磨平水泥地面		

四十六、带式砂光机

1. 外形结构　如图 1-164 所示。

图 1-164　带式砂光机

2. 规格及用途

砂带宽/mm	76	100	100
额定功率/W	740	940	860/950
砂带速度/(m/min)	380	350	300/350

质量/kg	3.5	7.2	7.3
用途	适用于地板、木板及斧头的砂磨，金属表面除锈以及清除涂料		

第九节 水暖工具

一、手动弯管机

1. 外形结构 如图 1-165 所示。

图 1-165 手动弯管机

2. 规格及用途

管子外径 /mm	管子壁厚 /mm	冷弯角度	弯曲半径 /mm
8			≥40
10			≥50
12	2.25		≥60
14		180°	≥70
16			≥80
19	2.75		≥90
22			≥110
用途	适用于冷弯金属管		

二、液压弯管机

1. 外形结构　如图 1-166 所示。

三脚架式　　　　小车式

图 1-166　液压弯管机

2. 规格及用途

类型	组合小车	分离三脚架	分离小车
最大推力/kN	90	100	
弯管直径/mm	12～50	10～50	12～38
弯曲角度	90～180°	90°	120°
弯曲半径/mm	65～295	60～300	36～120
用途	适用于在水、蒸汽、煤气、油等管路安装维修时，把管子弯成一定弧度		

三、管子割刀（QB/T 2350—1997）

1. 外形结构　如图 1-167 所示。

2. 规格及用途

173

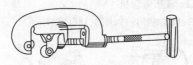

图 1-167　管子割刀

总长/mm	130	310	380~420
割管直径/mm	5~25		12~50
最大壁厚/mm	1.5~2	5	
质量/kg	0.3	0.75，1	2.5
总长/mm	520~570	630	1000
割管直径/mm	25~75	50~100	
最大壁厚/mm	5	6	
质量/kg	5	4	8.5，10
用途	适用于各种材质管子的切割		

四、扩管器

1. 外形结构　如图 1-168 所示。

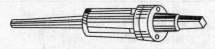

图 1-168　扩管器

2. 用途　适用于管子端部内、外径的扩大，便于与其他管子及管路结合部位紧密连接。

3. 规格

(1) 01 型直通胀管器

规格	适用管子直径范围/mm	总长	胀管长度/mm
10	9～10	114	
13	11.5～13	195	
14	12.5～14	122	20
16	14～16	150	
18	16.2～18	133	

(2) 02 型直通胀管器

规格	适用管子直径范围/mm	总长	胀管长度/mm
19	17～19	128	20
22	19.5～22	145	
25	22.5～25	161	25
28	25～28	177	20
32	28～32	194	
35	30.5～35	210	25
38	33.5～38	226	

规格	适用管子直径范围/mm	总长	胀管长度/mm
40	35～40	240	25
44	39～44	257	
48	43～48	265	27
51	45～51	274	28
57	51～57	292	30
64	57～64	309	32
70	63～70	326	
76	68.5～76	345	36
82	74.5～82.5	379	38
88	80～88.5	413	40
102	91～102	477	44

(3) 03 型特长直通胀管器

规格	适用管子直径范围/mm	总长	胀管长度/mm
25	20～23	170	38
28	22～25	180	50
32	27～31	194	48
38	33～36	201	52

（4）04 型翻边胀管器

规格	适用管子直径范围/mm	总长	胀管长度/mm
38	33.5～38	240	40
51	42.5～48	290	54
57	48.5～55	380	50
64	54～61	360	55
70	61～69	380	50
76	65～72	340	61

五、电动套丝机（JB/T 5334—1999）

1. 外形结构　如图 1-169 所示。

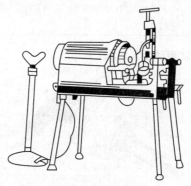

图 1-169　电动套丝机

2. 规格及用途

型号	ZJ-50	ZJ-80	Q/34
套丝螺纹尺寸/mm	12.5~50	12.5~75	12.5~100
切断管子直径/mm	≤50	≤75	≤100
额定功率/W	750	550	1500
型号	SG-1	TQ3A	TQ4C
套丝螺纹尺寸/mm	9.5~50	12.5~75	100
切断管子直径/mm	≤50	≤75	≤100
额定功率/W	390	1000	750
用途	适用于圆锥或圆柱管螺纹的铰制，钢管的切断，管子内口的倒角等。适用于管道现场施工作业		

六、电动管道清理机

1. 外形结构　如图 1-170 所示。

图 1-170　电动管道清理机

2. 规格

(1) 手持式

型号	QIGRES-19-76	CT-2	CT-13
额定功率/W	300	350	430
疏管直径/mm	19~76	50~200	
质量/kg	6.75	—	—
软轴长度/cm	800	200	1500

型号	QIC-SC-10-50	T15-841	T15-842
额定功率/W	130	431	—
疏管直径/mm	12.7~50	50~200	25~75
质量/kg	3	14	3.3
软轴长度/cm	400	200, 400 600, 800 1500	200

(2) 移动式

型号	Z-50	Z-500	GQ-75
疏管道 长度/cm	1200	1600	3000
疏管道 直径/mm	12.7~50	50~250	20~100

型号	GQ-100	GQ-200
疏管道长度/cm	3000	5000
疏管道直径/mm	20~100	38~200

3. 用途　适用于管道污垢的清理及管道淤塞的疏通。

第十节　油漆和粉刷工具

一、猪鬃漆刷

1. 外形结构　如图 1-171 所示。

圆形　　　　　　　扁形

图 1-171　猪鬃漆刷

2. 规格及用途

宽度(扁形)/mm	直径(圆形)/mm	用途
15，20，25，30，40，50，65，75，90，100，125，150	15，20，25，40，50，65	适用于涂料涂刷，灰尘的清理

180

二、平口式油灰刀（QB/T 2083—1995）

1. 外形结构　如图 1-172 所示。

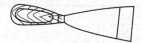

图 1-172　平口式油灰刀

2. 规格及用途

刀口宽度/mm		刀口厚度/mm
第一系列	第二系列	
30，40，50，60，70，80，90，100	25，38，45，65，75	0.4
用途	适用于铲漆、调漆、嵌油灰	

三、喷漆枪

1. 外形结构　如图 1-173 所示。

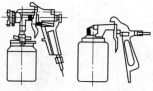

大型喷漆枪　　　小型喷漆枪

图 1-173　喷漆枪

2. 规格及用途

型号	PQ-1	PQ-2	L
喷嘴孔径/mm	1.8		0.8
工作空气压力/MPa	0.3～0.38	0.45～0.5	0.4～0.5
喷灌容量	0.6L	1L	0.15L
喷涂距离/mm	250	260	75～200
型号	2A	2B	3
喷嘴孔径/mm	0.4	1.1	2
工作空气压力/MPa	0.4～0.5	0.5～0.6	
喷灌容量	0.12L	0.15L	0.9L
喷涂距离/mm	75～200	150～250	50～200
用途	适用于在工件上喷涂油漆等涂料		

四、电动喷液枪

1. 外形结构　如图 1-174 所示。

图 1-174　电动喷液枪

2. 规格　型号：MQ-500；喷射压力 350～400kPa；流量 0.2L/s；容器容积 0.8L；额定电压/功率：220V/100W。

3. 用途　适用于表面喷漆装饰。适用建筑装饰、机械设备、运输工具以及家具房屋等方面。

五、电喷枪(GB/T 14469—2001)

1. 外形结构　如图 1-175 所示。

2. 规格　喷射压力 2.5MPa；流量 0.17L/min；额定电压/输入功率：220V/40W；质量 1kg。

3. 用途　适用于喷洒防霉剂、油漆、除虫剂及杀菌剂等。

六、喷花笔

1. 外形结构　如图 1-176 所示。

图 1-175　电喷枪

图 1-176　喷花笔

2. 规格及用途

型号	V-3	V-7
罐容量/L	0.07	0.002
喷嘴孔径/mm	0.3	0.4
空气压力/kPa	400～500	
有效距离/m	0.02～0.15	
用途	适用于喷涂颜料或银浆	

七、多彩喷涂枪

1. 外形结构　如图 1-177 所示。

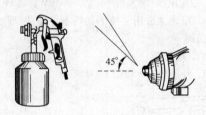

图 1-177　多彩喷涂枪

2. 规格　型号：DC-2；喷嘴孔径 2.5mm；漆罐容量 1000mL；工作压力 400～500kPa；有效距离 300～400mm。

3. 用途　适用于内墙涂料、油漆、釉料、密封剂等液体的喷涂。

八、喷漆打气筒

1. 外形结构　如图 1-178 所示。

图 1-178　喷漆打气筒

2. 规格及用途

型号	QT-1
工作压力/kPa	350
每次充气量/cm³	470
活塞行程/mm	300
质量/kg	6
用途	适用于产生和储存压缩空气，供小型喷漆枪、喷笔用

九、气动搅拌机

1. 外形结构　如图 1-179 所示。

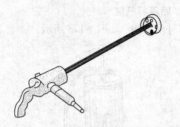

图 1-179 气动搅拌机

2. 规格及用途

型号	TJ3
工作气体压力/kPa	630
空载耗气量/(L/s)	22
搅拌轮直径/cm	10
质量/kg	3
用途	适用于涂料、各种油漆、纸浆、染料及乳剂的调和搅拌

十、气动油漆搅拌器

1. 外形结构　如图 1-180 所示。

2. 规格及用途

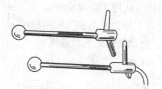

图 1-180　气动油漆搅拌器

型号	JB100-1	JB100-2
工作气体压力/MPa	0.19	
搅拌轮最大直径/cm	10	
空载耗气量/(m³/min)	0.7	0.5
总长度/cm	77	79
用途	适用于涂料、各种油漆、乳剂及底浆的调和搅拌	

十一、手提式涂料搅拌器

1. 外形结构　如图 1-181 所示。

图 1-181　手提式涂料搅拌器

2. 用途　适用于搅拌涂料。

3. 分类　分为电动和气动两种。

十二、电动高压无气喷涂泵

1. 外形结构　如图 1-182 所示。

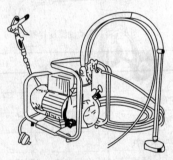

图 1-182　电动高压无气喷涂泵

2. 用途　适用于在建筑物、家具、设备、桥梁上喷涂油漆。

3. 规格　最大排量 0.03L/s；高压胶管工作压力 25000kPa；隔膜泵压力调节范围 ≤ 18000kPa；额定电压/输出功率：220V/400W；质量 30kg。

十三、高压无气喷涂设备

1. 外形结构　如图 1-183 所示。

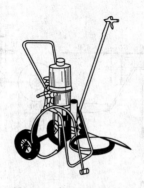

图 1-183 高压无气喷涂设备

2. 用途　适用于在大型建筑物、家具、设备、桥梁上喷涂油漆。

3. 规格　空气工作压力 400～600kPa；空气缸直径 18cm；泵行程≤8cm；喷枪移动速度 18～72m/min；喷枪与工件间距 35～40cm。

十四、辊涂辊子

1. 外形结构　如图 1-184 所示。

2. 用途　适用于在建筑物墙面上辊涂涂料。

3. 规格　滚筒全长 18cm。

十五、电动弹涂机

1. 外形结构　如图 1-185 所示。

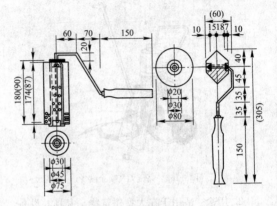

图 1-184 辊涂辊子

图 1-185 电动弹涂机

2. 规格及用途

型号	DT-110B	DT-120A
弹头转速/(r/min)	60~500	300~500
弹涂效率/(m²/min)	>10	10
质量/kg	3.7	1.5
用途	适用于建筑内外墙面的彩色弹涂	

十六、金刚石玻璃刀（QB/T 2097.1—1995）

1. 外形结构　如图 1-186 所示。

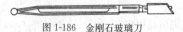

图 1-186　金刚石玻璃刀

2. 规格及用途

金刚石代号	1	2	3
裁割范围/mm	1~2	2~3	2~4
总长度/mm	182		
加工前每粒质量/mg	2.00~2.46	2.48~3.28	3.30~4.80
金刚石代号	4	5	6
裁划范围/mm	3~6	3~8	4~8
总长度/mm	184		
加工前每粒质量/mg	5.00~6.40	6.60~9.60	
用途	适用于厚为 1~8mm 平板玻璃的裁割		

十七、金刚石圆镜机（QB/T 2097.3—1995）

1. 外形结构　如图 1-187 所示。

图 1-187　金刚石圆镜机

2. 规格及用途

裁割范围/mm	厚度	1～3
	直径	35～200
颗粒重量/mg		3～6
用途	适用于圆形平板玻璃和镜面玻璃的裁割	

十八、金刚石圆规刀

1. 外形结构　如图 1-188 所示。

图 1-188　金刚石圆规刀

2. 规格及用途

裁割范围/mm	厚度	2~6
	直径	200~1200
用途	适用于圆形平板玻璃和镜面玻璃的裁割	

十九、金刚石椭圆镜机

1. 外形结构　如图 1-189 所示。

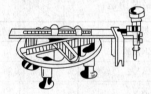

图 1-189　金刚石椭圆镜机

2. 用途　适用于椭圆形平板玻璃的裁割。

3. 规格

型号	TYJ-A500	TYJ-A1000
裁割椭圆长轴/mm	240~500	400~1000
裁割椭圆短轴/mm	190~450	350~950
裁割厚度/mm	2~5	
裁割圆直径/mm	200~500	360~1000
质量/kg	2.5	4.5

二十、手动式真空吸提器

1. 外形结构　如图 1-190 所示。

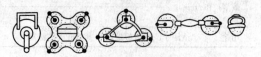

图 1-190　手动式真空吸提器

2. 规格及用途

型号	额定吸提力/kN
ZKX-1	0.40
ZKX-2	0.80
ZKX-3	1.40
ZKX-4	1.80
ZKX-B	0.8
用途	适用于在建筑、轻工、装修及运输等行业搬运物体。比如搬运铝板、薄钢板、家电、大理石、玻璃等

二十一、助推器

1. 外形结构　如图 1-191 所示。

2. 用途　适用于使用胶粘剂或玻璃密封胶时助推胶粘剂。

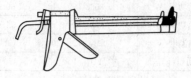

图 1-191 助推器

3. 规格

规格/cm	30，40
压力/kPa	700～800

二十二、热熔胶枪

1. 外形结构 如图 1-192 所示。

图 1-192 热熔胶枪

2. 规格及用途

启动功率/W	56	60
使用功率/W	20	24
加热温度/℃	200	
质量/g	220	450
用途	适用于胶贴装饰材料	

二十三、热风枪

1. 外形结构　如图 1-193 所示。

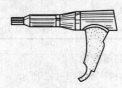

图 1-193　热风枪

2. 规格及用途

送风温度/℃	250	300	500
送风量/(L/min)	270，450		
额定功率/kW	0.3	0.75	1.5
额定电压/V	220		
质量/g	750	650	
用途	适用于焊接塑胶塑料及使其变形，玻璃变形，熔接胶管，除去墙漆和墙纸		

第十一节　电工工具

一、冷轧线钳

1. 外形结构　如图 1-194 所示。

图 1-194　冷轧线钳

2. 规格及用途

总长度/mm	轧接导线断面积/mm²
200	2.5～6
用途	除具有一般钢丝钳的用途外，还适用于利用扎线结构部分对进行电话线和小型导线接头或封端进行轧接

二、剥线钳（QB/T 2207—1996）

1. 外形结构　如图 1-195 所示。

2. 规格及用途

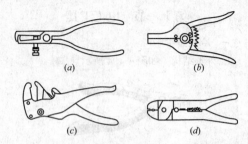

图 1-195　剥线钳

(a)可调式端面剥线钳；(b)自动剥线钳；

(c)多功能剥线钳；(d)压接剥线钳

类别	总长度/mm
可调式端面剥线钳	160
自动剥线钳	170
多功能剥线钳	170
压接剥线钳	200
用途	适用于剥除电线端部的表面绝缘层。多功能剥线钳还能剥离带状电缆

三、紧线钳

1. 外形结构　如图 1-196 所示。

2. 用途　适用于架设空中线路时拉紧电线或钢绞线。

198

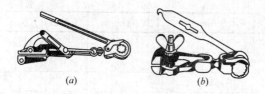

图 1-196　紧线钳

(a)平口式紧线钳；(b)虎头式紧线钳

3. 规格

(1) 平口式剥线钳

规格号		1	2	3
钳口弹开尺寸/mm		≥21.5	≥10.5	≥5.5
拉线直径 /mm	单股铜、钢线	10～20	5～10	1.5～5
	钢绞线	—	5.1～9.6	1.5～4.8
	无芯铝绞线	12.4～17.5	5.1～9	—
	钢芯铝绞线	13.7～19	5.4～9.9	—

(2) 虎头式剥线钳

长度/mm	拉线直径/mm	额定拉力/N
150	1～3	2000
200	1.5～3.5	2500

长度/mm	拉线直径/mm	额定拉力/N
250	2~5.5	3500
300	2~7	6000
350	3~8.5	8000
400	3~10.5	10000
450	3~12	12000
500	4~13.5	15000

四、冷压接钳

1. 外形结构　如图 1-197 所示。

图 1-197　冷压接钳

2. 规格及用途

压接导线断面积/mm²	10, 16, 25, 35
全长/mm	400
用途	适用于铜、铝导线接头或封端的冷压接

五、手动机械压线钳（QB/T 2733—2005）

1. 外形结构　如图 1-198 所示。

2. 用途　适用于铜、铝导线接头或封端的冷压接（围压、点压、叠压）。

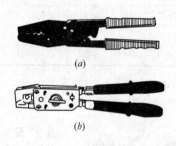

(a)

(b)

图 1-198　手动机械压线钳

(a)JYJ-V 型压线钳；(b)JYJ-1A 型压线钳

3. 规格

型号	JYJ-V₁	JYJ-V₂	JYJ-1
导线截面积/mm²	0.5～6		6～240
手柄(伸/缩)长度/mm	245		600/450
压接方式	围压		压接
导线型式	裸露	绝缘	导线
质量/kg	0.35		2.5

型号	JYJ-1A	JYJ-2	JYJ-3
导线截面积/mm²	6～240	6～300	16～400
手柄(伸/缩)长度/mm		600/450	
压接方式	围压	围压、点压、叠压	
导线型式		导线	
质量/kg	2.5	3	4.5

六、电缆钳

1. 外形结构　如图 1-199 所示。

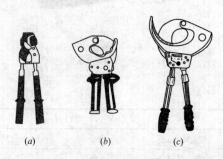

图 1-199　电缆钳

(a)XLJ-S-1 型；(b)XLJ-D-300 型；(c)XLJ-2 型

2. 用途　XLJ-S-1 适用于切断截面积≤240mm² 的铜、铝导线以及直径≤8mm 的低碳圆

202

钢，手柄护套耐 5000V 电压；XLJ-D-300 适用于切断截面积≤300mm² 以及直径≤45mm 的铜导线；XLJ-1 适用于切断直径≤65mm 的电缆；XLJ-2 适用于切断直径≤95mm 的电缆；XLJ-G 适用于切断截面积≤400mm² 的钢芯电缆，直径≤22mm 的钢丝绳及直径≤16mm 的低碳圆钢。

3. 规格

型号	手柄(伸/缩)长度/cm	质量/kg
XLJ-S-1	40/50	2500
XLJ-D-300	23	1000
XLJ-1	42/57	3000
XLJ-2	4560	3500
XLJ-G	41/56	3000

七、断线钳（QB/T 2206—2011）

1. 外形结构　如图 1-200 所示。

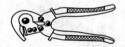 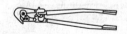

图 1-200　断线钳

2. 规格及用途

刃口厚度/mm	总长/mm	剪切直径/mm	
		黑色金属	有色金属
0.1, 0.3~0.5 0.4~0.7	230	低碳钢丝≤4.0 碳素弹簧钢丝≤2.5	≤5.0
	450	2.0~5.0	2.0~6.0
	600	2.0~6.0	2.0~8.0
	750	2.0~8.0	2.0~10
	900	2.0~10	2.0~12
用途	适用于剪切普通碳素结构钢线材、电缆、硬铜线等材料		

八、电工刀（QB/T 2208—1996）

1. 外形结构　如图 1-201 所示。

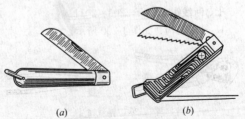

图 1-201　电工刀

(a)单用电工刀；(b)多用电工刀

2. 规格及用途

规格号	1	2	3
刀刃长度/mm	115	105	95
多用电工刀附件	四用	旋具，锥子，锯片	
	三用	锥子，锯片	
	二用	锥子	
用途	单用电工刀适用于电线绝缘层、绳索、木条及软金属的割削；多用电工刀适用于在电器圆木上打孔、槽板锯割、带槽螺钉及木螺钉的扳拧		

九、电工锤

1. 外形结构　如图 1-202 所示。

图 1-202　电工锤

2. 规格及用途

垂头质量/kg	0.5
用途	适用于电工维修、安装线路

十、电烙铁 (GB/T 7157—2008)

1. 外形结构　如图 1-203 所示。

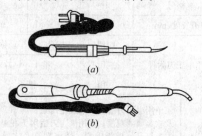

图 1-203　电烙铁

(a)内热式电烙铁；(b)外热式电烙铁

2. 规格

(1) 内热式电烙铁

功率/W	烙铁头孔深/mm	烙铁头内径/mm	烙铁头最小质量/g
20	37	5.2	8
35	48	6.2	13
50	52	6.8	15
70	60	59.0	30
100	65	10.5	120
150	70	13.0	230
200	75	16.0	300

（2）外热式电烙铁

功率/W	烙铁头长度/mm	烙铁头外径/mm	烙铁头最小质量/g
30	80	4.5	10
50	95	6.0	20
75	102	9.0	50
100	115	11.0	80
150	120	13.0	120
200	135	15.0	170
300	150	18.0	280
500	155	24.0	500

3. 用途 适用于锡焊电器元件和线路接头。

十一、低压测电器（GB/T 8218—1987）

1. 外形结构 如图 1-204 所示。

图 1-204 低压测电器

2. 规格及用途

种类	测电器	试电笔
检测电压范围/V	≤10000	≤500
用途	适用于检测线路上是否有电	

第十二节　电动工具

一、电钻(GB/T 5580—2007)

1. 外形结构　如图 1-205 所示。

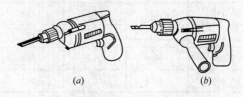

(a)　　　　　　　　(b)

图 1-205　电钻

(a)小型手电钻；(b)大型手电钻

2. 规格及用途

型号(规格)	JIZ-4A	JIZ-6A	JIZ-6B
钻头直径/mm	4	6	
额定输出功率/W	≥80	≥120	≥160
额定转矩/(N·m)	≥0.35	≥0.85	≥1.20

型号（规格）	JIZ-6C	JIZ-8A	JIZ-8B
钻头直径/mm	6	8	
额定输出功率/W	≥90	≥160	≥200
额定转矩/(N·m)	≥0.50	≥1.60	≥2.20
型号（规格）	JIZ-8C	JIZ-10A	JIZ-10B
钻头直径/mm	8	10	
额定输出功率/W	≥120	≥180	≥230
额定转矩/(N·m)	≥1.00	≥2.20	≥3.00
型号（规格）	JIZ-10C	JIZ-13A	JIZ-13B
钻头直径/mm	10	13	
额定输出功率/W	≥140	≥230	≥320
额定转矩/(N·m)	≥1.50	≥4.00	≥6.00
型号（规格）	JIZ-13C	JIZ-16A	JIZ-16B
钻头直径/mm	13		16
额定输出功率/W	≥200	≥320	≥400
额定转矩/(N·m)	≥2.50	≥7.00	≥9.00
型号（规格）	JIZ-19A	JIZ-23A	JIZ-32A
钻头直径/mm	19	23	32
额定输出功率/W	≥400		≥500
额定转矩/(N·m)	≥12.0	≥16.00	≥32.00

用途	适用于在金属材料上钻孔，也可用于木材、塑料等其他非坚硬质脆的材料上钻孔
备注	钻头分类：A 型为普通型电钻；B 型为重型电钻；C 型为轻型电钻

二、电动螺丝刀（GB/T 22679—2008）

1. **外形结构**　如图 1-206 所示。

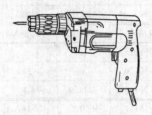

图 1-206　电动螺丝刀

2. **用途**　适用于一般环境条件下，拧紧或拆卸机螺钉、螺母和木螺钉、自攻螺钉。

3. **规格**

规格/mm	M6
扳拧力矩/(N·m)	2.45～8.00
额定输出功率/kW	≥0.085

扳拧螺钉规格范围/mm	木螺钉：≤4
	机螺钉：M4～M6
	自攻螺钉：ST3.9～ST4.8

三、电动刀锯(GB/T 22678—2008)

1. 外形结构　如图 1-207 所示。

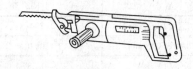

图 1-207　电动刀锯

2. 规格及用途

规格/mm	24	26	28	30
额定输出功率/kW	≥0.43		≥0.57	
额定转矩/(N·m)	≥2.3		≥2.6	
空载往复次数/(次/min)	≥2400		≥2700	
用途	适用于金属管、板、棒等材料的锯割，也适用于合成材料及木材的锯割			

四、双刃电剪刀(JB/T 6208—1999)

1. 外形结构　如图 1-208 所示。

211

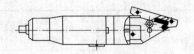

图 1-208　双刃电剪刀

2. 规格及用途

型号	J_1R-2
剪切速度/(cm/min)	200
剪切频率/(次/min)	1850
额定功率/kW	0.28
质量/g	1800
用途	适用于一般环境条件下，对金属板材、型材进行剪切

五、角向磨光机 (GB/T 7442—2007)

1. 外形结构　如图 1-209 所示。

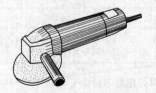

图 1-209　角向磨光机

2. 规格及用途

型号	S1M-100A	S1M-100B	S1M-115A
砂轮外径/mm	100		115
砂轮孔径/mm	16		22
额定转矩/(N·m)	≥0.30	≥0.38	
额定功率/kW	≥0.2	≥0.25	
型号	S1M-115B	S1M-125A	S1M-125B
砂轮外径/mm	115	125	
砂轮孔径/mm	22		
额定转矩/(N·m)	≥0.50		≥0.63
额定功率/kW	≥0.32		≥0.40
型号	S1M-150A	S1M-180A	S1M-180B
砂轮外径/mm	150	180	
砂轮孔径/mm	22		
额定转矩/(N·m)	≥0.80	≥1.25	≥2.0
额定功率/kW	≥0.5	≥0.71	≥1.0
型号	S1M-180C	S1M-230A	S1M-230B
砂轮外径/mm	180	230	
砂轮孔径/mm	22		
额定转矩/(N·m)	≥2.50	≥2.80	≥3.55
额定功率/kW	≥1.25	≥1.0	≥1.25

六、混凝土振动器

1. 外形结构 如图 1-210 所示。

图 1-210 混凝土振动器(插入式振动棒)

2. 规格

(1) 电动软轴行星插入式(JG/T 45—1999)

型号	振动棒直径/mm	软轴直径/mm	软管外径/mm	空载最大振幅/mm
SN25	25	8	24	≥0.5
ZN30	30			≥0.6
SN35	35	10	30	≥0.8
ZN42	42			≥0.9
ZN50	50	13	36	≥1.0
ZN60	60			≥1.1
ZN70	70			≥1.2

(2) 电动机内装插入式(JG/T 46—1999)

型号	振动棒直径/mm	空载最大振幅/mm	电动机额定电压/V	电动机额定功率/W
SDN42	42	≥0.9		370
ZDN50	50	≥1.0		550
ZDN60	60	≥1.1		750
ZDN70	70		42	1100
ZDN85	85	≥1.2		1100
SDN100	100			1500
ZDN125	125	≥1.6		2200
ZDN150	150			4000
备注	① 电动机额定电压也可采用符合相应安全标准要求的其他电压等级。 ② 空载最大振幅为全振幅的一半			

3. 用途　适用于在建筑施工中对各种干硬和塑性混凝土进行振实和密实。

七、手持式振动抹光器

1. 外形结构　如图 1-211 所示。

图 1-211　手持式振动抹光器

215

2. 规格及用途

功率/kW	0.12	0.09
电机转速/(r/min)	2800	3000
激振力范围/N	120~170	150~740
振幅/mm	2~3	0.3~1.3
用途	适用于混凝土表面的振实和抹光。广泛用于各楼层、室内外地面和狭窄场所通道等的施工	

八、地面水磨石机(JG/T 5008—1992)

1. 外形结构 如图 1-212 所示。

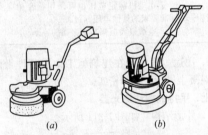

图 1-212 地面水磨石机

(a)单盘水磨石机；(b)双盘水磨石机

2. 用途 适用于利用碳化硅砂轮湿磨台阶面和大面积混凝土地面。

3. 规格

216

（1）单磨盘水磨石机

电动机功率/W	370	1500	2200
磨盘转速/(r/min)	350	320	360
磨盘直径/mm	200	350	—
砂轮规格/mm	50×65	75×75	75×75

（2）双磨盘水磨石机

电动机功率/W	2200	3000	4000
磨盘转速/(r/min)	360	340	336
磨盘直径/mm	—	360×2	
砂轮规格/mm	75×75		

九、电动湿式磨光机（JB/T 5333—1999）

1. 外形结构　如图 1-213 所示。

图 1-213　电动湿式磨光机

2. 用途　适用于一般环境条件下用安全工作线速度大于或等于 30m/s（陶瓷结合剂）或 35m/s

217

(树脂结合剂)的杯形系砂轮，对水磨石板，混凝土等进行注水磨削作业。

3. 规格

型号	Z1M-80A	Z1M-80B	Z1M-100A
砂轮外径/mm	80		100
砂轮孔径/mm	M10		M14
砂轮厚度/mm	40		
额定功率/kW	≥0.2	≥0.25	≥0.34
陶瓷结合剂砂轮空载转速	≤7150 r/min		≤5700 r/min
树脂结合剂砂轮空载转速	≤8350 r/min		≤6600 r/min

型号	Z1M-100B	Z1M-125A	Z1M-125B
砂轮外径/mm	100	125	
砂轮孔径/mm	M14		
砂轮厚度/mm	40	50	
额定功率/kW	≥0.5	≥0.45	≥0.5
陶瓷结合剂砂轮空载转速	≤5700 r/min	≤3800 r/min	
树脂结合剂砂轮空载转速	≤6600 r/min	≤4500 r/min	

型号	Z1M-150A	Z1M-150B
砂轮外径/mm	150	100
砂轮孔径/mm	M14	M14
砂轮厚度/mm	50	50
额定功率/kW	≥0.85	≥1.0
陶瓷结合剂砂轮空载转速	≤3800r/min	
树脂结合剂砂轮空载转速	≤4400r/min	

十、石材切割机(GB/T 22664—2008)

1. 外形结构　如图 1-214 所示。

图 1-214　石材切割机

2. 规格及用途

型号	Z1E-110	Z1E-125	Z1E-150
锯片外径×孔径/mm	110×20	125×20	
切割深度/mm	≤30	≤40	≤50
额定功率/kW	0.45		0.55
额定转矩/(N·m)	0.5	0.7	1.0
质量/kg	2.7	3.2	3.3
型号	Z1E-180	Z1E-200	Z1E-250
锯片外径×孔径/mm	180×25	200×25	250×25
切割深度/mm	≤60	≤70	≤75
额定功率/kW	0.55	0.65	0.73
额定转矩/(N·m)	1.6	2.0	2.8
质量/kg	6.8	—	9.0
用途	配备金刚石锯片,适用于切割大理石、花岗石、瓷砖等脆性材料;配备纤维增强薄片锯片,适用于切割钢件、铸铁件及混凝土		

十一、型材切割机(JB/T 9608—1999)

1. 外形结构　如图 1-215 所示。

2. 规格及用途

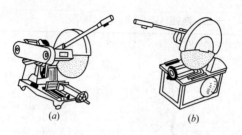

图 1-215 型材切割机

(a)可移动式；(b)箱座式

型号	J1G-200	J1G-250	J1G-300
砂轮外径/mm	200	250	300
切割直径/mm	≤20	≤25	≤30
额定功率/kW	0.6	0.7	0.8
额定转矩/(r/min)	2.3	3.0	3.5
型号	J1G-350	J1G-400	J3G-400
砂轮外径/mm	350	400	400
切割直径/mm	≤35	≤50	50
额定功率/kW	0.9	1.1	2.0
额定转矩/(r/min)	4.2	5.5	6.7
用途	适用于切割各种圆形或异形型材。如钢管、铸铁管、圆钢、角钢、槽钢、扁钢等		

十二、电锤(GB/T 7443—2007)

1. 外形结构　如图 1-216 所示。

图 1-216　电锤

2. 规格及用途

规格	钻削率/(mm³/min)
16	15000
18	18000
20	21000
22	24000
26	30000
32	40000
38	50000
50	70000

十三、冲击电钻(GB/T 22676—2008)

1. 外形结构　如图 1-217 所示。

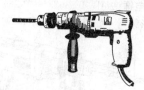

图 1-217　冲击电钻

2. 规格及用途

钻孔直径/mm	≤10	≤13
额定功率/kW	0.22	0.28
冲击次数/(次/min)	46400	43200
额定转矩/(N·m)	1.2	1.7
钻孔直径/mm	≤16	≤20
额定功率/kW	0.35	0.43
冲击次数/(次/min)	41600	38400
额定转矩/(N·m)	2.1	2.8
用途	适用于在砖石、轻质混凝土、陶瓷等脆性材料上钻孔(冲击电钻处于旋转带冲击状态,并配硬质合金冲击钻头)以及在金属、木材、塑料等材料上钻孔(冲击电钻处于旋转状态,并配麻花钻头)	

十四、电锤钻(JB/T 8368.1—1996)

1. 外形结构　如图 1-218 所示。

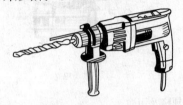

图 1-218　电锤钻

2. 规格及用途

型号		Z1A-14
钻孔直径/mm	混凝土	8～14
	钢板	3～8
负载转速(r/min)		770
冲击次数/(次/min)		3500
额定功率/kW		0.38
质量/kg		3.2
用途		适用于在砖墙、混凝土、岩石等脆性材料上钻孔、开槽、凿毛(电锤钻处于旋转带冲击状态,并配电锤钻头)以及在金属、木材、塑料等材料上钻孔(电锤钻处于旋转状态,并配麻花钻头或机用木工钻头)

十五、砖墙铣沟机

1. 外形结构　如图 1-219 所示。

图 1-219　砖墙铣沟机

2. 规格及用途

型号	Z1R-16
额定功率/kW	0.4
负载转速/(r/min)	800
额定转矩/(N·m)	2
铣沟宽度/mm	≤20
铣沟深度/mm	≤16
质量/kg	3.1
用途	适用于在砖墙、石膏、木材等表面上铣切沟槽(配用硬质合金专用铣刀)。附带集尘袋收集碎屑

十六、夯实机

1. 外形结构　如图 1-220 所示。

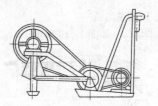

图 1-220 夯实机

2. 规格及用途

夯板尺寸/cm		夯击能量/J	前进速度/(m/min)	夯击次数/(次/min)
长	宽			
50	12	200	8	140~142
用途		适用于夯实素土和灰土		

十七、蛙式夯实机(JG/T 27—1999)

1. 外形结构　如图 1-221 所示。

图 1-221　蛙式夯实机

2. 规格及用途

型号	夯板面积/cm²	夯击能量/J	前进速度/(m/min)	夯击次数/(次/min)
HW-20	—	200	6～8	140～142
HW-32	600	320	8	145
HW-40	—	200		
HW-60		620	8～13	140～150
HW-170	780	320	—	
HW-280		620		
HB-20	—	200		140～145
用途	适用于建筑、水利、筑路等土方工程中夯实素土、灰土			

第十三节　气动工具

一、气钻(JB/T 9847—2010)

1. **外形结构**　如图 1-222 所示。

2. **用途**　适用于用钻头在金属件、塑料件及木材上进行钻孔。

3. **规格**

227

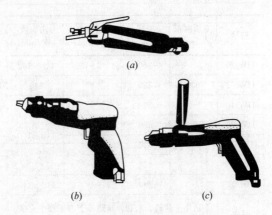

图 1-222　气钻

(a)直柄式；(b)枪柄式；(c)侧柄式

产品系列	6	8	10
功率/W	200		290
耗气量/(L/s·kW)	44		36
A声级噪声/dB	100		105
气管内径/mm	10		12.5
质量/kg	0.9	1.3	1.7

产品系列	13	16	22
功率/W	290	660	1070
耗气量/(L/s·kW)	36	35	33
A声级噪声/dB	105		120
气管内径/mm	12.5	16	
质量/kg	2.6	6	9
产品系列	32	50	80
功率/W	1240	2870	
耗气量/(L/s·kW)	27	26	
A声级噪声/dB	120		
气管内径/mm	16	20	
质量/kg	13	23	35

注：① 验收气压为 630Pa。

② 角式气钻质量允许增加 25%。

二、纯扭式气动螺丝刀(JB/T 5129—2004)

1. 外形结构　如图 1-223 所示。

图 1-223　纯扭式气动螺丝刀

(a)直柄；(b)枪柄

229

2. 规格及用途

产品系列		2	3	4
扳拧螺纹规格		M1.6～M2	M2～M3	M3～M4
耗气量/(L/s)		≤4.0	≤5.0	≤7.0
质量/kg	直柄	0.5	0.7	0.8
	枪柄	0.55	0.77	0.88
气管内径/mm		6.3		

产品系列		5	6
扳拧螺纹规格		M4～M5	M5～M6
耗气量/(L/s)		≤8.5	≤10.5
质量/kg	直柄	1.0	1.0
	枪柄	1.1	1.1
气管内径/mm		6.3	
用途		适用于维修或装配中扳拧各种带槽螺钉	

三、气动攻丝机

1. 外形结构　如图 1-224 所示。

2. 用途　适用于在工件上攻螺纹孔。

3. 规格

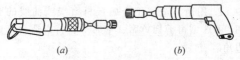

图 1-224　气动攻丝机

(a)直柄式；(b)枪柄式

型号	攻丝直径/mm		功率/W
	钢	铝	
2G8-2	—	M8	170
GS6Z10	M5	M6	
GS6Q10			
GS8Z09	M6	M8	190
GS8Q09			
GS10Z06	M8	M10	
GS10Q06			

四、气剪刀

1. 外形结构　如图 1-225 所示。

(a)　　　　　　　　　(b)

图 1-225　气剪刀

(a)JD3 型；(b)JD2 型

231

2. 用途　适用于金属板材直线或曲线的剪切。JD3 型可剪切竹席、草席等，特别适合修剪边角。

3. 规格

型号	JD2	JD3
剪切频率/Hz	30	
气体压力/Pa	630	
剪切厚度①/mm	2.0	2.5
气管内径/mm	10	
质量/kg	1.6	1.5

① 系指剪切退火低碳钢板。

五、气冲剪

1. 外形结构　如图 1-226 所示。

图 1-226　气冲剪

2. 规格及用途

厚度冲剪/mm	14(铝)，16(钢)
冲剪次数/(次/min)	3500
耗气量/(L/min)	170
气体压力/MPa	0.63
用途	适用于冲剪铝、钢等金属材料以及塑料、纤维板、布质层压板等非金属材料

六、气动剪线钳

1. 外形结构　如图 1-227 所示。

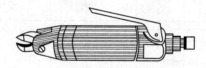

图 1-227　气动剪线钳

2. 规格及用途

型号	剪切铜丝直径/mm	气体压力/Pa	外形尺寸/mm	
			直径	长度
XQ3	1.2	630	29	120
XQ2	2	490	32	150
用途	适用于铝、铜制成的导线及其他金属丝的剪切			

七、手持式气动切割机

1. 外形结构　如图 1-228 所示。

图 1-228　手持式气动切割机

2. 规格及用途

锯片直径 /mm	转速/ (r/min)	切割材料	质量/kg
50	620	厚度≤1.2mm 的中碳钢、铝合金、铜	1.0
	3500	塑钢、塑料、木材	
	7000	钢、玻璃纤维、陶瓷	
用途		配用砂轮适用于修磨铸件浇冒口、大型铸件、焊缝及模具；配用布轮适用于抛光；配用钢丝轮适用于清除金属表面铁锈及油漆	

八、气动抛光机

1. 外形结构　如图 1-229 所示。

2. 规格及用途

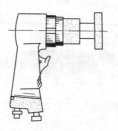

图 1-229　气动抛光机

型号	GT125
气体压力/Pa	600～650
转速/(r/min)	1700
气管内径/mm	10
质量/kg	1.15
用途	适用于抛光各种金属结构、构件

九、气动磨光机

1. 外形结构　如图 1-230 所示。

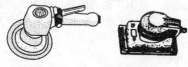

图 1-230　气动磨光机

2. 规格及用途

型号	F66	N3	MG
地板尺寸/mm	102×204		Φ148
气体压力/Pa	500		400
耗气量（m³/min）	≤0.5		≤0.4
功率/kW	0.15		0.18
质量/kg	2.5	3.0	1.8
用途	适用于在金属、木材等表面上进行砂光、抛光、除锈等		

十、气镐（JB/T 9848—2011）

1. 外形结构　如图 1-231 所示。

图 1-231　气镐

2. 用途　适用于破碎混凝土路面、岩石、冻土层及冰层；煤田采煤；在土木工程中凿洞、穿孔等。

3. 规格

冲击能量/J	≥30	≥43
耗气量/(L/s)	≤20	≤16
气管内径/mm	16	
镐钎尾柄尺寸/mm	25×75	
气体压力/Pa	630	
A级噪声/dB	≤116	≤118
质量/kg	8	10

十一、气铲 (JB/T 8412—2006)

1. 外形结构　如图 1-232 所示。

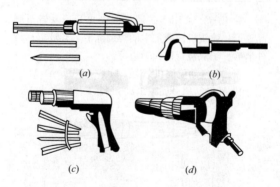

图 1-232　气铲

(a)直柄式；(b)弯柄式；(c)枪柄式；(d)环柄式

2. 规格

规格号	2	5	6	7
冲击能量/J	2	8	14	17
耗气量/(L/s)	7	19	15	16
气管内径/mm	10		13	
镐钎尾柄尺寸/mm	12×45		17×60	
气体压力/Pa	630			
A级噪声/dB	≤103		≤116	
质量/kg	2.4	5.4	6.4	7.4

3. 用途　适用于砖墙或混凝土开口及岩石制品整形；建筑机械施工中的焊缝除渣、开坡口；铸件清砂、铲除浇冒口、毛边等。

十二、气动捣固机(JB/T 9849—2011)

1. 外形结构　如图 1-233 所示。

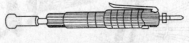

图 1-233　气动捣固机

2. 规格及用途

规格号	耗气量/ (L/s)	气缸直径 /mm	气管内径 /mm	气体压力 /Pa
2	7	18	10	
	9.5	20		
4	10	22		30
6	13	25	13	
9	15	32		
18	19	38		
用途	适用于捣固铸件砂型和混凝土及砖坯			

十三、手持式凿岩机

1. 外形结构　如图 1-234 所示。

图 1-234　手持式凿岩机

2. 用途　Y3 型手持式凿岩机适用于打架线眼和在房屋建筑上打膨胀螺钉孔、地脚螺钉孔以及在岩石、砖墙、混凝土构件上打小孔。其他三种手持式凿岩机适用于对中硬、坚硬岩石进行干式、湿式

239

凿岩，向下打垂直或倾斜炮眼。

3. 规格

型号	Y26	Y19，Y19A	Y3
冲击能量/J	30	40	2.5
耗气量/(m³/min)	2.82	2.58	—
气管内径/mm	19		13
钎尾尺寸/mm	22×108		
气体压力/Pa	400	500	400
水管内径/mm	13		—
质量/kg	26	19	4.5

十四、气动破碎机

1. 外形结构　如图 1-235 所示。

图 1-235　气动破碎机

2. 规格及用途

型号	B37C	B67C	B87C
冲击能量/kJ	0.026	0.04	0.1
耗气量/(m³/min)	0.96	2.1	3.3

型号	B37C	B67C	B87C
气管内径/mm	16	19	
气体压力/Pa	630		
总长/mm	550	615	686
质量/kg	17	30	39

十五、气锹

1. 外形结构 如图 1-236 所示。

图 1-236 气锹

2. 规格及用途

型号	SQ27E
冲击能量/kJ	0.022
耗气量/(m³/min)	1.5
气管内径/mm	13
气体压力/Pa	630
尾钎尺寸/mm	22.4×8.25
质量/kg	11.2
用途	适用于筑路、开挖冻土层等

241

十六、气动射钉枪

1. 外形结构　如图 1-237 所示。

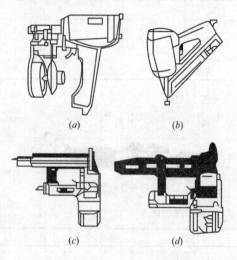

图 1-237　气动射钉枪

(a)气动圆盘射钉枪；(b)气动圆头钉射钉枪；

(c)气动 T 形钉射钉枪；(d)气动码钉射钉枪

2. 规格

(1) 气动圆盘射钉枪

气体压力 /Pa	装钉量 /枚	频率 /(枚/s)	质量 /kg
450~750	300		3.7
400~700	385	4	2.5
	385/300		3.2
	300/200	3	3.5

（2）气动圆头钉射钉枪

气体压力 /Pa	装钉量 /枚	频率 /(枚/s)	质量 /kg
450~700	64/70	3	5.5
400~700			3.6

（3）气动码钉射钉枪

气体压力 /Pa	装钉量 /枚	频率 /(枚/s)	质量 /kg
400~700	110	6	1.2
450~850	165	5	2.8

（4）气动 T 形钉射钉枪

气体压力 /Pa	装钉量 /枚	频率 /(枚/s)	质量 /kg
400~700	120/104	4	3.2

3. 用途　气动圆盘射钉枪和气动圆头钉射钉枪适用于在混凝土、岩石、砖砌体和钢铁上射入射钉，还可以紧固建筑构件、某些金属结构件及水电线路。气动码钉射钉枪和气动 T 形钉射钉枪适用于建筑构件和包装箱。

十七、气动铆钉机（JB/T 9850—2010）

1. 外形结构　如图 1-238 所示。

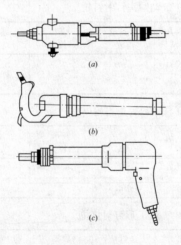

(a)

(b)

(c)

图 1-238　气动铆钉机(一)

(a)直柄式气动铆钉机；(b)弯柄式气动铆钉机；(c)枪柄式气动铆钉机

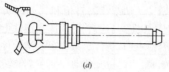

图 1-238 气动铆钉机(二)

(d)环柄式气动铆钉机

2. 用途　适用于钢铆钉或硬铝铆钉的铆接。

3. 规格

产品规格	4	5	6
窝头尾柄尺寸/mm	10×32	10×32 12×45	12×45
质量/kg	≤1.2	≤1.5	≤1.8
冲击能量/J	≥2.9	≥4.3	≥9.0
耗气量/(L/s)	≤6.0	≤7.0	≤9.0
气管内径/mm	10	12.5	
产品规格	12	16	19
窝头尾柄尺寸/mm	17×60	31×70	
质量/kg	≤4.5	≤7.5	≤8.5
冲击能量/J	≥16	≥22	≥26
耗气量/(L/s)	≤12	≤18	
气管内径/mm	10	12.5	

产品规格	22	28	36
窝头尾柄尺寸/mm	\multicolumn{3}{c}{31×70}		
质量/kg	≤9.5	≤10.5	≤13
冲击能量/J	≥32	≥40	≥60
耗气量/(L/s)	≤19		≤22
气管内径/mm	16		

注：① 产品规格是指铆钉直径，冷铆硬铝铆钉(2A10)直径：4，5，6，8mm；热铆钢铆钉(20钢)直径：12，16，19，22，28，36mm。

② 验收气压为630Pa。

十八、气动打钉机(JB/T 7739—2010)

1. 外形结构　如图1-239所示。

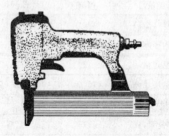

图1-239　气动打钉机

2. 用途 适用于在木材、塑料及皮革上进行打钉或拼装。适用于箱包、家装、制鞋等行业。

3. 规格

型号	DDT30	DDT32	DDP80
冲击能量/J	≥2		≥40
气缸直径/mm	27		52
质量/kg	1.3	1.2	4
气管内径/mm	8		
射钉长度/mm	10～30	6～32	20～80
型号	DDP45	DDU14	DDU16
冲击能量/J	≥10	≥1.4	
气缸直径/mm	44	27	
质量/kg	2.5	1.2	
气管内径/mm	8		
射钉长度/mm	22～45	14	16
型号	DDU22	DDU22A	DDU25
冲击能量/J	≥1.4		≥2
气缸直径/mm	27		
质量/kg	1.2		1.1
气管内径/mm	8		
射钉长度/mm	10～22	6～22	10～23

注：验收气压为 630Pa。

十九、风动磨腻子机

1. 外形结构　如图 1-240 所示。

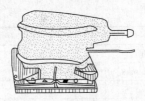

图 1-240　风动磨腻子机

2. 规格及用途

型号	N07
磨削压力/N	20~50
气体压力/Pa	500
气管内径/mm	8
长×宽×高/mm	166×110×97
质量/kg	0.7
用途	适用于对产品外表的腻子和涂料进行磨光。换上绒布可对产品外表抛光和打蜡

二十、风动磨石子机

1. 外形结构　如图 1-241 所示。

2. 规格及用途

248

图 1-241　风动磨石子机

型号	FM-150
空载耗气量/(L/min)	≤1000
气体压力/Pa	500～600
气管内径/mm	10
输出功率/kW	0.294
质量/kg	3.5
用途	适用于磨光水磨石、大理石等建筑材料

二十一、气刻笔

1. 外形结构　如图 1-242 所示。

图 1-242　气刻笔

2. 规格及用途

型号	KB
刻字深度/mm	0.1～0.3
冲击次数/(次/min)	13000
气体压力/MPa	0.49
耗气量/(L/min)	20
噪声/dB	80
质量/g	70
用途	适用于对玻璃、陶瓷、金属、塑料等材料的表面进行刻字和刻画

二十二、低压微小型活塞式空气压缩机

1. 外形结构　如图 1-243 所示。

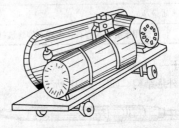

图 1-243　低压微小型活塞式空气压缩机

2. 规格及用途

型号	2V-0.6/7	2V-0.5/7	2ZF-1
排气量/(L/min)	600	500	90
排气压力/MPa	0.7	0.7	0.7
轴功率/W	4800	4300	850
型号	3W-0.4/10	3W-0.6/7	3W-0.8/10
排气量/(L/min)	400	600	800
排气压力/MPa	1.0	0.7	1.0
轴功率/W	3600	4500	7500
用途	适用于为室内外装修提供压力较小的压缩空气		

第十四节　其他建筑五金工具

一、多用刀（JB/T 3411.2—1999）

1. 外形结构　如图 1-244 所示。

图 1-244　多用刀

2. 规格及用途

长度/mm	180
用途	适用于对办公纸张及装修过程中的多种形式的切割

二、可节刀

1. 外形结构　如图 1-245 所示。

图 1-245　可节刀

2. 规格及用途

种类	大号、中号、小号
用途	适用于各种纸质材料的裁割

三、梯具

1. 外形结构　如图 1-246 所示。

2. 用途　适用于登高作业。

3. 规格及特点

（1）折梯

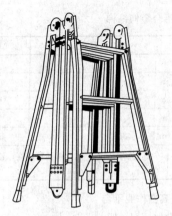

图 1-246　梯具

型号	L2105	L2125	L2145
伸展长度/m	3.2	3.8	4.5
折叠长度/m	1.6	1.9	2.2
质量/kg	10.5	12.5	14.5
型号	L6145	L6165	L6205
伸展长度/m	3.8	5	6.3
折叠长度/m	0.95	1.25	1.58
质量/kg	12.5	16.5	20.5
特点	多功能折合式铝梯，采用高强度铝合金管材，自动上锁关节，平稳强固		

(2) 铝合金伸缩梯

型号	AP-50	AP-60	AP-70
伸展长度/m	5.04	6.03	7.02
收缩长度/m	3.15	3.81	4.14
型号	AP-80	AP-90	AP-100
伸展长度/m	8.04	9.03	10.02
收缩长度/m	4.83	5.16	5.82
特点	具有防滑功能，能自由调整高度，锁扣装置固定		

四、高空作业平台

1. 外形结构　如图 1-247 所示。

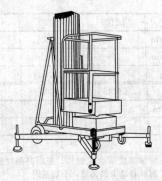

图 1-247　高空作业平台

2. 用途　适用于高空作业

3. 规格

型号	GTC2 GTC2A	GTC3 GTC3A	GTC4 GTCA
工作平台升起高度/m	≪2	≪3	≪4
工作平台尺寸/m	0.62×0.62		
作业平台长度/m	1.25		
作业平台宽度/m	0.7		
作业平台高度/m	1.85		1.64
额定载重/t	0.15		

型号	GTC5 GTC5A	GTC6 GTC6A	GTC7 GTC7A
工作平台升起高度/m	≪5	≪6	≪7
工作平台尺寸/m	0.62×0.62		
作业平台长度/m	1.25		
作业平台宽度/m	0.7		
作业平台高度/m	1.64		1.80
额定载重/t	0.10		

第十五节　常用建筑机械

一、混凝土搅拌机(GB/T 9142—2000)

1. 外形结构　如图 1-248 所示。

图 1-248　混凝土搅拌机

2. 规格及用途

型号	进料量/m³	出料量/m³	骨料粒径/mm	筒转速/(r/min)
JZ-150	0.24	0.15		18.5
JZ-200	0.30	0.20	≤60	
JZ-250	0.40	0.25		16
JZ-350	0.50	0.35		17.5

型号	料斗提升速度/(m/min)	搅拌电动机功率/W	供水方式	提升电动机功率/W
JZ-150	19.4	3000	时间继电器	2200
JZ-200		4000		
JZ-250	19		水箱	3000
JZ-350	18	5000	水表	4000
用途	适用于塑性混凝土或低流动性混凝土的搅拌			

二、钢筋切断机 (JG/T 5085—1996)

1. 外形结构　如图 1-249 所示。

图 1-249　钢筋切断机

2. 规格及用途

型号	钢筋直径 /mm	冲切次数/ (次/min)	外形尺寸/m 长×宽×高
QJ-40		32	1.77×0.65×0.85
GJ-40	6~40	32	1.77×0.695×0.828
GQ-40		40	1.485×0.548×0.837
用途	适用于建筑施工企业剪切钢筋，也可剪切圆钢、方钢		

三、钢筋弯曲机(JG/T 5081—1996)

1. 外形结构　如图 1-250 所示。

图 1-250　钢筋弯曲机

2. 规格及用途

型号	钢筋直径/mm	工作盘直径/mm	工作盘转速/(r/min)
WJ40-1			
GW6-40	6～40	350	3.7, 7.2, 14
GJB7-40			3.7, 5.8, 8.9, 14
用途	适用于弯曲钢筋		

第二章　建筑门窗

第一节　钢门窗

一、钢门窗的代号、尺寸和性能分级（GB/T 20909—2007）

（一）钢门窗代号和开启形式代号

1. 钢门窗代号

门	M
窗	C
门窗组合	MC
百叶门窗	Y
纱扇	A

2. 开启形式代号

开启形式	代号	
	门	窗
固定	G	G

开启形式	代号	
	门	窗
上悬	—	S
中悬	—	C
下悬	—	X
立转	—	L
平开	P	P
推拉	T	T
弹簧	H	—
提拉	—	TL

注：固定门窗和其他开启形式门窗组合时，用开启形式的
代号表示。

（二）钢门窗的尺寸偏差

1. 门框及门扇高度和宽度尺寸偏差

尺寸范围/m	允许偏差/mm
≤2.0	±2.0
>2.0	±3.0

261

2. 窗框宽度和高度尺寸偏差

尺寸范围/m	允许偏差/mm
≤1.5	±1.5
>1.5	±2.0

3. 门框及门扇两对边尺寸偏差

尺寸范围/m	允许偏差/mm
≤2.0	≤2.0
>2.0	≤3.0

4. 窗框两对边尺寸偏差

尺寸范围/m	允许偏差/mm
≤1.5	≤2.0
>1.5	≤3.0

5. 门框及门扇两对角线尺寸偏差

尺寸范围/m	允许偏差/mm
≤3.0	≤3.0
>3.0	≤4.0

6. 窗框两对角线尺寸偏差

尺寸范围/m	允许偏差/mm
≤2.0	≤2.5
>2.0	≤3.5

7. 门扇宽度和高度方向弯曲度偏差

尺寸范围/m	允许偏差/mm
1.0	≤2.0

8. 其他尺寸偏差

种类	允许偏差/mm
分格尺寸	±2.0
相邻分格尺寸差	≤1.0
门扇扭曲度	<4.0
同一平面高低差	≤0.4
装配间隙	

（三）建筑门窗物理性能分级指标

1. 抗风压性能

分级	指标值 P_3/kPa
1	$1 \leqslant P_3 < 1.5$
2	$1.5 \leqslant P_3 < 2$
3	$2 \leqslant P_3 < 2.5$
4	$2.5 \leqslant P_3 < 3$
5	$3 \leqslant P_3 < 3.5$
6	$3.5 \leqslant P_3 < 4$
7	$4 \leqslant P_3 < 4.5$
8	$4.5 \leqslant P_3 < 5$
×·×	$P_3 \geqslant 5$

注：×·×表示用指标值大于等于 5kPa 的具体值取代分级代号。

2. 水密性能

分级	指标值 ΔP/Pa
1	$100 \leqslant \Delta P < 150$
2	$150 \leqslant \Delta P < 250$
3	$250 \leqslant \Delta P < 350$
4	$350 \leqslant \Delta P < 500$

分级	指标值 $\Delta P/\mathrm{Pa}$
5	$500 \leqslant \Delta P < 700$
××××	$\Delta P \geqslant 700$

注：××××表示用指标值大于等于 700Pa 的具体值取代分级代号，主要用于受热带风暴和台风袭击地区的建筑。

3. 气密性能

分级	缝长指标值 $q_1/[\mathrm{m^3/(m \cdot h)}]$	面积指标值 $q_2/[\mathrm{m^3/(m^2 \cdot h)}]$
1	$6.0 \geqslant q_1 > 4.0$	$16 \geqslant q_2 > 12$
2	$4.0 \geqslant q_1 > 2.5$	$12 \geqslant q_2 > 7.5$
3	$2.5 \geqslant q_1 > 1.5$	$7.5 \geqslant q_2 > 4.5$
4	$1.5 \geqslant q_1 > 0.5$	$4.5 \geqslant q_2 > 1.5$
5	$q_1 \leqslant 0.5$	$q_2 \leqslant 1.5$

4. 保温性能

分级	指标值 $K/[\mathrm{W/(m^2 \cdot K)}]$
5	$4 > K \geqslant 3.5$
6	$3.5 > K \geqslant 3$

分级	指标值 K/[W/(m² · K)]
7	$3>K \geqslant 2.5$
8	$2.5>K \geqslant 2$
9	$2>K \geqslant 1.5$
10	$K<1.5$

5. 空气隔声性能

分级	指标值 R_w/dB
1	$20 \leqslant R_w<25$
2	$25 \leqslant R_w<30$
3	$30 \leqslant R_w<35$
4	$35 \leqslant R_w<40$
5	$40 \leqslant R_w<45$
6	$R_w \geqslant 45$

6. 采光性能

分级	指标值 T_r/dB
1	$0.2 \leqslant T_r<0.3$
2	$0.3 \leqslant T_r<0.4$

分级	指标值 T_r/dB
3	$0.44 \leqslant T_r < 0.5$
4	$0.5 \leqslant T_r < 0.6$
5	$T_r \geqslant 0.6$

二、推拉钢窗(JG/T 3014.1—1994)

1. 分类及性能指标

(1) 分类

分类方法	种类
使用方式	左右推拉窗
	上下推拉窗
选用型材	热轧型材推拉窗
	冷轧型材推拉窗
	异型管材推拉窗
物理性能(风压强度、空气渗透、雨水渗漏)	A类高性能窗
	B类中性能窗
	C类低性能窗
物理性能(保温性能)	Ⅰ, Ⅱ, Ⅲ
物理性能(空气隔声)	Ⅱ, Ⅲ, Ⅳ, Ⅴ
物理性能(采光性能)	Ⅰ, Ⅱ, Ⅲ, Ⅳ, Ⅴ, Ⅵ

（2）性能指标

① 按物理性能（风压强度、空气渗透、雨水渗漏）分类

种类	等级	性能指标值		
		风压强度/MPa	空气渗透性（10Pa以下）/[m³/(m·h)]	雨水渗漏性/MPa
A类高性能窗	优等品	≥3.5	≤1.0	≥0.35
	一等品	≥3.0	≤1.5	≥0.35
	合格品	≥3.0	≤1.5	≥0.30
B类高性能窗	优等品	≥3.0	≤2.0	≥0.30
	一等品	≥2.5	≤2.0	≥0.25
	合格品	≥2.5	≤2.5	≥0.20
C类高性能窗	优等品	≥2.5	≤2.0	≥0.20
	一等品	≥2.0	≤3.0	≥0.15
	合格品	≥1.5	≤3.5	≥0.10

② 按物理性能（保温性能）分类

等级	传热阻值/[(m²·K)/W]
I	0.5
II	0.33
III	0.25

③ 按物理性能(空气隔声)分类

等级	空气声计权隔声量/dB
II	40
III	35
IV	30
V	25

④ 按物理性能(采光性)分类

等级	透光折减系数 T_r
I	$T_r \geqslant 0.7$
II	$0.6 \leqslant T_r < 0.7$
III	$0.5 \leqslant T_r < 0.6$
IV	$0.4 \leqslant T_r < 0.5$
V	$0.3 \leqslant T_r < 0.4$
VI	$0.2 \leqslant T_r < 0.3$

2. 规格

(1) 推拉钢窗厚度基本尺寸系列

厚度基本系列/mm	备注
40	
50	左表中未列出的窗厚度尺寸系列，相对于基本尺寸系列在±4mm之内，可靠近基本尺寸系列
60	
70	
80	
90	

（2）推拉钢窗洞口的规格型号

洞宽/mm	洞高/mm			
	600	900	1200	1500
	洞口代号			
1200	1206	1209	1212	1215
1500	1506	1509	1512	1515
1800	1806	1809	1812	1815
2100	2106	2109	2112	2115
2400	2406	2409	2412	2415
2700	2706	2709	2712	2715
3000	3006	3009	3012	3015

洞宽/mm	洞高/mm	
	1800	2100
	洞口代号	
1200	1218	1221
1500	1518	1521
1800	1818	1821
2100	2118	2121
2400	2418	2421
2700	2718	2721
3000	3018	3021

三、平开、推拉彩色涂层钢板门窗（JG/T 3041—1997）

1. 分类

按使用形式可分为平开门、平开窗、推拉门、推拉窗以及固定窗等几种类型。

2. 规格

（1）平开彩色涂层钢板基本门的洞口规格

洞宽/mm	洞高/mm		
	2100	2400	2700
	洞口代号		
900	0921	0924	0927

洞宽/mm	洞高/mm		
	2100	2400	2700
	洞口代号		
1200	1221	1224	1227
1500	1521	1524	1527
1800	1821	1824	1827

（2）推拉彩色涂层钢板基本门的洞口规格

洞宽/mm	洞高/mm		
	1800	2100	2400
	洞口代号		
1500	1518	1521	1524
1800	1818	1821	1824

（3）平开彩色涂层钢板基本窗的洞口规格

洞宽/mm	洞高/mm				
	600	900	1200	1500	1800
	洞口代号				
600	0606	0609	0612	0615	0618
900	0906	0909	0912	0915	0918

洞宽/mm	洞高/mm				
	600	900	1200	1500	1800
	洞口代号				
1200	1206	1209	1212	1215	1218
1500	1506	1509	1512	1515	1518
1800	1806	1809	1812	1815	1818
2100	2106	2109	2112	2115	2118
2400	2406	2409	2412	2415	2418

（4）推拉彩色涂层钢板基本窗的洞口规格

洞宽/mm	洞高/mm				
	600	900	1200	1500	1800
	洞口代号				
900	0906	0909	0912	0915	0918
1200	1206	1209	1212	1215	1218
1500	1506	1509	1512	1515	1518
1800	1806	1809	1812	1815	1818
2100	2106	2109	2112	2115	2118
2400	2406	2409	2412	2415	2418
2700	2706	2709	2712	2715	2718

3. 性能要求

（1）彩板窗的抗风压性能、空气渗透性能以及雨水渗漏性能

开启方式	等级	抗风压性/kPa	空气渗透性/[m³/(m·h)]	雨水渗透性/kPa
平开	I	≥3.0	≤0.5	≥0.35
	II	≥2.0	≤1.5	≥0.25
推拉	I	≥2.0	≤1.5	≥0.25
	II	≥1.5	≤2.5	≥0.15

（2）建筑外门抗风压性能分级下限值

等级	分级下限值/kPa
I	≥3.5
II	≥3.0
III	≥2.5
IV	≥2.0
V	≥1.5
VI	≥1.0

（3）建筑外门空气渗透性能分级下限值

等级	分级下限值/[m³/(m·h)]
I	≥0.5
II	≥1.5
III	≥2.5
IV	≥4.0
V	≥6.0

（4）建筑外门雨水渗漏性能分级下限值

等级	分级下限值/kPa
I	≥0.5
II	≥0.35
III	≥0.25
IV	≥0.15
V	≥0.10
VI	≥0.05

（5）建筑外门保温性能分级值

等级	传热系数 K/[W/(m²·h)]
I	$K \leqslant 1.5$
II	$1.5 < K \leqslant 2.5$

等级	传热系数 $K/[W/(m^2 \cdot h)]$
Ⅲ	$2.5 < K \leqslant 3.6$
Ⅳ	$3.6 < K \leqslant 4.8$
Ⅴ	$4.8 < K \leqslant 6.2$

(6) 建筑用门空气隔声性能分级值

等级	计权隔声量 R_w/dB
Ⅰ	$R_w \geqslant 45$
Ⅱ	$40 \leqslant R_w < 45$
Ⅲ	$35 \leqslant R_w < 40$
Ⅳ	$30 \leqslant R_w < 35$
Ⅴ	$25 \leqslant R_w < 30$
Ⅵ	$20 \leqslant R_w < 25$

(7) 保温窗外窗保温性能分级值

等级	传热阻值 $R_0/[(m^2 \cdot h)/W]$
Ⅰ	$R_0 \geqslant 0.5$
Ⅱ	$R_0 \geqslant 0.333$
Ⅲ	$R_0 \geqslant 0.25$

（8）隔声窗外窗空气隔声性能分级值

等级	计权隔声量 R_w/dB
II	$R_w \geqslant 40$
III	$R_w \geqslant 35$
IV	$R_w \geqslant 30$
V	$R_w \geqslant 25$

注：凡计权隔声量 $R_w \geqslant 25$dB 者为隔声窗。

4. 搭接量

搭接量/mm	等级	允许偏差/mm
搭接量≥8	I	±2
	II	±3
6≤搭接量<8	I	±1.5
	II	±2.5

四、单扇平开多功能户门（JG/T 3054—1999）

1. 分类

（1）按组合使用功能分类

代号	组合使用功能
A	防盗、防火、保温、隔声、通风
B	防盗、防火、保温、隔声

277

代号	组合使用功能
C	防盗、防火、隔声、通风
D	防盗、防火、隔声
E	防盗、保温、隔声、通风
F	防盗、保温、隔声
G	防盗、隔声、通风
H	防火、保温、隔声、通风
I	防火、保温、隔声
J	保温、隔声、通风

（2）按户门门扇结构分类

按户门门扇结构可分为整扇密闭型和子母扇通风型两种类型。

2. 规格

洞宽/mm	洞高/mm			
	2000	2100	2400	2500
	洞口代号			
900	0920	0921	0924	0925
1000	1020	1021	1024	1025

注：门洞高度＞2400mm 时，适宜做上亮门。

278

3. 性能要求

(1) 基本物理性能

① 风压变形性能

等级	风压变形性能指标要求/kPa
I	3.5
II	3.0
III	2.5
IV	2.0
V	1.5
VI	1.0

② 空气渗透性能

等级	空气渗透性能指标要求/[m³/(m·h)]
I	0.5
II	1.5
III	2.5
IV	4.0
V	6.0

③ 雨水渗漏性能

等级	雨水渗漏性能指标要求/kPa
I	0.5
II	0.35
III	0.25
IV	0.15
V	0.10
VI	0.05

注：性能项目和等级的选择应根据门的使用场所确定。

（2）力学性能和耐水性能

性能项目	技术要求
软物冲击	试验后应无损坏，启闭功能正常
悬端吊重	在 0.5kN 外力作用下，残余变形应≤2mm，试件无损坏，启闭正常
关闭力	不大于 50N
胶合强度	不低于 0.8MPa
耐水性能	不低于 24h

注：胶合强度和耐水性能只适用于木、塑贴面。

280

4. 使用功能

使用功能		技术要求
防盗性能/min		≥15，GB 17656
防火性能/h		0.6，GB 50045
隔声性能/dB		≥20，GBJ 118
通风性能		按设计要求
保温性能/ [W/(m²·h)]	2.0~0℃	≤2.7，JGJ 26
	−0.1~−5℃	≤2.0，JGJ 26
	−5.1~−6℃	≤1.5，JGJ 26

五、平开门基本尺寸系列（32mm、40mm 实腹料）

1. 门框尺寸系列

标注尺寸高 /mm	门框高 /mm	标注尺寸宽/mm	—	700	800	900	1200	1500	1800
		门框宽	573*	673	773	873	1173	1464	1749
		用料/mm	32	32	40	40	32	40	40
		中横框分格/mm							
2000	1990	—	√	√	√	√	√	√	√
2100	2090	—	√	√	√	√	√	√	√
2400	2390	—	√	√	√	√	√	√	√
	2390	$\frac{407.5}{1982.5}$	—	√	√	√	√	√	√
2500	2490	$\frac{407.5}{2082.5}$	—	√	√	√	√	—	—

注：① 凡有 √ 符号的表示有此尺寸。

② 带 "＊" 者为固定门宽，一般用于组合。

2. 门扇尺寸系列

门框宽/mm		673	773	873	1173	1464	1749
	用料/mm	32	40	40	32	40	40
门框高/mm	门扇宽/门扇高/mm	650	750	850	587	732	874.5
1990	1967	√	√	√	√	√	√
2090	2067	√	√	√	√	√	√
2390	2067	√	√	√	√	√	√

注：带亮窗的 2390mm、2490mm 高的门框，配用 1967mm、2067mm 高的门扇。

3. 纱门扇尺寸系列

门框宽/mm		673	773	873	1173	1464	1749
	用料/mm	25	32	32	25	32	32
窗扇高/mm	纱门扇宽/mm纱门扇高/mm	623	723	823	570	717	859
1990	1940	√	√	√	√	√	√
2090	2040	√	√	√	√	√	√
2390	2340	√	√	√	√	√	√

六、平开窗基本尺寸系列(25mm、32mm实腹料)

1. 平开窗基本尺寸系列(25mm实腹料)

（1）窗框尺寸系列

标注尺寸高/mm	框高/mm	标注尺寸宽/mm	600	900	—	1200	1500	1800
		窗框宽/mm	573	873	1023*	1173	1464	1752
		分格尺寸/mm		436.5	511.5	586.5	490.5	579
600	573	—	√*	√	√	√	√	√
900	873	—	√	√	√	√	√	√
1200	1173	307.5	√	√	√	√	√	√
		865.5	√	√	√	√	√	√
1400	1364	407.5	√	√	√	√	√	√
		956.5	√	√	√	√	√	√
1500	1464	407.5	√	√	√	√	√	√
		1056.3	√	√	√	√	√	√
1600	1573	407.5	√	√	√	√	√	—
		1165.5	√	√	√	√	√	—
1800	1752	586.5	√	√	√	√	√	—
		1165.5	√	√	√	√	√	—

注：① 凡有√符号的表示有此尺寸。

　　② 带"*"者只适用于标注尺寸为 1200mm 宽的组合窗。

283

(2) 窗扇尺寸系列

窗框高/mm	窗扇高/mm	亮窗扇高/mm	窗框宽/mm 573 窗扇宽/mm 552 亮窗扇宽/mm 552	873 423 852	1023 498 1002	1173 573 1152	1464 477 960	1752 573 1152
573	552	—	√	√	√	√	√	√
873	852	—	√	√	√	√	√	√
1173	852	—	√	√	√	√	√	√
1173	1152	—	√	√	√	√	√	√
1364	943	394	√	√	√	√	√	√
1464	1043	394	√	√	√	√	√	√
1573	1152	394	√	√	√	√	√	—
1752	1152	573	√	√	√	√	√	—

(3) 纱窗扇尺寸系列

窗框高/mm	纱窗扇高/mm	亮窗扇高/mm	窗框宽/mm 573 纱窗扇宽/mm 524 亮窗扇宽/mm 524	873 395 824	1023 470 974	1173 545 1124	1464 449 932	1752 545 1124
573	524	—	√	√	√	√	√	√

窗框宽/mm			573	873	1023	1173	1464	1752
窗框高/mm	纱窗扇高/mm	纱窗扇宽/mm	524	395	470	545	449	545
		亮窗扇宽/mm 亮窗扇高	524	824	974	1124	932	1124
873	824	—	√	√	√	√	√	√
1173	1124	—		√	√		√	√
	824							
1364	915	366		√	√	√	√	√
1464	1016	366	√	√	√	√	√	√
1573	1124	366	√	√	√	√	√	√
1752	1124	545	√	√	√	√	√	√

2. 平开窗基本尺寸系列(32mm 实腹料)

(1) 窗框尺寸系列

标注尺寸高/mm	注尺寸宽/mm	600	900	—	1200	1500	1800
	窗框宽/mm	573	873	1023*	1173	1464	1752
窗框高/mm	分格尺寸/mm	—	436.5	511.5	586.5	490.5	579
600	573	—	√	√	√	√	√	√
900	873	—	√	√	√	√	√	√

标注尺寸高/mm	窗框高/mm	注尺寸宽/mm 窗框宽/mm 分格尺寸/mm	600 573 —	900 873 436.5	— 1023* 511.5	1200 1173 586.5	1500 1464 490.5	1800 1752 579
1200	1173	—	√	√	√	√	√	√
	1173	865.5	√	√	√	√	√	√
		307.5	√	√	√	√	√	√
1400	1364	—	√	√	√	√	√	√
	1364	407.5	√	√	√	√	√	√
1400	956.5	956.5	√	√	√	√	√	√
1500	1464	—	√	√	√	√	√	√
	1464	407.5	√	√	√	√	√	√
		1056.5	√	√	√	√	√	√
1600	1573	407.5	√	√	√	√	√	√
		1165.5		√	√	√	√	√
1800	1752	586.5	√	√		√		√
1800	1752	1165.5	√	√	√	√	√	√
2100	2043	586.5	√	√	√	√	√	—
	2043	1456.5	√	√	√	√	√	—

注：① 凡有√符号的表示有此尺寸。

② 带"＊"者只适用于标注尺寸为 1200mm 宽的组合窗。

(2) 窗扇尺寸系列

窗框高/mm	窗扇高/mm	亮窗扇高/mm	窗框宽/mm 573 窗扇宽/mm 550 亮窗扇宽/mm 550	873 421 850	1023 496 1000	1173 571 1150	1464 475 958	1752 571 1150
573	550	—	√	√	√	√	√	√
873	850	—	√	√	√	√	√	√
1173	1150	—	√	√	√	√	√	√
	850	—	√	√	√	√	√	√
1364	1341	—	√	√	√	√	√	√
	941	392	√	√	√	√	√	√
1464	1441	—	√	√	√	√	√	√
	1041	392	√	√	√	√	√	√
1573	1150	392	√	√	√	√	√	√
1752	1150	571	√	√	√	√	√	√
2043	1441	571	√	√	√	√	√	—

(3) 纱窗扇尺寸系列

窗框高/mm	纱窗扇高/mm	亮窗扇高/mm	573 / 519 / 519	873 / 390 / 819	1023 / 465 / 969	1173 / 540 / 1119	1464 / 444 / 927	1752 / 540 / 1119
573	519	—	√	√	√	√	√	√
873	819	—	√	√	√	√	√	√
1173	819	—	√	√	√	√	√	√
1173	1119	—	√	√	√	√	√	√
1364	1310	—	√	√	√	√	√	√
1364	910	361	√	√	√	√	√	√
1464	1010	361	√	√	√	√	√	√
	1410		√	√	√	√	√	√
1573	1119	361	√	√	√	√	√	√
1752	1119	540	√	√	√	√	√	√
2043	1410	540	√	√	√	√	√	—

（表头：窗框宽/mm、纱窗扇宽/mm、亮窗扇宽/mm）

七、空腹钢门（GB/T 20909—2007）

1. 外形尺寸

钢门高度和宽度尺寸见《建筑门洞口尺寸系

列》(GB/T 5824—2008)。

2. 门框高度和宽度尺寸允许偏差

尺寸项目	允许偏差/cm	
	一级品	二级品
高度	+0.3 −0.2	+0.4 −0.2
宽度	±2	+3 −2

3. 门框两对角线允许长度差

允许长度差	一级品	二级品
ΔL/cm	≤0.4	≤0.6

4. 门框和门扇分格尺寸之差

门框分格尺寸之差/mm	门扇分格尺寸之差/cm
≤0.2	≤0.3

5. 框扇配合

(1) 框扇搭接量示意图　如图 2-1 所示。

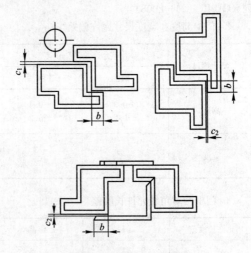

图 2-1 框扇搭接量示意图

（2）框扇搭接量

质量等级	b/mm
一级品	≥4
二级品	≥3

（3）框扇配合间隙

配合间隙	一级品	二级品
合页面的框扇配合间隙 c_1/cm	≤0.15	≤0.2
其他面的框扇配合间隙 c_2/cm	≤0.1	

八、钢质防火门(DBJT 08—1987—1999)

1. 分类

分类方法	产品类型
门扇数量	单扇防火门和双扇防火门
门扇结构	镶玻璃防火门和不镶玻璃防火门; 带亮窗防火门和不带亮窗防火门
耐火极限	甲级防火门、乙级防火门、丙级防火门

2. 门扇的开、关方向 如图 2-2 所示。

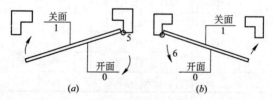

图 2-2 门扇的开、关方向

(a)右开门顺时针方向关闭;(b)左开门逆时针方向关闭

291

3. 尺寸与形位公差

(1) 钢质防火门尺寸公差

部位名称	极限偏差/mm	
	上偏差	下偏差
门扇高度	+2	-1
门扇宽度	-1	-3
门扇厚度	+2	-1
门框槽口高度	+3	-3
门框侧壁宽度	+2	-2
门框槽口宽度	+1	-1

(2) 钢质防火门形位公差

各部分名称	测量项目	公差/cm
门框	槽口两对角线长度差	≤0.3
门扇	两对角线长度差	≤0.3
	扭曲度	≤0.5
	高度方向弯曲度	≤0.2
门框与门扇组合	前表面高低差	≤0.3

4. 耐火极限

防火等级	耐火极限/h
甲级钢质耐火门	≥1.2
乙级钢质耐火门	≥0.9
丙级钢质耐火门	≥0.6

九、钢天窗/上悬钢天窗(JG/T 3004.1—1993)

1. 规格与代号

(1) 钢天窗

洞口高度/mm	代号
900	STC9
1200	STC12
1500	STC15

(2) 统长开启扇基本规格

高度/mm	宽度/mm					
	5100	6000	5100	1740	860	—
	窗型代号					
	右边窗	中间窗	左边窗	固定窗		玻璃分格
835	TC9-1	TC9-2	TC9-3	TC9-4	TC9-5	
1110	TC12-1	TC12-2	TC12-3	TC12-4	TC12-5	大玻璃
1410	TC15-1	TC15-2	TC15-3	TC15-4	TC15-5	

(3) 分段开启扇基本规格

高度 /mm	宽度/mm					
	5964	5368	1156	570	280	—
	窗型代号					
	开启扇窗		固定窗			玻璃分格
835	TC9-6	TC9-7	TC9-8	TC9-9	TC9-10	大玻璃
1110	TC12-6	TC12-7	TC12-8	TC12-9	TC12-10	
1410	TC15-6	TC15-7	TC15-8	TC15-9	TC15-10	

2. 开启方式

开启方式有电动开启式和手动开启式两种。

第二节　铝合金门窗

一、铝合金门窗的代号、尺寸和性能（GB/T 8478—2008）

1. 分类

（1）铝合金门按性能分类

性能项目	种类						
	普通型		隔声型		保温型		遮阳型
	外门	内门	外门	内门	外门	内门	外门
抗风压性能	◆	◇	◆	◇	◆	◇	◆
水密性能	◆		◆		◆		◆

性能项目	种类						
	普通型		隔声型		保温型		遮阳型
	外门	内门	外门	内门	外门	内门	外门
气密性能	◆		◆		◆		◆
空气声隔声性能			◆	◆			
遮阳性能							◆
保温性能					◆	◆	
反复启闭性能	◆	◆	◆	◆	◆	◆	◆
启闭力	◆	◆	◆	◆	◆	◆	◆
垂直荷载性能*	◆	◆	◆	◆	◆	◆	◆
冲击性能*	◆	◆	◆	◆	◆	◆	◆

注：① ◆为必需项，◇为选择项；

② *为平开旋转类门必需性能。

（2）铝合金窗按性能分类

性能项目	种类						
	普通型		隔声型		保温型		遮阳型
	外窗	内窗	外窗	内窗	外窗	内窗	外窗
抗风压性能	◆		◆		◆		◆
水密性能	◆		◆		◆		◆
气密性能	◆		◆		◆		◆

性能项目	种类						
	普通型		隔声型		保温型		遮阳型
	外窗	内窗	外窗	内窗	外窗	内窗	外窗
空气声隔声性能			◆	◆			
遮阳性能							◆
保温性能					◆	◆	
反复启闭性能	◆	◆	◆	◆	◆	◆	◆
启闭力	◆	◆	◆	◆	◆	◆	◆
采光性能*	◇		◇		◇		◇

注：◆为必需项，◇为选择项；

（3）门的开启形式与代号

开启类别	开启形式	代号
平开旋转类	（合页）平开	P
	地弹簧平开	DHP
	平开下悬	PX
推拉平移类	（水平）推拉	T
	提升推拉	ST
	推拉下悬	TX
折叠类	折叠平开	ZP
	折叠推拉	ZT

（4）窗的开启形式与代号

开启类别	开启形式	代号
平开旋转类	（合页)平开	P
	滑轴平开	HZP
	上悬	SX
	下悬	XX
	中悬	ZX
	滑轴下悬	HSX
	平开下悬	PX
	立转	LZ
推拉平移类	水平推拉	T
	提升推拉	ST
	平开推拉	PT
	推拉下悬	TX
	提拉	TL
折叠类	折叠推拉	ZT

2. 尺寸偏差

（1）铝合金门尺寸偏差

尺寸项目	尺寸范围/cm	偏差/cm
高度、宽度构造内侧尺寸	<200	±0.15
	200~350	±0.20
	≥350	±0.25
高度、宽度构造内侧对边尺寸之差	<200	≤0.20
	200~350	≤0.30
	≥350	≤0.40
框与扇搭接宽度	—	±0.20
框、扇杆件接缝高低差	相同截面型材	≤0.030
	不同截面型材	≤0.050
杆件装配间隙	—	≤0.030

(2) 铝合金窗尺寸偏差

尺寸项目	尺寸范围/cm	偏差/cm
高度、宽度构造内测尺寸	<200	±0.15
	200~350	±0.20
	≥350	±0.25
高度、宽度构造内测对边尺寸之差	<200	≤0.20
	200~350	≤0.30
高度、宽度构造内测对边尺寸之差	≥350	≤0.40

298

尺寸项目	尺寸范围/cm	偏差/cm
框与扇搭接宽度	—	±0.10
框、扇杆件 接缝高低差	相同截面型材	≤0.030
	不同截面型材	≤0.050
杆件装配间隙	—	≤0.030

3. 性能要求

（1）外门窗抗风压性能分级和指标值

分级	指标值 P_3/Pa
1	$1000 \leqslant P_3 < 1500$
2	$1500 \leqslant P_3 < 2000$
3	$2000 \leqslant P_3 < 2500$
4	$2500 \leqslant P_3 < 3000$
5	$3000 \leqslant P_3 < 3500$
6	$3500 \leqslant P_3 < 4000$
7	$4000 \leqslant P_3 < 4500$
8	$4500 \leqslant P_3 < 5000$
9	$P_3 \geqslant 500$

注：第九级在分级后应同时注明具体检测的压力差值。

(2) 外门窗水密性能分级和指标值

分级	指标值 $\Delta P/kPa$
1	$0.10 \leqslant \Delta P < 0.15$
2	$0.15 \leqslant \Delta P < 0.25$
3	$0.25 \leqslant \Delta P < 0.35$
4	$0.35 \leqslant \Delta P < 0.5$
5	$0.5 \leqslant \Delta P < 0.7$
6	$\Delta P \geqslant 0.7$

(3) 门窗气密性能分级和指标值

分级	开启缝长指标值 q_1 /[m³/(m・h)]	面积指标值 q_2 /[m³/(m²・h)]
1	$3.5 < q_1 \leqslant 4.0$	$10.5 < q_2 \leqslant 12$
2	$3.0 < q_1 \leqslant 3.5$	$9.0 < q_2 \leqslant 10.5$
3	$2.5 < q_1 \leqslant 3.0$	$7.5 < q_2 \leqslant 9.0$
4	$2.0 < q_1 \leqslant 2.5$	$6.0 < q_2 \leqslant 7.5$
5	$1.5 < q_1 \leqslant 2.0$	$4.5 < q_2 \leqslant 6.0$
6	$1.0 < q_1 \leqslant 1.5$	$3.0 < q_2 \leqslant 4.5$
7	$0.5 < q_1 \leqslant 1.0$	$1.5 < q_2 \leqslant 3.0$
8	$q_1 \leqslant 0.5$	$q_2 \leqslant 1.5$

（4）门窗空气声隔声性能分级和指标值

分级	1	2	3
外门窗指标值/dB	$20 \leqslant R_w + C_{tr} < 25$	$25 \leqslant R_w + C_{tr} < 30$	$30 \leqslant R_w + C_{tr} < 35$
内门窗指标值/dB	$20 \leqslant R_w + C < 25$	$25 \leqslant R_w + C < 30$	$30 \leqslant R_w + C < 35$
分级	4	5	6
外门窗指标值/dB	$35 \leqslant R_w + C_{tr} < 40$	$40 \leqslant R_w + C_{tr} < 45$	$R_w + C_{tr} \geqslant 45$
内门窗指标值/dB	$35 \leqslant R_w + C < 40$	$40 \leqslant R_w + C < 45$	$R_w + C \geqslant 45$

（5）门窗保温性能分级和指标值

分级	指标值 $K/[W/(m^2 \cdot K)]$
1	$K \geqslant 5.0$
2	$4.0 \leqslant K < 5.0$
3	$3.5 \leqslant K < 4.0$
4	$3.0 \leqslant K < 3.5$
5	$2.5 \leqslant K < 3.0$
6	$2.0 \leqslant K < 2.5$

分级	指标值 K/[W/(m² · K)]
7	$1.6 \leqslant K < 2.0$
8	$1.3 \leqslant K < 1.6$
9	$1.1 \leqslant K < 1.3$
10	$K < 1.1$

(6) 门窗遮阳性能分级和指标值

分级	指标值 SC
1	$0.7 < SC \leqslant 0.8$
2	$0.6 < SC \leqslant 0.7$
3	$0.5 < SC \leqslant 0.6$
4	$0.4 < SC \leqslant 0.5$
5	$0.3 < SC \leqslant 0.4$
6	$0.2 < SC \leqslant 0.3$
7	$SC \leqslant 0.2$

(7) 外窗采光性能分级和指标值

分级	指标值 T_r
1	$0.2 \leqslant T_r < 0.3$
2	$0.3 \leqslant T_r < 0.4$

分级	指标值 T_r
3	$0.4 \leqslant T_r < 0.5$
4	$0.5 \leqslant T_r < 0.6$
5	$T_r \geqslant 0.6$

二、集成型铝合金门窗(JG/T 173—2005)

1. 分类及代号

名称及代号	门	M
	窗	C
开启方式及代号	固定	G
	内平开	NP
	外平开	WP
	平开下悬	PX
	推拉	T
	推拉平开	TP
集成结构及代号	普通卷帘	J
	保温卷帘	BJ
	纱帘	S

	手动	SD
卷帘操作方式	电动	D
	电动附带手动	DS

注：集成铝合金门窗是集铝合金门(窗)、百叶卷帘、活动
纱窗(或百叶卷帘和活动纱窗二者之一)为一体，集防
风雨、遮阳、保温、隔声、防盗、采光及防蚊虫等多
种功能于一身的门窗。

2. 尺寸偏差

(1) 集成型铝合金门的尺寸偏差

尺寸项目	尺寸范围/cm	允许偏差/cm
框槽口高度宽度	≤200	±0.20
	>200	±0.30
框槽口对边 尺寸之差	≤200	≤0.20
	>200	≤0.30
框两对角 线尺寸之差	≤300	≤0.30
	>300	≤0.40
框与扇搭接宽度	—	±0.20
同一平面高低差	—	≤0.40
装配间隙	—	≤0.30

304

（2）集成型铝合金窗的尺寸偏差

尺寸项目	尺寸范围/cm	允许偏差/cm
框槽口高度宽度	≤200	±0.20
	>200	±0.25
框槽口对边尺寸之差	≤200	≤0.20
	>200	≤0.30
框两对角线尺寸之差	≤300	≤0.25
	>300	≤0.35
框与扇搭接宽度	—	±0.10
同一平面高低差	—	≤0.40
装配间隙	—	≤0.30

3. 性能要求

（1）抗风压性能分级和指标值

分级	指标值 P_3/Pa
1	$1000 \leqslant P_3 < 1500$
2	$1500 \leqslant P_3 < 2000$
3	$2000 \leqslant P_3 < 2500$
4	$2500 \leqslant P_3 < 3000$

分级	指标值 P_3/Pa
5	$3000 \leqslant P_3 < 3500$
6	$3500 \leqslant P_3 < 4000$
7	$4000 \leqslant P_3 < 4500$
8	$4500 \leqslant P_3 < 5000$
×·×	$P_3 \geqslant 500$

注：×·×是指当 $P_3 \geqslant 500$Pa时，用具体值取代分级代号。

（2）卷帘开启和关闭时水密性能分级和指标值

① 卷帘开启时水密性能分级和指标值

分级	指标值 ΔP/kPa
1	$0.10 \leqslant \Delta P < 0.15$
2	$0.15 \leqslant \Delta P < 0.25$
3	$0.25 \leqslant \Delta P < 0.35$
4	$0.35 \leqslant \Delta P < 0.5$
5	$0.5 \leqslant \Delta P < 0.7$
××××	$\Delta P \geqslant 0.7$

② 卷帘关闭时水密性能分级和指标值

分级	指标值 $\Delta P/\mathrm{kPa}$
3	$0.25 \leqslant \Delta P < 0.35$
4	$0.35 \leqslant \Delta P < 0.5$
5	$0.5 \leqslant \Delta P < 0.7$
6	$0.70 \leqslant \Delta P < 1.0$
7	$1.0 \leqslant \Delta P < 1.6$
××××	$\Delta P \geqslant 1.6$

（3）卷帘开启和关闭时气密性能分级和指标值

① 卷帘开启时气密性能分级和指标值

分级	开启缝长指标值 $q_1/[\mathrm{m}^3/(\mathrm{m} \cdot \mathrm{h})]$	面积指标值 $q_2/[\mathrm{m}^3/(\mathrm{m}^2 \cdot \mathrm{h})]$
1	$4.0 < q_1 \leqslant 6.0$	$12.0 < q_2 \leqslant 18.0$
2	$2.5 < q_1 \leqslant 4.0$	$7.5 < q_2 \leqslant 12.0$
3	$1.5 < q_1 \leqslant 2.5$	$4.5 < q_2 \leqslant 7.5$
4	$0.5 < q_1 \leqslant 1.5$	$1.5 < q_2 \leqslant 4.5$
5	$q_1 \leqslant 0.5$	$q_2 \leqslant 1.5$

② 卷帘关闭时气密性能分级和指标值

分级	开启缝长指标值 q_1 /[m³/(m·h)]	面积指标值 q_2 /[m³/(m²·h)]
2	$2.5 < q_1 \leqslant 4.0$	$7.5 < q_2 \leqslant 12.0$
3	$1.5 < q_1 \leqslant 2.5$	$4.5 < q_2 \leqslant 7.5$
4	$0.5 < q_1 \leqslant 1.5$	$1.5 < q_2 \leqslant 4.5$
5	$q_1 \leqslant 0.5$	$1.0 < q_2 \leqslant 1.5$

（4）卷帘开启和关闭时空气声隔声性能分级和指标值

① 卷帘开启时空气声隔声性能分级和指标值

分级	指标值 R_w/dB
2	$25 \leqslant R_w < 30$
3	$30 \leqslant R_w < 35$
4	$35 \leqslant R_w < 40$
5	$40 \leqslant R_w < 50$
6	$R_w \geqslant 50$

② 卷帘关闭时空气声隔声性能分级和指标值

308

分级	指标值 R_w/dB
3	$30 \leqslant R_w < 35$
4	$35 \leqslant R_w < 40$
5	$40 \leqslant R_w < 45$
6	$45 \leqslant R_w < 50$
7	$R_w \geqslant 50$

(5) 卷帘开启和关闭时保温性能分级和指标值
① 卷帘开启时保温性能分级和指标值

分级	指标值 K/[W/(m² · K)]
5	$5.0 < K \leqslant 5.5$
6	$4.0 < K \leqslant 5.0$
7	$3.0 < K \leqslant 4.0$
8	$2.0 < K \leqslant 3.0$
9	$K \leqslant 2.0$

② 卷帘关闭时保温性能分级和指标值

分级	指标值 K/[W/(m² · K)]
6	$4.0 < K \leqslant 5.0$
7	$3.0 < K \leqslant 4.0$

分级	指标值 K/[W/(m² · K)]
8	2.0<K≤3.0
9	1.0<K≤2.0
10	K≤1.0

(6) 采光性能分级和指标值

分级	指标值 T_r
1	0.2≤T_r<0.3
2	0.3≤T_r<0.4
3	0.4≤T_r<0.5
4	0.5≤T_r<0.6
5	T_r≥0.6

(7) 启闭力

项目	推拉门窗、平开门窗	手动操作式卷帘
性能	启闭力	≤50N
指标	开启操作力	≤80N

三、轻型金属卷门窗（JG/T 3039—1997）

1. 分类和代号

（1）按启闭方式分类及代号

代号	S	D
启闭方式	手动式	电动式

注：① 手动式是指在卷轴上装有弹簧用以平衡页片质量，启闭时用手进行。

② 电动式是指在卷门窗上装有电动卷门机，启闭时用手操纵电气开关进行并配有停电时的手动启闭装置。

（2）按耐风压强度分类及代号

代号	50	65	80
耐风压/Pa	490	637	785

（3）按页片材料分类及代号

页片材料	代号
镀锌钢板和钢带	Zn
彩色涂层钢板及钢带	T
喷塑钢带	V
不锈钢钢带	B
铝合金型材或带材	L

（4）按安装形式分类及代号

安装形式	外装	内装	中装
代号	W	N	Z

注：外装指卷门窗安装在洞口外侧；内装指卷门窗安装在洞口内侧；中装指卷门窗安装在洞口中间。

2. 形式

（1）结构形式

① 手动卷门（窗） 手动卷门（窗）的结构形式如图 2-3 所示。

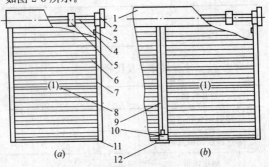

图 2-3　手动卷门（窗）

(a)单樘卷门（窗）；(b)连樘卷门（窗）

1—上罩；2—轴承；3—限位块；4—卷轴；5—弹簧；6—页片；
7—导轨；8—锁；9—中柱；10—插销；11—座板；12—插座

②电动卷门(窗)　电动卷门(窗)的结构形式如图 2-4 所示。

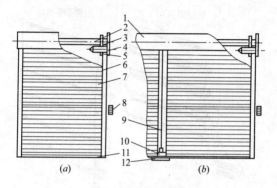

图 2-4　电动卷门(窗)

(a)单樘卷门(窗)；(b)连樘卷门(窗)

1—上罩；2—卷轴；3—轴承；4—卷门机；
5—限位块；6—导轨；7—页片；8—开关；
9—中柱；10—插销；11—座板；12—插座

(2)页片连接形式　卷门(窗)的页片连接形式如图 2-5 所示。

(3)卷门(窗)基本参数的名称及规定　如图 2-6 所示。

3. 安装要求

(1)页片嵌入导轨或中柱的深度

313

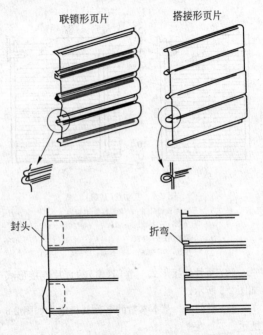

图 2-5 卷门(窗)的页片连接形式

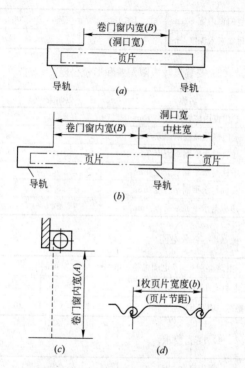

图 2-6　卷门(窗)基本参数名称及规定

(a)单樘卷门内宽；(b)连樘卷门窗内宽；
(c)卷门窗内高；(d)页片宽度

卷门窗内宽 B/cm	$B \leqslant 180$	$180 < B \leqslant 300$
每端嵌入深度/cm	$\geqslant 2.0$	$\geqslant 3.0$

（2）安装尺寸极限偏差和形位公差

名称	指标值
卷门窗内宽极限偏差/mm	± 3.0
卷门窗内高极限偏差/mm	± 10.0
导轨与水平面垂直度/mm	$\leqslant 15.0$
中柱与水平面垂直度/mm	$\leqslant 15.0$
卷轴与水平面平行度/mm	$\leqslant 3.0$
座板与水平面平行度/mm	$\leqslant 10.0$

（3）绝缘电阻

电路类别	电动机等主电路		控制电路	
电路电压/V	>300	<300	$150 \sim 300$	<150
绝缘电阻/MΩ	$\geqslant 0.4$	$\geqslant 0.2$	$\geqslant 0.2$	$\geqslant 0.1$

4. 性能要求

卷门窗内宽/mm	$\leqslant 1800$	$\leqslant 98$
手动启闭力/N	>1800	$\leqslant 118$
启闭速度/(m/min)	$3 \sim 7$	

四、卷门（QB 1137—1991）

1. 分类

（1）按启闭形式分类 可分为手动式和电手动两用式。手动式如图 2-7 所示；电手动两用式如图 2-8所示。

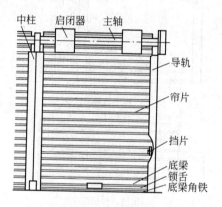

图 2-7 手动式卷门

（2）按页片形式分类 可分为板状帘片、片状帘片、网状帘片和管状帘片等四种。板状帘片如图 2-9所示，片状帘片如图 2-10 所示，网状帘片如图 2-11 所示，管状帘片如图 2-12 所示。

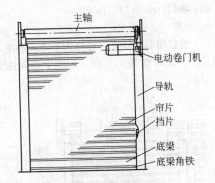

图 2-8 电手动两用式卷门

图 2-9 板状帘片

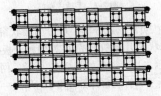

图 2-10 片状帘片

318

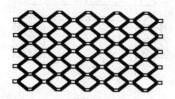

图 2-11　网状帘片

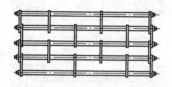

图 2-12　管状帘片

（3）按帘片的材质分类　可分为普通碳素钢、铝及铝合金和不锈耐酸钢等三种。

（4）按安装形式分类　可分为外装门、内装门和中装门等三种。安装示意图如图 2-13 所示。

2. 规格

（1）卷门宽

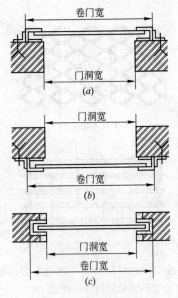

图 2-13 卷门安装形式

(a)外装门；(b)内装门；(c)中装门

安装形式	宽度 L
外装门	$L=$洞口宽尺寸＋两导轨宽度＋20mm
内装门	
中装门	$L=$洞口宽尺寸＋两导轨在墙体中的嵌入量

(2) 卷门高

安装形式	高度 H_{min}
外装门	H_{min}＝洞口高尺寸＋300mm
内装门	
中装门	H_{min}＝洞口高尺寸

注：① 洞口尺寸按《建筑门窗洞口尺寸系列》（GB/T
5824—2008)要求。

② 如遇特殊规格，由供需双方协商。

3. 安装要求

项目	精度
导轨和中柱的开口宽度与帘片厚度之差	≤15mm
门宽≤3m 时，主轴水平位置高低偏差	≤3mm
门宽＞3m 时，主轴水平位置高低偏差	≤5mm
两导轨对中柱的平行度偏差	≤5mm
导轨与中柱对水平面垂直度偏差	≤5mm
帘片在导轨槽中的嵌入量(包括挡片)	≥20mm
卷门关闭后，底梁下水平面与水平面的倾斜度	≤10mm
安装后的卷门关闭锁锁舌插入锁扣内的长度	≥10mm

4. 性能要求

性能项目	要求
卷门机的使用寿命	≥4000 次
门帘总质量	≤70kg
启闭力	≤117N
卷门机提升扭矩必须大于卷门启闭最大扭矩	1.5 倍
限位必须准确，限位误差	<20mm
额定载时的制动滑行距离	<20mm
电动卷门启闭平均速率	2.5～7.5m/min
表面镀锌的普通碳素钢零件不得露底、脱落，耐腐蚀性能试验 12h	≥8 级
表面喷漆普通碳素钢零件，漆膜附着力	≥3 级

卷门帘片在承受 490Pa、685Pa 风压载荷时，
允许的最大中心挠度值如下：

帘片全长/m	允许最大中心挠度值/mm
≤3	155
>3～4	185
>4～5	205
>5～6	225

卷门中柱的抗风压强度		
风压载荷/Pa	490	686

性能项目		要求
用来测量挠度的弯曲载荷/N	3432	4413
中心点的挠度/mm	≤3	≤3
弯曲破坏载荷/N	≥6668	≥8630
载荷施加方法	集中载荷	

五、自动门 (JG/T 177—2005)

1. 分类

(1) 按启闭形式分类与代号

启闭形式	代号
推拉门	T(H)DM
平开门	PDM
折叠门	ZDM
旋转门	XDM

注：① 推拉门可细分为单开、双开、重叠单开、重叠双开。

② T(H)DM 为弧形门，可分为半弧单向、半弧双向、全弧双层双向。

③ 平开门可细分为单扇单向、双扇单向、单扇双向、双扇双向。

④ 折叠门可细分为 2 扇折叠、4 扇折叠。

⑤ 旋转门可细分为中心轴式、圆导轨悬挂式、中心展示区式等。

(2) 按门体材料分类与代号

门体材料	代号
安全玻璃	B1
不锈钢饰面	B
铝合金型材	L
彩色涂层钢材	G
木材	M

(3) 按感应装置分类与代号

类别		代号
动体感应型	红外线感应式	D1
	微波感应式	D2
静体感应型	柔垫式	J1
	光电感应式	J2
	超声波式	J3
接触型	橡胶开关	C1
	脚踏开关	C2

类别		代号
接触型	按钮开关	C3
	磁卡开关	C4
其他		Q

注：① 动体感应型：对速度＞50mm/s 的物体产生感知的
感应装置。

② 静体感应型：对速度＜50mm/s 的物体产生感知的
感应装置。

③ 除柔垫式和接触型感应装置外，其余均为非接触型
感应装置。

(4) 按运行装置分类与代号

① 运行装置与代号

运行装置	代号
电动式	D
气动式	K
液压式	Y
组合式	Z(X—X)

② 运行装置安装位置与代号

位置		代号
推拉门	内藏	N
	外挂	W
其他门·内藏	上驱动	S
	下驱动	X

（5）按门扇数量分类与代号

扇数	代号
一扇	1
二扇	2
三扇	3
四扇	4

2. 尺寸偏差

项目	推拉自动门	平开自动门	折叠自动门	旋转自动门
上框、平梁水平度	1/1000			—
上框、平梁弯曲度/cm	≤0.2			—
立框垂直度	1/1000			
导轨和平梁平行度/cm	≤0.2	—		≤0.2

326

项目	推拉自动门	平开自动门	折叠自动门	旋转自动门
门框固定扇内测尺寸(对角线)/cm	≤0.2			
动扇与框、横梁、固定扇动扇间隙差	≤0.03			
板材对接接缝平面度	1/1000			

注：尺寸偏差可利用直尺、塞尺、铅垂、水平仪等通用测量工具进行检测。

3. 性能要求

（1）推拉自动门启闭力与启闭速度

启闭扇数	单扇		双扇	
门扇重/kg	70～120	≤70	140～240	≤140
启闭力/N	≤190	≤130	≤250	≤160
开启速度/(cm/s)	≤50		≤40	
关闭速度/(cm/s)	≤35		≤30	
标准扇宽/cm	120	90	120	90
标准扇高/cm	240	210	240	210

（2）单扇平开自动门启闭力与启闭角速度

门扇重/kg	70~120	≤70
启闭力/N	≤180	≤130
开启角速度/(°/s)	≤50	≤50
关闭角速度/(°/s)	≤35	≤35
标准扇宽/cm	120	90
标准扇高/cm	240	210

注：双扇平开门按两个单扇考虑。

（3）折叠自动门启闭力与启闭速度

启闭扇数	单折双扇	双折四扇	
洞口宽度/cm	75~90	95~150	150~240
启闭力/N	≤130	≤150	≤180
开启速度/(cm/s)	≤30	≤30	≤35
关闭速度/(cm/s)	≤25	≤25	≤35
标准扇高/cm	220		

（4）旋转自动门旋转启动力与启闭速度

适用直径/cm		210～560
旋转启动力/N		≤250
最大开启速度 /(cm/s)	正常行人	≤75
	残障者	≤35
标准扇高/cm		220

注：① 旋转自动门的旋转方向一般为逆时针旋转。

② 旋转门内径(d)：适宜于 $210<d<560$cm。

③ 特殊类型旋转门应将形式特点以及功能设置作详细说明。

六、平开自动门

1. 尺寸

(1) 门洞口基本的规格型号

洞宽/mm	洞高/mm			
	2100	2400	2700	3000
	洞口型号			
900	0921	0924	0927	—
1500	1521	1524	1527	1530
1800	1821	1824	1827	1830

(2) 门厚度基本尺寸系列

门厚度基本尺寸系列/cm	7, 8, 9, 10

（3）门扇高度的基本尺寸及质量

门扇高度的基本尺寸/mm	单扇门质量/kg
2100, 2400	30, 50, 70

2. 开关方向
（1）单扇门的开关方向

开关方向代号	图示
5.0	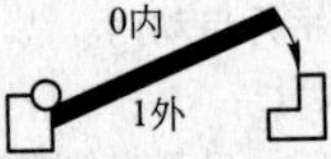
5.1	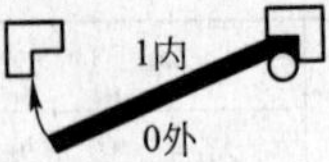
6.0	
6.1	

(2) 双扇门的开关方向

开关方向代号	图示
0	
1	

3. 安装要求

(1) 材质为型材的门框尺寸及允许偏差

项目	尺寸/m	允许偏差/mm		
		优等品	一等品	合格品
门框内侧 宽、高	≤2	±1.0	±1.5	±2.0
	>2	±1.5	±2.0	±2.5
门框内侧对 边尺寸之差	≤2	≤1.0	≤1.5	≤2.0
	>2	≤2.0	≤2.5	≤3.0
门框内侧对 角线之差	≤2	≤1.0	≤1.5	≤2.0
	>2	≤2.0	≤2.5	≤3.0

(2) 材质为型材的门框、扇各相邻构件装配间

331

隙及平面度

项目		平面度	装配间隙
指标值/mm	优等品	≤0.3	≤0.3
	一等品	≤0.4	≤0.3
	合格品	≤0.5	≤0.5

(3) 门边框垂直度和上框水平度

项目	指标值/mm
门边框垂直度/(mm/m)	≤1.0
上框水平度/(mm/m)	≤1.0

4. 性能要求

(1) 各种探测器的探测面积

探测装置类型	探测面积/cm²
超声波探测器	8000
红外线探测器	10000～20000
微波探测器	10000～30000

(2) 切断电源时手动开门力矩≤45N·m

七、推拉自动门

1. 尺寸

(1) 门洞口基本的规格型号

洞宽	洞高/mm					
/mm	2100	2400	2700	3000	3300	3600
	洞口型号					
1500	1521	1524	1527	1530	—	—
1800	1821	1824	1827	1830	—	—
2100	2121	2124	2127	2130	—	—
2400	2421	2424	2427	2430	—	—
3000	—	3024	3027	3030	3033	3036
3300	—	3324	3327	3330	3333	3336
3600	—	3624	3627	3630	3633	3636
4400	—	—	—	4230	4233	4236

注：除表中的规定外，允许门与门之间任意组合，组合后
   的门洞口尺寸应符合《建筑门窗洞口尺寸系列》（GB/
   T 5824—2008）之规定。

（2）门厚度基本尺寸系列

门厚度基本尺寸系列/cm	7，8，9，10

（3）门扇高度的基本尺寸及质量

门扇高度的基本尺寸/cm	单扇门质量/kg
210，240	45，75，125

2. 安装要求

(1) 材质为型材的门框尺寸及允许偏差

项目	尺寸/m	允许偏差/mm		
		优等品	一等品	合格品
门框内侧宽、高	≤2	±1.0	±1.5	±2.0
	>2	±1.5	±2.0	±2.5
门框内侧对边尺寸之差	≤2	≤1.0	≤1.5	≤2.0
	>2	≤2.0	≤2.5	≤3.0
门框内侧对角线之差	≤2	≤1.0	≤1.5	≤2.0
	>2	≤2.0	≤2.5	≤3.0

(2) 材质为型材的门框、扇各相邻构件装配间隙及平面度

项目		平面度	装配间隙
指标值/mm	优等品	≤0.3	≤0.3
	一等品	≤0.4	≤0.3
	合格品	≤0.5	≤0.5

(3) 门边框垂直度和上框水平度

项目	指标值/mm
门边框垂直度/(mm/m)	≤1.0
上框水平度/(mm/m)	≤1.0

3. 性能要求

(1) 各种探测器的探测面积

探测装置类型	探测面积/cm²
超声波探测器	8000
红外线探测器	10000~20000
微波探测器	10000~30000

(2) 切断电源时手动推拉力≤50N。门动扇质量>100kg 时，推拉力≤5%的门扇质量。

第三节 塑料门窗

一、未增塑聚氯乙烯(PVC-U)塑料门(JG/T 180—2005)

1. 分类与代号

开启形式	代号
平开	P
平开下悬	PX
推拉	T
推拉下悬	TX

开启形式	代号
折叠	Z
地弹簧	DH

注：① 固定部分与上述各种类型的门组合时，归入该
　　　类门。
　　② 纱扇代号为 S。

2. 尺寸偏差

尺寸项目	尺寸范围/m	允许偏差/mm
高度和宽度	≤2	±2.0
	>2	±3.0

3. 力学性能要求

（1）平开门、平开下悬门、推拉下悬门、折叠
门、地弹簧门的力学性能要求

项目	紧锁器(执手)开关力	开关力
技术要求	≤100N(力矩 ≤10N·m)	≤80N

项目	翘曲试验
技术要求	在 0.3kN 力的作用下，允许有不影响使用的残余变形，试件不损坏，保持使用功能完好

336

项目	开关疲劳试验
技术要求	经过≥10⁵次开关试验，试件及五金配件没有损坏，固定处及玻璃压条没有松动和脱落，仍保持使用功能完好
项目	大力关闭试验
技术要求	模拟在7级大风情况下连续开关10次，试件不损坏，保持使用功能完好
项目	垂直载荷强度试验
技术要求	门扇加载30kg一定时间，卸载后，门扇下垂量≤2mm
项目	软物撞击试验
技术要求	无破损，开关功能正常
项目	硬物撞击试验
技术要求	无破损
项目	焊接角破坏力试验
技术要求	门框焊接角最小破坏力的计算值≥3kN，门扇焊接角最小破坏力的计算值≥6kN，而且实测值均应大于计算值

注：① 垂直载荷强度性能技术要求适用于平开门和地弹簧门。

② 全玻璃门软、硬物撞击两项性能项目不检测。

（2）推拉门的力学性能要求

项目	开关力试验	软物撞击试验	硬物撞击试验
技术要求	≤100N	无破损，开关功能正常	无破损

项目	弯曲试验
技术要求	在 0.3kN 力的作用下，允许有不影响使用的残余变形，试件不损坏，保持使用功能完好

项目	扭曲试验
技术要求	在 0.2kN 力的作用下，允许有不影响使用的残余变形。

项目	开关疲劳试验
技术要求	经过 $\geq 10^5$ 次开关试验，试件及五金配件没有损坏，固定处及玻璃压条没有松动和脱落

项目	焊接角破坏力试验
技术要求	门框焊接角最小破坏力的计算值 $\geq 3kN$，门扇焊接角最小破坏力的计算值 $\geq 4kN$，而且实测值均应大于计算值

注：① 无凸出把手的推拉门不做扭曲试验。

② 全玻璃门软、硬物撞击两项性能不检测。

4. 建筑物理性能要求

(1) 抗风压性能分级和指标值

分级	指标值 P_3/Pa
1	$1000 \leqslant P_3 < 1500$
2	$1500 \leqslant P_3 < 2000$
3	$2000 \leqslant P_3 < 2500$
4	$2500 \leqslant P_3 < 3000$
5	$3000 \leqslant P_3 < 3500$
6	$3500 \leqslant P_3 < 4000$
7	$4000 \leqslant P_3 < 4500$
8	$4500 \leqslant P_3 < 5000$
×·×	$P_3 \geqslant 500$

注: ×·×是指当 $P_3 \geqslant 500$Pa时, 用具体值取代分级代号。

(2) 气密性能分级和指标值

分级	开启缝长指标值 q_1/[m³/(m·h)]	面积指标值 q_2/[m³/(m²·h)]
3	$1.5 < q_1 \leqslant 2.5$	$4.5 < q_2 \leqslant 7.5$
4	$0.5 < q_1 \leqslant 1.5$	$1.5 < q_2 \leqslant 4.5$
5	$q_1 \leqslant 0.5$	$q_2 \leqslant 1.5$

(3) 水密性能分级和指标值

分级	指标值 ΔP/kPa
1	$0.10 \leqslant \Delta P < 0.15$
2	$0.15 \leqslant \Delta P < 0.25$
3	$0.25 \leqslant \Delta P < 0.35$
4	$0.35 \leqslant \Delta P < 0.5$
5	$0.5 \leqslant \Delta P < 0.7$
××××	$\Delta P \geqslant 0.7$

注: ××××是指当 $\Delta P \geqslant 0.7$ kPa 时,用具体值取代分级代号。

(4) 保温性能分级和指标值

分级	指标值 K/[W/(m² · K)]
7	$2.5 \leqslant K < 3.0$
8	$2.0 \leqslant K < 2.5$
9	$1.5 \leqslant K < 2.0$
10	$K < 1.5$

(5) 空气声隔声性能分级和指标值

分级	指标值 R_w/dB
2	$25 \leqslant R_w < 30$
3	$30 \leqslant R_w < 35$

分级	指标值 R_w/dB
4	$35 \leqslant R_w < 40$
5	$40 \leqslant R_w < 45$
6	$R_w \geqslant 45$

二、未增塑聚氯乙烯（PVC-U）塑料窗（JG/T 140—2005）

1. 分类与代号

开启形式	代号
平开	P
平开下悬	PX
推拉	T
上下推拉	ST
上悬	S
中悬	C
下悬	X
固定	G

注：① 固定窗与上述各种类型的窗组合时，归入该类门。
　　② 纱扇代号为 A。

2. 尺寸偏差

尺寸项目	尺寸范围/m	允许偏差/mm
高度和宽度	≤1.5	±2.0
	>1.5	±3.0

3. 力学性能要求

(1) 平开窗、平开下悬窗、上悬窗、中悬窗、下悬窗的力学性能要求

项目	翘曲试验
技术要求	在 0.3kN 力的作用下,允许有不影响使用的残余变形,试件不损坏,保持使用功能完好
项目	开关疲劳试验
技术要求	经过≥10^5 次开关试验,试件及五金配件没有损坏,固定处及玻璃压条没有松动和脱落,仍保持使用功能完好
项目	大力关闭试验
技术要求	模拟在 7 级大风情况下连续开关 10 次,保持使用功能完好
项目	开启限位装置(制动器)试验
技术要求	在 10N 力的作用下开启 10 次,试件不损坏

342

项目	紧锁器(执手)开关力
技术要求	≤80N(力矩≤10N·m)
项目	开关力
技术要求	平合页≤80N，30N≤摩擦铰链≤80N
项目	焊接角破坏力试验
技术要求	窗框焊接角最小破坏力的计算值≥2kN，窗扇焊接角最小破坏力的计算值≥2.5kN，且实测值均应大于计算值
项目	窗撑试验
技术要求	在0.2kN力的作用下，不允许有位移，连接处型材没有破裂

注：大力关闭性能要求适用于平开窗和上悬窗。

（2）推拉窗的力学性能要求

项目	开关力试验
技术要求	推拉窗≤100N，上下推拉窗≤135N
项目	弯曲试验
技术要求	在0.3kN力的作用下，允许有不影响使用的残余变形，试件不损坏，保持使用功能完好

项目	扭曲试验
技术要求	在 0.2kN 力的作用下，允许有不影响使用的残余变形。
项目	开关疲劳试验
技术要求	经过≥10^5 次开关试验，试件及五金配件没有损坏，固定处及玻璃压条没有松动和脱落
项目	焊接角破坏力试验
技术要求	窗框焊接角最小破坏力的计算值≥2.5kN，窗扇焊接角最小破坏力的计算值≥1.4kN，而且实测值均应大于计算值

注：无凸出把手的推拉门不做扭曲试验。

4. 建筑物理性能要求

（1）抗风压性能分级和指标值

分级	指标值 P_3/Pa
1	1000≤P_3<1500
2	1500≤P_3<2000
3	2000≤P_3<2500
4	2500≤P_3<3000
5	3000≤P_3<3500
6	3500≤P_3<4000

分级	指标值 P_3/Pa
7	$4000 \leqslant P_3 < 4500$
8	$4500 \leqslant P_3 < 5000$
×·×	$P_3 \geqslant 500$

注：×·×是指当 $P_3 \geqslant 500$Pa 时，用具体值取代分级代号。

（2）气密性能分级和指标值

分级	开启缝长指标值 q_1/[m³/(m·h)]	面积指标值 q_2/[m³/(m²·h)]
3	$1.5 < q_1 \leqslant 2.5$	$4.5 < q_2 \leqslant 7.5$
4	$0.5 < q_1 \leqslant 1.5$	$1.5 < q_2 \leqslant 4.5$
5	$q_1 \leqslant 0.5$	$q_2 \leqslant 1.5$

（3）水密性能分级和指标值

分级	指标值 ΔP/kPa
1	$0.10 \leqslant \Delta P < 0.15$
2	$0.15 \leqslant \Delta P < 0.25$
3	$0.25 \leqslant \Delta P < 0.35$
4	$0.35 \leqslant \Delta P < 0.5$
5	$0.5 \leqslant \Delta P < 0.7$
××××	$\Delta P \geqslant 0.7$

注：××××是指当 $\Delta P \geqslant 0.7$kP 时，用具体值取代分级代号。

345

(4) 保温性能分级和指标值

分级	指标值 K/[W/(m² · K)]
7	$2.5 \leqslant K < 3.0$
8	$2.0 \leqslant K < 2.5$
9	$1.5 \leqslant K < 2.0$
10	$K < 1.5$

(5) 空气声隔声性能分级和指标值

分级	指标值 R_w/dB
2	$25 \leqslant R_w < 30$
3	$30 \leqslant R_w < 35$
4	$35 \leqslant R_w < 40$
5	$40 \leqslant R_w < 45$
6	$R_w \geqslant 45$

(6) 采光性能分级和指标值

分级	指标值 T_r
1	$0.2 \leqslant T_r < 0.3$
2	$0.3 \leqslant T_r < 0.4$
3	$0.4 \leqslant T_r < 0.5$

分级	指标值 T_r
4	$0.5 \leqslant T_r < 0.6$
5	$T_r \geqslant 0.6$

三、塑料窗基本尺寸公差（GB/T 12003—2008）

1. 窗宽和窗高的尺寸公差

精度等级		一	二	三
尺寸公差/mm	300~900	±1.5	±1.5	±2
	901~1500	±1.5	±2	±2.5
	1501~2000	±2	±2.5	±3
	>2000	±2.5	±3	±4

2. 窗框对角线尺寸公差

精度等级		一	二	三
对角线尺寸公差/mm	<1000	±1.5	±1.5	±2
	1001~2000	±1.5	±2	±2.5
	>2000	±2	±2.5	±3

注：此表适用于矩形和非矩形窗矩形部分外形尺寸公差的检查。

四、塑钢门窗型材

1. 特点

概念	塑钢门窗是以聚氯乙烯(PVC)树脂为原料,添加一定的改性助剂,制成型材,再经过切割、焊接或机械连接,制成门窗
特点	在−40℃～70℃环境下使用,不会脆化、变质及褪色,材料吸水率<0.1%,具有良好的抗风压性能和隔声、隔热性能

2. 塑钢门窗型材截面图

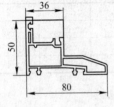

图 2-14 TC80GDK 固定框　　图 2-15 TC60SLK 上亮框

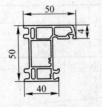

图 2-16 PC60K 平开框

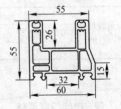

图 2-17 TC55K 推拉框

348

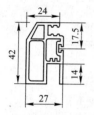

图 2-18 TC80SS 纱扇

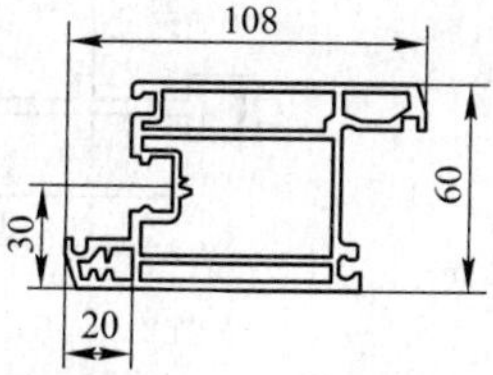

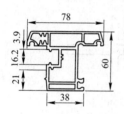

图 2-20 PC60WKS 平开外扇

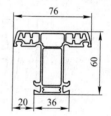

图 2-21 PC60ST 中梃扇

图 2-19 PM60S 平开门扇

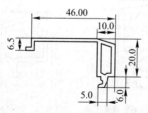

图 2-22 J260-06 扇封

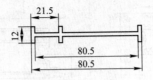

图 2-23 TC80PT 拼条

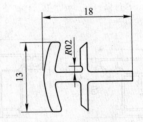

图 2-24 TC60PT 拼条

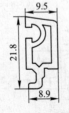

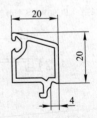

图 2-25 TC80SY 双玻压条　　图 2-26 PC60SY 双玻压条

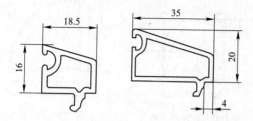

图 2-27　TC80DY 单玻压条　　图 2-28　PC60DY 单玻压条

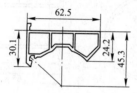

图 2-29　PC60YZJ 圈转角

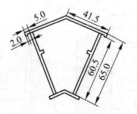

图 2-30　1Y60-09 转角

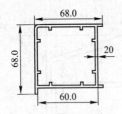

图 2-31　TC60ZJ 转角

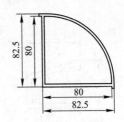

图 2-32　TC80DZJ 转角

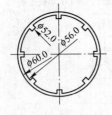

图 2-33　PC60YG 圆管

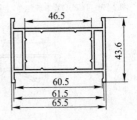

图 2-34　PC60PG 拼管

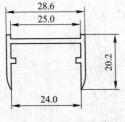

图 2-35　J260-07 封盖

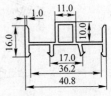

图 2-36　TC80GM 盖帽

352

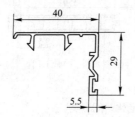

图 2-37 TC80FG 防风条

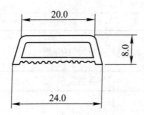

图 2-38 J2-06 装饰条

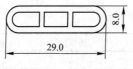

图 2-39 J2-07 百叶条

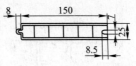

图 2-40　PM60B 门板

3. 分类

(1) 按老化时间分类

类别	老化试验/h
M类	4000
S类	6000

(2) 按主型材落锤冲击分类

类别	落锤质量/kg	落锤高度/m
I 类	1.0	1.0
II 类		1.5

注：冲击时，温度为−10℃。

(3) 按壁厚分类

类别	可视面/mm	非可视面/mm
A类	≥2.8	≥2.5
B类	≥2.5	≥2.0
C类	不规定	

4. 外形尺寸及极限偏差

(1) 外形尺寸　如图 2-41 所示。

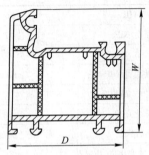

图 2-41　PVC 型材的外形尺寸

D—厚度；W—宽度

(2) 尺寸极限偏差

外形尺寸/mm	$D \leqslant 80$	$D > 80$	W
极限偏差/m	±0.3	±0.5	±0.5

(3) 直线偏差

种类	直线偏差/(mm/m)
主型材	≤1.0
纱扇	≤2.0

（4）物理力学性能

项目	指标		
硬度/HR	≥85		
屈服强度/MPa	≥37		
伸长率/%	≥100		
弯曲弹性模量/MPa	≥1960		
低温落锤冲击/破裂个数	≤1		
维卡软化点/℃	≥83		
加热后状态	无气泡、裂痕、麻点		
加热后尺寸变化率/%	±2.5		
氧指数/%	≥38		
高低温反复尺寸变化率/%	±0.2		
简支梁冲击强度/(kJ/m²)		A类	B类
	(23±10)℃	≥40	≥32
	(−10±1)℃	≥15	≥12
耐候性	简支梁冲击强度/(kJ/m²)	≥28	≥22
	颜色变化/级	≥3	

五、塑钢钢衬

1. 种类 各种类型塑钢钢衬简图如图 2-42 所示。

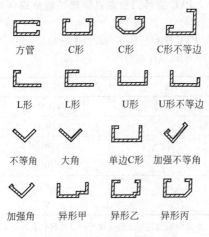

| 方管 | C形 | C形 | C形不等边 |

| L形 | L形 | U形 | U形不等边 |

| 不等角 | 大角 | 单边C形 | 加强不等角 |

| 加强角 | 异形甲 | 异形乙 | 异形丙 |

图 2-42　塑钢钢衬简图

2. 用途

专用于各种 PVC 型材用作内衬，有镀锌和防锈漆两种表面处理方式。

3. 规格

钢衬轧制长度/m	钢衬轧制厚度/mm
4，6	1～2

357

六、PVC 塑料门窗建筑物理性能分级（GB/T 11793—2008）

1. PVC 塑料门建筑物理性能分级

（1）抗风压性能分级

等级	指标值 W_G/kPa
1	$W_G \geqslant 3.5$
2	$3.0 \leqslant W_G < 3.5$
3	$2.5 \leqslant W_G < 3.0$
4	$2.0 \leqslant W_G < 2.5$
5	$1.5 \leqslant W_G < 2.0$
6	$1.0 \leqslant W_G < 1.5$

注：本表中取值是建筑载荷规范中设计载荷值的 2.25 倍。

（2）空气渗透性能分级

等级	指标值 q_0/[m³/(h·m)]
2	$q_0 \leqslant 1.0$
3	$1.0 < q_0 \leqslant 1.5$
4	$1.5 < q_0 \leqslant 2.0$
5	$2.0 < q_0 \leqslant 2.5$

注：① 表中数值为压力差为 10Pa 时单位缝长空气渗透量。

② 空气渗透量的合格指标为≤2.5m³/(h·m)。

358

（3）雨水渗漏性能分级

等级	指标值 $\Delta P/kPa$
1	$\Delta P \geqslant 0.60$
2	$0.50 \leqslant \Delta P < 0.60$
3	$0.35 \leqslant \Delta P < 0.50$
4	$0.25 \leqslant \Delta P < 0.35$
5	$0.15 \leqslant \Delta P < 0.25$
6	$0.10 \leqslant \Delta P < 0.15$

注：① 表中所列压力等级下，以雨水没有连续流入室内为合格。

② 雨水渗漏性能的最低合格指标为 $\geqslant 0.1kPa$。

（4）保温性能分级

等级	指标值 $K/[W/(m^2 \cdot K)]$	
	平开门	推拉门
1	$K \leqslant 2.0$	—
2	$2.0 < K \leqslant 3.0$	$2.0 < K \leqslant 3.0$
3	$3.0 < K \leqslant 4.0$	$3.0 < K \leqslant 4.0$
4	$4.0 < K \leqslant 5.0$	$4.0 < K \leqslant 5.0$

(5) 空气声隔声性能分级

等级	指标值 R_w/dB	
	平开门	推拉门
1	$R_w \geqslant 35$	—
2	$R_w \geqslant 30$	$R_w \geqslant 30$
3	$R_w \geqslant 25$	$R_w \geqslant 25$

2. PVC 塑料窗建筑物理性能分级

(1) 抗风压性能分级

等级	指标值 W_G/kPa
1	$W_G \geqslant 3.5$
2	$3.0 \leqslant W_G < 3.5$
3	$2.5 \leqslant W_G < 3.0$
4	$2.0 \leqslant W_G < 2.5$
5	$1.5 \leqslant W_G < 2.0$
6	$1.0 \leqslant W_G < 1.5$

注：本表中取值是建筑载荷规范中设计载荷值的 2.25 倍。

(2) 空气渗透性能分级

等级	指标值 q_0/ [m³/(h·m)]	
	平开窗	推拉窗
1	$q_0 \leqslant 0.5$	—
2	$0.5 < q_0 \leqslant 1.0$	$q_0 \leqslant 1.0$
3	$1.0 < q_0 \leqslant 1.5$	$1.0 < q_0 \leqslant 1.5$
4	$1.5 < q_0 \leqslant 2.0$	$1.5 < q_0 \leqslant 2.0$
5	—	$2.0 < q_0 \leqslant 2.5$

注：① 表中数值为压力差为10Pa时单位缝长空气渗透量。

② 推拉窗单位缝长空气渗透量的合格指标为 $\leqslant$ 2.5m³/(h·m)。

③ 平开窗单位缝长空气渗透量的合格指标为 $\leqslant$ 2.0m³/(h·m)。

(3) 雨水渗漏性能分级

等级	指标值 ΔP/kPa
1	$\Delta P \geqslant 0.60$
2	$0.50 \leqslant \Delta P < 0.60$
3	$0.35 \leqslant \Delta P < 0.50$
4	$0.25 \leqslant \Delta P < 0.35$
5	$0.15 \leqslant \Delta P < 0.25$
6	$0.10 \leqslant \Delta P < 0.15$

注：① 表中所列压力等级下，以雨水没有连续流入室内为合格。

② 塑料窗雨水渗漏性能的最低合格指标为 $\geqslant 0.1$kPa。

（4）保温性能分级

等级	指标值 $K/[W/(m^2 \cdot K)]$	
	平开窗	推拉窗
1	$K \leqslant 2.0$	—
2	$2.0 < K \leqslant 3.0$	$K \leqslant 3.0$
3	$3.0 < K \leqslant 4.0$	$3.0 < K \leqslant 4.0$
4	$4.0 < K \leqslant 5.0$	$4.0 < K \leqslant 5.0$

注：塑料窗保温性能的合格指标为 $K \leqslant 5.0W/(m^2 \cdot K)$。

（5）空气声计权隔声性能分级

等级	指标值 R_w/dB	
	平开窗	推拉窗
1	$R_w \geqslant 35$	—
2	$R_w \geqslant 30$	$R_w \geqslant 30$
3	$R_w \geqslant 25$	$R_w \geqslant 25$

注：① 塑料窗隔声性能的合格指标为 $\geqslant 25dB$。

② 推拉塑料窗隔声性能的合格指标也可由供需双方协议确定。

七、PVC 塑料门窗力学性能（GB/T 11793—2008）

1. PVC 塑料门力学性能

（1）平开塑料门的力学性能

362

项目	开关力
技术要求	≤80N

项目	翘曲试验
技术要求	在 0.3kN 力的作用下，允许有不影响使用的残余变形，试件不损坏，保持使用功能完好

项目	开关疲劳试验
技术要求	经过≥10^5 次开关试验，试件及五金配件没有损坏，固定处及玻璃压条没有松动和脱落，仍保持使用功能完好

项目	大力关闭试验
技术要求	模拟在 7 级大风情况下连续开关 10 次，试件不损坏，保持使用功能完好

项目	软物撞击试验
技术要求	无破损，开关功能正常

项目	硬物撞击试验
技术要求	无破损

项目	角强度试验
技术要求	平均值≥3kN，最小值≥平均值×70%

项目	悬端吊重试验
技术要求	在 0.3kN 力的作用下，残余变形≤2mm，试件不损坏，保持使用功能完好

注：全玻璃门软、硬物撞击两项性能项目不检测。

363

(2) 推拉塑料门的力学性能

项目	开关力试验
技术要求	≤100N
项目	弯曲试验
技术要求	在 0.3kN 力的作用下，允许有不影响使用的残余变形，试件不损坏，保持使用功能完好
项目	软物撞击试验
技术要求	无破损，开关功能正常
项目	开关疲劳试验
技术要求	经过 ≥10^5 次开关试验，试件及五金配件没有损坏，固定处及玻璃压条没有松动和脱落
项目	扭曲试验、对角线变形
技术要求	在 0.2kN 力的作用下，允许有不影响使用的残余变形
项目	硬物撞击试验
技术要求	无破损
项目	角强度试验
技术要求	平均值≥3kN，最小值≥平均值×70%

注：① 无凸出把手的推拉门不做扭曲试验。

② 全玻璃门软、硬物撞击两项性能不检测。

2. PVC 塑料窗力学性能

（1）平开塑料窗的力学性能

项目	紧锁器（执手）开关力
技术要求	≤100N（力矩≤10N·m）
项目	悬端吊重试验
技术要求	在 0.3kN 力的作用下，残余变形≤2mm，试件不损坏，保持使用功能完好
项目	翘曲试验
技术要求	在 0.3kN 力的作用下，允许有不影响使用的残余变形，试件不损坏，保持使用功能完好
项目	开关疲劳试验
技术要求	经过≥10^5 次开关试验，试件及五金配件没有损坏，固定处及玻璃压条没有松动和脱落，仍保持使用功能完好
项目	大力关闭试验
技术要求	模拟在 7 级大风情况下连续开关 10 次，试件不损坏，保持使用功能完好
项目	角强度试验
技术要求	平均值≥3kN，最小值≥平均值×70%

项目	窗撑试验
技术要求	在 0.2kN 力的作用下，不允许有位移，连接处型材不能破裂

(2) 推拉塑料窗的力学性能

项目	开关力试验
技术要求	≤100N
项目	弯曲试验
技术要求	在 0.3kN 力的作用下，允许有不影响使用的残余变形，试件不损坏，保持使用功能完好
项目	扭曲、对角线变形试验
技术要求	在 0.2kN 力的作用下，允许有不影响使用的残余变形
项目	开关疲劳试验
技术要求	经过≥10^5 次开关试验，试件及五金配件没有损坏，固定处及玻璃压条没有松动和脱落
项目	角强度试验
技术要求	平均值≥3kN，最小值≥平均值×70%

八、PVC 塑料门

1. 分类

按开启形式分	固定门、平开门、推拉门

2. 规格代号

（1）推拉门洞口规格代号

洞宽/mm	洞高/mm		
	2000	2100	2400
	洞口规格代号		
1500	1520	1521	1524
1800	1820	1821	1824
2100	2120	2121	2124
2400	2420	2421	2424
3000	3020	3021	3024

（2）平开门洞口规格代号

洞高/mm	洞宽/mm						
	700	800	900	1000	1200	1500	1800
	规格代号						
2100	0721	0821	0921	1021	1221	1521	1821
2400	0724	0824	0924	1024	2124	1524	1824

洞高 /mm	洞宽/mm						
	700	800	900	1000	1200	1500	1800
	规格代号						
2500	0725	0825	0925	2025	1225	1525	1825
2700	—	0827	0927	1027	1227	1527	1827
3000	—	—	0930	1030	1230	1530	1830

注：除了本表规定的规格代号外，当采用门和窗、门和门
    组合时，组合后的洞口尺寸还应符合《建筑门窗洞口
    尺寸系列》（GB/T 5824—2008）之规定。

3. 门框厚度基本尺寸系列

平开门厚度/mm	推拉门厚度/mm
50	—
55	—
60	60
—	75
—	80
—	85
—	90
—	95
—	100

4. 门的装配要求

(1) 构件内腔必须加衬增强型钢的条件

平开门	推拉门
门构件长度≥1200mm；安装五金配件的构件	门构件长度≥1300mm；门扇构件(上、中、边框)长度≥1300mm，以及门扇下框用构件长度≥600mm；安装五金配件的构件

(2) 门框、门扇外形尺寸允许偏差

高度和宽度尺寸范围/m	允许偏差/mm
≤2	≤±2.0
>2	≤±3.5

(3) 装配缝隙

门板拼装允许缝隙/mm		≤0.6
门框、门扇组装后铰链部位(未装密封条)的配合间隙 c 的允许偏差/mm		$c_{-1.0}^{+0.2}$
门框、门扇四周的搭接量 b 允许偏差/mm	平开门	≤2.5
	推拉门	$b_{-3.5}^{+1.5}$

5. 玻璃装配要求

玻璃尺寸	每边搭接量≥8mm

装配时应保证玻璃与镶嵌槽的间隙，并在玻璃四周装有垫块，起到缓冲开关等力的冲击

九、PVC 塑料窗

1. 分类

平开窗	推拉窗	固定窗
内开窗	左右推拉窗	—
外开窗	上下推拉窗	—
滑轴平开窗	—	—

2. 规格代号

（1）窗框厚度尺寸系列

平开窗	推拉窗
45	—
55	—
60	60
—	75
—	80
—	85

平开窗	推拉窗
—	90
—	95
—	100

注：表中未列出的窗框厚度尺寸，但凡与基本尺寸系列相
　　差在±2mm 之内的，均靠用基本尺寸系列。

（2）窗洞口规格代号

① 平开窗洞口规格代号

洞口宽 /mm	洞口高/mm							
	600	900	1200	1400	1500	1600	1800	2100
	规格代号							
600	0606	0609	0612	0614	0615	0616	0618	0621
900	0906	0909	0912	0914	0915	0916	0928	0921
1200	1206	1209	1212	1214	1215	1216	1218	1221
1500	1506	1509	1512	1514	1515	1516	1518	1521
1800	1806	1809	1812	1814	1815	1816	1818	1821
2100	216	2109	2112	2114	2115	2116	2118	2121
2400	2406	2409	2412	2414	2415	2416	2428	2421

注：除了本表规定的规格代号外，当采用门和窗、门和门
　　组合时，组合后的洞口尺寸还应符合《建筑门窗洞口
　　尺寸系列》（GB/T 5824—2008)之规定。

② 推拉窗洞口规格代号

洞口宽 /mm	洞口高/mm							
	600	900	1200	1400	1500	1600	1800	2100
	规格代号							
1200	1206	1209	1212	1214	1215	1216	—	—
1500	1506	1509	1512	1514	1515	1516	1528	—
1800	1806	1809	1812	1814	1815	1816	1818	1821
2100	2106	2109	2112	2114	2115	2116	2118	2121
2400	2406	2409	2412	2414	2415	2416	2418	2421
2700	—	2709	2712	2714	2715	2716	2718	2721
3000	—	—	3012	3014	3015	3016	3018	3021

3. 窗的装配要求

(1) 构件内腔必须加衬增强型钢的条件

平开窗	推拉窗
①窗框构件长度≥1300mm，窗扇构件长度≥1200mm；②中轴框和中竖框构件长度≥900mm；③采用小于50系列的型材，窗框构件长度≥1000mm，窗扇构件长度≥900mm；④安装五金配件的构件	①窗构件长度≥1300mm；②窗扇边框：厚度为45mm以上的型材，长度≥1000mm，厚度为25mm以上的型材，长度≥900mm；③窗扇下框长度≥700mm，滑轮直接承受玻璃重量的不加衬增强型钢；④安装五金配件的构件

（2）窗框、窗扇外形尺寸允许偏差

高度和宽度尺寸范围/mm	允许偏差/mm
300～900	≤±2.0
901～1500	≤±2.5
1501～2000	≤±3.0
＞2000	≤±3.5

（3）装配缝隙

窗框、窗扇相邻构件装配间隙/mm	≤3.0
窗框、窗扇组装后铰链部位(未装密封条)的配合间隙 c 的允许偏差/mm	$c_{-1.0}^{+2.0}$
窗框、窗扇四周的搭接量 b 允许偏差/mm	平开窗	≤2.5
	推拉窗	$b_{-2.5}^{+1.5}$

4. 玻璃装配要求

玻璃尺寸	每边搭接量≥8mm
装配时应保证玻璃与镶嵌槽的间隙，并在玻璃四周装有垫块，起到缓冲开关等力的冲击	

第四节　其他类型门窗

一、卷帘门窗（JG/T 302—2011）

1. 铝制轻型卷帘门窗

（1）特点　具有防风、耐腐蚀、启闭灵活、强度高、安全耐用，安装方便等特点。

（2）规格及用途

手动		电动	
高度/m	宽度/m	高度/m	宽度/m
≤3.5	≤4	≤5.5	≤6
用途	适用于小型仓库、小型车间、商场、商店及车库等场地用门窗		

注：手动卷帘门的宽度大于 4m 时，可用活动中柱将整个门帘分成若干个门帘。

2. 轻型喷塑钢卷帘门窗

（1）特点　具有外形美观、耐腐蚀性能好、色彩多样的特点。

（2）规格及用途

高度/m	宽度/m
≤3.5	≤3
用途	适用于小型仓库、小型车间、商场、商店及车库等场地用门窗，特别是各类商店

注：卷帘门的宽度大于 3m 时，可用活动中柱将整个门帘分成若干个门帘。

3. 电动钢卷帘门

（1）特点　具有结构强度大，电动启闭，能防风沙等特点。

（2）规格及用途

高度/m	宽度/m
4.5，5.4，6.0，7.2	4.8，5.4，6.0，7.2，8.4，9.6，12，15
用途	适用于风压大，要求高大门洞、强度高的场合。如工业厂房、仓库机车库等大型建筑

注：门的高度和宽度可以组合成 18 种门洞尺寸。

二、百叶窗帘

1. 外形结构　如图 2-43 所示。

2. 规格及用途

375

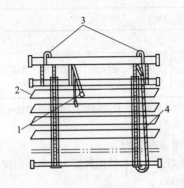

图 2-43　百叶窗帘

1—调向绳　2—叶片　3—固定吊绳　4—升降绳

种类	宽度/m	高度/m
铝合金窗帘	0.65～2.5	0.65～2.5
塑料窗帘	0.8～5.0	1.0～4.0
用途	适用于遮蔽太阳	

3. 特点　具有开闭灵活，使用方便，外形美观等特点。

第三章　建筑门窗五金

第一节　锁

一、门锁分类

1. 按锁体安装位置分类

复锁(外装门锁)	插锁(插芯门锁)
单保险、双保险、三保险以及单舌、双舌、多舌等	叶片执手插锁、执手插锁、弹子插锁、弹子拉手插锁、弹子拉环插锁

注：① 复锁(外装门锁)锁体装在门扇边挺表面，安装、拆卸比较方便。

② 插锁(插芯门锁)锁体装在门扇边挺内(将边挺按锁体尺寸凿洞后，把锁体镶入)，锁体不外露，所以坚固美观，不易损坏，但拆卸、安装均不如复锁方便。

2. 按锁的执手分类

球形门锁	执手门锁 拉环门锁 拉手门锁
一般球形门锁，高级球形门锁，球形钢门锁	

3. 按功能分类

专用锁	浴室门锁、厕所门锁、恒温室锁、密闭门锁、更衣室门锁、壁橱门锁、防风门锁等
特种锁	组合门锁、磁卡锁

4. 按锁舌分类

单舌锁、双舌锁	锁舌有活舌和静舌（呆舌）两种，活舌多为斜形或圆弧形，静舌多为方形

5. 按锁体分类

种类	规格及用途
狭型锁	面板锁体宽度约为 50～60mm，用于边梃较窄或较薄的门扇
中型锁	面板锁体宽度为 78mm 左右，用于一般门扇
宽型锁	面板锁体宽度＞78mm，用于较厚和边梃较宽的门扇

6. 按锁面板分类

种类	用途
平口式锁面板	用于一般平开门
圆口式锁面板	用于弹簧门和圆口门
企口式锁面板	用于企口门（如双扇门等）

注：企口式锁面板可分为左企口式锁面板和右企口式锁面板两种。

二、外装门锁（QB/T 2473—2000）

1. 外形结构 如图 3-1 所示。

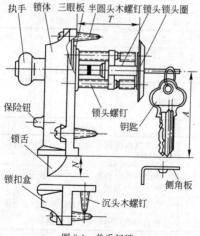

图 3-1 单舌门锁

2. 代号和基本尺寸

代号	基本尺寸/mm	适用范围 T/mm
A	60±0.95	
M	≥18	35～55
N	≥12	
形式	单头、双头	

3. 性能要求
(1) 单舌门锁的使用性能
① 保密度

项目	要求
钥匙牙花角组合	≥6000 种
互开率	≤0.2%
锁结构	有安全装置，能防止异物开启

② 牢固度

序号	项目要求
1	锁头两螺孔在承受 150N 的静拉力后，没有损坏现象
2	弹子的螺钉在承受 150N 的静拉力后，不能被弹子顶力顶出
3	保险钮在承受 150N 的静拉力后，不能脱出
4	锁舌的铁脚不能有松动现象

序号	项目要求
5	钥匙和锁舌的使用寿命指标 {table} 当钥匙和锁舌达到使用寿命指标后，钥匙和锁舌仍能使用

类别	材质	开启次数/次
钥匙	铜	50000
	铝	30000
锁舌	铜	70000
	铝	50000

③ 灵活度

序号	项目要求
1	钥匙对准锁芯窗能够自然插入锁芯，旋转锁芯旋转灵活，没有卡扎现象，钥匙拔出后摇动锁头听不到弹子响声
2	锁舌能够正反安装，用执手开启时应灵活
3	锁舌轴向静压力为 6～10N，多保险的锁舌静压力为 6～13N
4	锁舌斜坡面的闭合静压力＜69N（不包括辅助保险舌），钥匙拔出静拉力≤6N
5	保险使用时应灵活，在受到重力关门时不允许有自动脱落或移位现象

注：单舌门锁适用于安装在木门上。

(2) 双舌门锁的使用性能

① 保密度

项目	要求	
钥匙牙花角组合	≥6000 种	双锁头以外锁头为基准
互开率	≤0.204%	
锁结构	应具备多种安全性能	

② 牢固度

序号	项目要求
1	锁头的两个螺钉孔在承受 150N 的静拉力后，没有损坏现象
2	弹子孔封片在承受 117N 的静拉力后，不能被弹子顶力顶出
3	方舌端部在承受 882N 的静拉力时，没有缩进现象
4	方舌在承受 1.47kN 的侧向静拉力后，可以正常使用
5	拉手在承受 294N 静拉力后，没有损坏现象
6	执手在承受 392N 的静拉力时，不能脱落
7	安全链在承受 784N 的静拉力时，没有损坏现象
8	拉手保险可靠，受到重力关门时，不能发生自动移位。锁的各种铆接件没有松动现象

③ 灵活度

序号	项目要求
1	钥匙拔出时静拉力≤6.4N，封闭中心线的钥匙槽静拉力≤7.8N
2	钥匙开启旋转灵活，应没有阻轧现象
3	用钥匙或执手开启时方舌应灵活，以正常速度开启时应没有超越现象
4	用钥匙或执手开启时斜舌应灵活，轴向静压力为2.9～9.8N，闭合静压力≤49N
5	斜舌可以正反安装，保险使用灵活
6	锁体内部活动部位需要加注润滑剂

④ 耐用度

序号	项目要求
1	方舌相关零件开启≥40000次仍能正常使用
2	斜舌相关零件开启≥60000次仍能正常使用

注：双舌门锁适用于安装在木门上。

三、弹子插芯门锁（QB/T 2474—2000）

1. 外形结构 如图 3-2 所示。

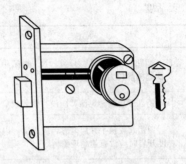

图 3-2　弹子插芯门锁

2. 形式及基本尺寸

(1) 形式

锁舌	锁面板类型			
单方舌	平口式	甲企式	乙企式	圆口式
单斜舌	平口式	甲企式	乙企式	—
双舌揿压	平口式	甲企式	乙企式	—
双锁舌	平口式	甲企式	乙企式	—
钩子锁舌	平口式	—	—	—

(2) 基本尺寸与极限偏差

代号	单方舌 /mm	单斜舌 /mm	双舌揿压 /mm	双锁舌 /mm
A	40±0.8，45±0.8，50±0.8， 55±0.95，70±0.95			≥12.5
M	≥12		≥12.5	
N	≥12			
适用范 围 T/mm	35～50			

3. 性能要求

(1) 保密度

项目	要求
钥匙不同 牙花数	≥6000 种
互开率	≤0.204%
锁结构	带按钮的锁加保险后，不会因受振动而失效

(2) 牢固度

序号	项目要求
1	方舌在承受 1.47kN 的侧向静拉力后，可以正常使用
2	方舌端部在承受 980N 的静拉力时，没有缩进现象
3	锁体和锁体螺纹旋合良好，锁头旋入锁体后，在承受 245N 静拉力的情况下，螺纹不滑牙

序号	项目要求
4	弹子孔封片在承受 147N 的静拉力后，不能被弹子顶力顶出
5	复板安装螺钉孔深度≥12 牙，当两螺钉旋合 5 牙，在承受 980N 的静拉力时不能损坏
6	双节方连杆的螺纹旋合，在承受 980N 的静拉力时不能损坏
7	装配后，执手复板承受 980N 的静拉力时不能损坏，锁的各种铆接件没有松动
8	锁头之间拨片连接牢固，不得有松动现象

（3）灵活度

序号	项目要求
1	钥匙拔出时静拉力≤6.4N，开启斜舌应灵活，轴向静压力为 2.9~9.8N，闭合静压力≤49N
2	锁舌用钥匙或旋钮开启应灵活
3	单锁头旋进锁体正反面后能正常开启
4	平口锁及斜舌都能正反装
5	按钮揿动灵活
6	大小拨轮孔无明显偏移，与双节方连杆配合后，开启灵活

386

序号	项目要求
7	执手、拉环执手装进锁体后应转动灵活，复位有力
8	带弹簧的执手转动后，能够复位到水平位置，并无明显歪斜
9	锁体内部活动部位需要加注润滑剂

（4）耐用度

序号	项目要求
1	方舌相关零件开启≥50000 次仍能正常使用
2	斜舌相关零件开启≥70000 次仍能正常使用

注：弹子插芯门锁适用于安装在木门上。

四、球形门锁（QB/T 2476—2000）

1. **外形结构** 如图 3-3 所示。

 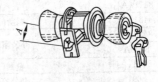

(a)   (b)

图 3-3 球形门锁

(a)8430A 型；(b)8691B 型

2. 规格

型号	适用门的厚度/cm	锁头中心距 A/cm
8430$_A$A		
8411$_A$A4		6.0
8421$_A$A4		
8430$_A$A4		
8130A9	3.5～5.0	70
8433$_A$A4		60
8691G		
8692G		70
8693G		
8698G		

3. 用途

型号	用途
8430$_A$A	防风门锁
8411$_A$A4	更衣室门锁
8421$_A$A4	厕所门锁
8430$_A$A4	办公室门锁
8130A9	
8433$_A$A4	壁橱门锁
8691G	办公室门锁
8692G	壁橱门锁
8693G	厕所门锁、更衣室门锁
8698G	通道门锁

388

五、铝合金窗锁(QB/T 3890—1999)

1. **外形结构**　如图 3-4、图 3-5 和图 3-6 所示。

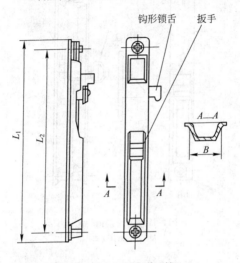

图 3-4　铝合金窗锁(单面锁)

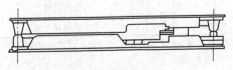

图 3-5　铝合金窗锁(双面锁)

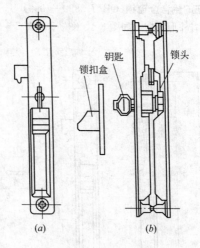

图 3-6　铝合金窗锁(有锁头)

(a) 单开锁；(b) 双开锁

2. 分类

无锁头窗锁	有锁头窗锁
单面锁和双面锁	单开锁和双开锁

注：单开锁关闭后，扳手不能开启，而双开锁关闭后，扳
　手能开启。

3. 规格

单面锁		
规格尺寸 B/mm	安装尺寸/mm	
	L_1	L_2
12	77	80
15	87	87
17	125	112
19	180	168

双面锁	
规格尺寸/mm	24

有锁头的窗锁	
规格尺寸/mm	28~32

4. 性能要求

(1) 保密度

项目	要求
钥匙不同牙花数	≥60 种
互开率	<0.48%

(2) 牢固度

序号	要求

钩形锁舌能够承受的拉力在维持 30s 后应符合：

产品等级	规格/mm	拉力/N
一级品	12	700
	15	
	17	1000
	19	
合格品	12	400
	15	
	17	500
	19	

(序号 1)

序号	要求
2	钩形锁舌必须紧固在扳手上，不能有松动现象
3	扳手、面板、弹簧的铆合要牢固，不得脱落

（3）使用寿命

锁头达到规定的使用寿命后，还能正常工作。窗锁的使用寿命指标如下：

产品等级	无锁头/次	有锁头/次
一级品	30000	3000
合格品	20000	2000

392

六、铝合金门锁(QB/T 3891—1999)

1. 规格

型号	LS—83	LS—84	LS—85A	LS—85B
锁头形状	椭圆形		圆形	
锁面板形状	圆口式	平口式	圆口式	
锁体高度/mm	115	90	83	
锁体宽度/mm	38	43.5		
锁体厚度/mm	17			
锁头中心距/mm	20.5	28	26	
锁舌伸出长度/mm	13	15	14	
适用门厚/mm	44~48	48~54	40~46	55

2. 保密度

(1) 每批牙花数

弹子孔数		4	5
每批牙花数/种	优等品	—	6000
	一级品	—	6000
	合格品	500	3000

（2）互开率

产品等级	互开率/%
优等品	0.204
一级品	0.204
合格品	0.286

（3）锁头结构必须具有安全装置，能够防止异物开启。

3. 用途　适用于地弹簧门、平开门、推拉门等。

七、恒温室门锁

1. 外形结构　如图 3-7 所示。

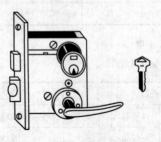

图 3-7　恒温室门锁

2. 规格

锁体类型	宽型		
型号	300	301	302
锁面板形状	平口式	左斜口式	右斜口式
高度/mm	130		
宽度/mm	110	112	112
厚度/mm	22		
锁头中心距/mm	82.5	84.5	84.5
适用门厚/mm	65～70		

3. 用途　专用于企事业单位的恒温室门上锁门和防风。

第二节　门窗合页

一、普通型合页（QB/T 3874—1999）

1. 外形结构　如图 3-8 所示。

图 3-8　普通型合页

2. 规格

规格/mm	页片尺寸/mm			
	长度 L		宽度 B	厚度 δ
	Ⅰ组	Ⅱ组		
25	25	25	24	1.05
38	38	38	31	1.20
50	50	51	38	1.25
65	65	64	42	1.35
75	75	76	50	1.6
90	90	89	55	1.6
100	100	102	71	1.8
125	125	127	82	2.1
150	150	152	104	2.5

注：表中Ⅱ组为出口型尺寸。

3. 配用木螺钉（参考）

规格/mm	直径/mm	长度/mm	数量/个
25	2.5	12	4
38	3	16	4
50	3	20	4
65	3	25	6

规格/mm	直径/mm	长度/mm	数量/个
75	4	30	6
90	4	35	6
100	4	40	8
125	5	45	8
150	5	50	8

4. 用途　适用于安装在支承和转动启合木质门窗、箱盖等上面。

二、轻型合页（QB/T 3875—1999）

1. 外形结构　如图 3-9 所示。

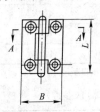

图 3-9　轻型合页

2. 规格

规格/mm	页片尺寸/mm			
	长度 L		宽度 B	厚度 t
	I组	II组		
20	20	19	16	0.60
25	25	25	18	0.70
32	32	32	22	0.75
38	38	38	26	0.80
50	50	51	33	1.00
65	65	64	33	1.05
75	75	76	40	1.05
90	90	89	48	1.20
100	100	102	52	1.25

注：表中II组为出口型尺寸。

3. 配用木螺钉(参考)

规格/mm	直径/mm	长度/mm	数量/个
20	1.6	8	4
25	2	10	4
32	2.5	10	4
38	2.5	10	4

规格/mm	直径/mm	长度/mm	数量/个
50	3	12	4
65	3	16	6
75	3	18	6
90	3.5	20	6
100	5	25	8

4. 用途　适用于安装在受力较小的轻便木质家具上。

三、轴承合页

1. 外形结构　如图 3-10 所示。

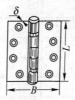

图 3-10　轴承合页

2. 规格

规格/mm	长度 L/mm	宽度 B/mm	厚 δ/mm
114×98	114	98	3.5
114×114	114	114	3.5

399

规格/mm	长度 L/mm	宽度 B/mm	厚 δ/mm
200×140	200	140	4.0
102×102	102	102	3.2
114×102	114	102	3.3
114×114	114	114	3.3
127×114	127	114	3.7

3. 配用木螺钉(参考)

规格/mm	直径/mm	长度/mm	数量/个
114×98	6	30	8
114×114	6	30	8
200×140	6	30	8
102×102	6	30	8
114×102	6	30	8
114×114	6	30	8
127×114	6	30	8

4. 用途　适用于安装在要求转动灵活,且无噪声的重型门扇上。

四、弹簧合页(QB/T 1738—1993)

1. 外形结构　如图 3-11 所示。

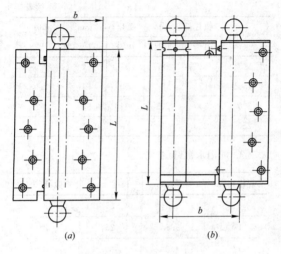

图 3-11 弹簧合页

(a) 单弹簧合页；(b) 双弹簧合页

2. 规格

规格/mm	页片长度/mm		页片宽度/mm		页片厚度/mm
	Ⅱ型	Ⅰ型	单簧	双簧	
75	75	76	36	48	1.8
100	100	102	39	56	1.8

规格/mm	页片长度/mm		页片宽度/mm		页片厚度/mm
	Ⅱ型	Ⅰ型	单簧	双簧	
125	125	127	45	64	2.0
150	150	152	50	64	2.0
200	200	203	71	95	42
250	250	254	—	95	2.4

3. 配用木螺钉(参考)

规格/mm	直径/mm	长度/mm	数量/个
75	3.5	25	8
100	3.5	25	8
125	4.0	30	8
150	4.0	30	10
200	4.0	40	10
250	5.0	50	10

注：推荐使用Ⅱ型。

4. 用途　适用于安装在公共场所及人流出入频繁的场所的大门上。单弹簧合页单向开关，双弹簧合页内外都能开关。

五、翻窗合页

1. 外形结构　如图 3-12 所示。

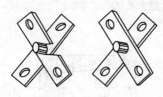

图 3-12　翻窗合页

2. 规格

页片尺寸/mm			芯轴/mm	
长度	宽度	厚度	直径	长度
50	19.5	2.7	9	12
65，75				
90，100		3.0		

3. 配用木螺钉(参考)

页片长度/mm	直径/mm	长度/mm	数量/个
50	4	18	8
65，75	4	20	8
90，100	4	25	8

4. 用途　适用于安装在工厂、仓库、住宅、公共建筑物等的活动翻窗上。

六、T型合页（QB/T 3878—1999）

1. 外形结构　如图 3-13 所示。

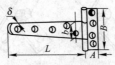

图 3-13　T型合页

2. 规格

长页尺寸/mm			短页尺寸/mm			厚度 δ/mm
长度 L		宽度 b	长度 B	宽度 A		
Ⅰ组	Ⅱ组					
75	76	26	63.5	20		1.35
100	102	26	63.5	20		1.35
125	127	28	70	22		1.52
150	152	28	70	22		1.52
200	203	32	73	24		1.8
250☆	254	35	82.5	25		1.8
300☆	305	41	98.5	26		2.05

注：带☆的为非标准规格。

3. 配用木螺钉(参考)

规格/mm	直径/mm	长度/mm	数量/个
75	3.0	25	6
100	3.0	25	6
125	4.0	30	7
150	4.0	30	7
200	4.0	35	7
250☆	4.5	40	8
300☆	5.0	50	9

注：带☆的为非标准规格。

4. 用途　适用于安装在比较笨重的大门或箱盖上。

七、冷库门合页

1. 外形结构　如图 3-14 所示。

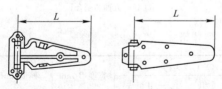

图 3-14　冷库门合页

2. 规格及用途

405

页板长度 L/mm	250，350，450，600
用途	适用于安装在冷库门上

八、抽芯型合页

1. 外形结构　如图 3-15 所示。

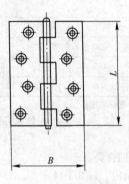

图 3-15　方抽芯型合页

2. 规格

长度 L/mm		宽度 B/mm	厚度/mm
I 组	II 组		
38	38	31	1.2
50	51	38	1.25

长度 L/mm		宽度 B/mm	厚度/mm
Ⅰ组	Ⅱ组		
65	64	42	1.35
75	76	50	1.6
90	89	55	1.6
100	102	71	1.8

注：Ⅱ组为出口型尺寸。

3. 配用木螺钉(参考)

长度/mm		直径/mm	数量/个
Ⅰ组	Ⅱ组		
38	38	3.0	4
50	51	3.0	4
65	64	3.0	6
75	76	4.0	6
90	89	4.0	6
100	102	4.0	8

4. 用途　用于安装在能调节上下、左右位置的门窗上。

九、H 型合页(QB/T 3877—1999)

1. 外形结构　如图 3-16 所示。

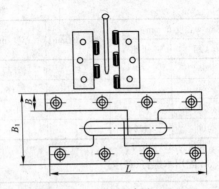

图 3-16 H 型合页

2. 规格及用途

长度 L/mm	80	95	100	140
宽度 B/mm	50	55	55	60
宽度 B_1/mm	14	14	15	15
厚度	2.0	2.0	2.0	2.5
木螺钉直径/mm	4.0			
木螺钉数量/个	6			
用途	适用于安装在纱门、纱窗及橱门上			

注：H 型合页拆卸时不用抽出销轴。分为左式和右式，不
能互相代替。

十、双袖型合页（QB/T 3879—1999）

1. 外形结构　如图 3-17、图 3-18、图 3-19
所示。

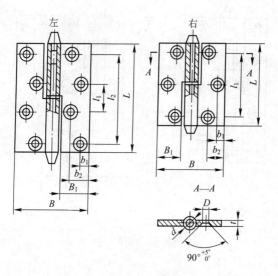

图 3-17　双袖Ⅰ型合页

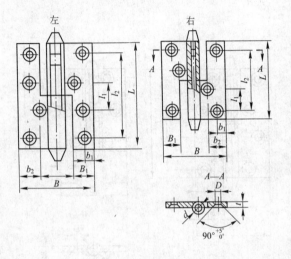

图 3-18 双袖Ⅱ型合页

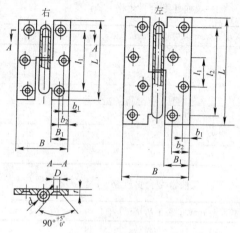

图 3-19　双袖Ⅲ型合页

2. 规格

(1) 双袖Ⅰ型合页规格

长度 L/mm	宽度 B/mm	单页 B_1/mm	厚度 t/mm
75	60	23	1.5
100	70	28	1.5
125	85	33	1.8
150	95	38	2.0

(2) 双袖Ⅱ型合页规格

长度 L/mm	宽度 B/mm	单页 B_1/mm	厚度 t/mm
65	55	16	1.6
75	60	17	1.6
90	65	18	2.0
100	70	20	2.0
125	85	25	2.2
150	95	30	2.2

(3) 双袖Ⅲ型合页规格

长度 L/mm	宽度 B/mm	单页 B_1/mm	厚度 t/mm
75	50	18	1.5
100	67	26	1.5
125	83	33	1.8
150	100	40	2.0

3. 配用木螺钉（参考）

合页长/mm	直径/mm	长度/mm	数量/个
65	3.0	25	6
75	3.0	30	6

合页长/mm	直径/mm	长度/mm	数量/个
90	3.0	35	8
100	3.0	40	8
125	4.0	45	8
150	4.0	50	8

4. 用途　适用于安装在木质门窗上，能够自由启闭，拆卸。

十一、钢门窗用合页

1. 平合页

(1) 规格、代号及用途

代号	规格	适用窗料	用途
111	65	25	实腹平开窗上悬窗
112	65	32	实腹平开门窗上悬窗
113	80	40	实腹平开门窗
114	56	25A 型	实腹平开窗
114	56	25A 型	上悬窗
115	82	25 A 型	空腹平开门窗上悬窗

(2) 外形结构　如图 3-20～图 3-24 所示。

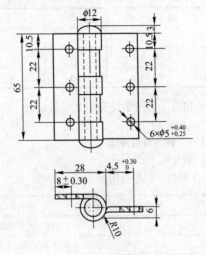

图 3-20 111 平合页

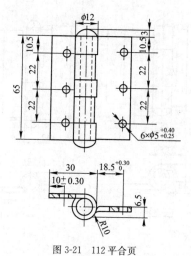

图 3-21 112 平合页

图 3-22 113 平合页

415

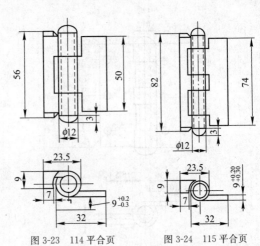

图 3-23 114 平合页　　　图 3-24 115 平合页

2. 角合页

(1) 规格、代号及用途

代号	规格	适用窗料	用途
121	60	25, 32, 40	实腹平开窗
122	60	25A 型	空腹平开窗
123	65	25A 型	空腹平开窗
124	65	25A 型	空腹平开窗
125	24	25A 型	实腹平开窗
126	24	25A 型	实腹平开窗

（2）外形结构　如图 3-25～图 3-30 所示。

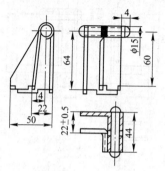

图 3-25　121 角合页

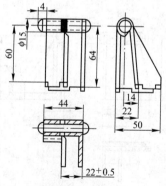

图 3-26　122 角合页

417

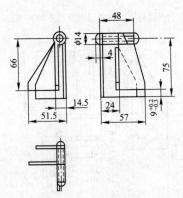

图 3-27 123 角合页

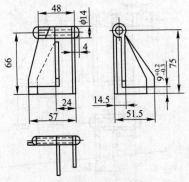

图 3-28 124 角合页

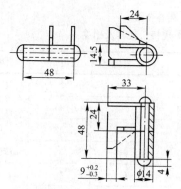

图 3-29　125 角合页

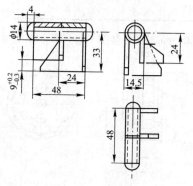

图 3-30　126 角合页

419

3. 圆心合页

(1) 规格、代号及用途

代号	规格	适用窗料	用途
131	$\phi40$	25	
132	$\phi43$	25	
133	$\phi46$	32	
134	$\phi52$	32	空腹中悬窗
135	$\phi56$	40	
136	$\phi64$	40	
137	$\phi42$	25A 型	

(2) 外形结构　如图 3-31～图 3-37 所示。

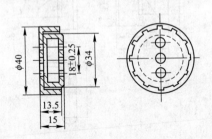

图 3-31　131 圆心合页

420

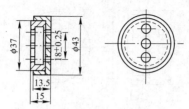

图 3-32　132 圆心合页

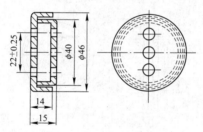

图 3-33　133 圆心合页

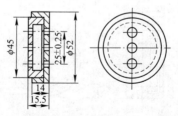

图 3-34　134 圆心合页

421

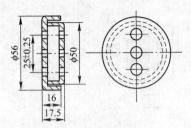

图 3-35　135 圆心合页

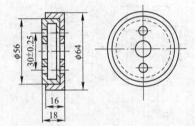

图 3-36　136 圆心合页

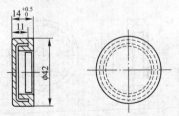

图 3-37　137 圆心合页

4. 气窗合页

(1) 规格、代号及用途

代号	规格	适用窗料	用途
151	40	25	
152	50	25	
153	40	32	空腹平开气窗
154	50	32	
155	40	25A 型	

(2) 外形结构　如图 3-38～图 3-42 所示。

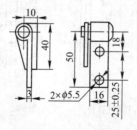

图 3-38　151 气窗合页

423

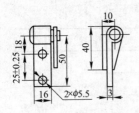

图 3-39 152 气窗合页

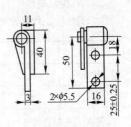

图 3-40 153 气窗合页

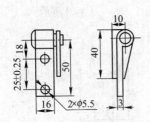

图 3-41 154 气窗合页

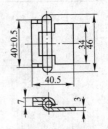

图3-42 155 气窗合页

5. 纱门窗合页

(1) 规格、代号及用途

代号	规格	适用窗料	用途
141	64	25	
142	64	32	空腹内开纱窗
143	48	25A 型	
144	48	25A 型	
145	50	32，40	实腹平开纱门
146	76	32，40	

（2）外形结构　如图 3-43～图 3-48 所示。

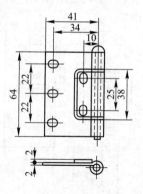

图 3-43　141 纱门窗合页

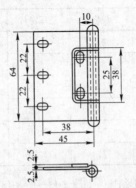

图 3-44　142 纱门窗合页

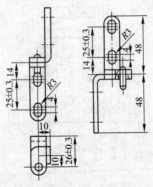

图 3-45　143 纱门窗合页

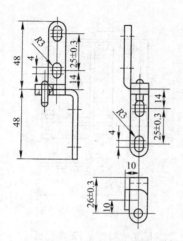

图 3-46　144 纱门窗合页

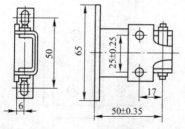

图 3-47　145 纱门窗合页

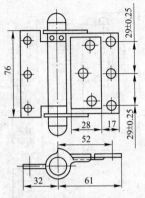

图 3-48 146 纱门窗合页

十二、(尼龙垫圈合页)无声合页

1. **外形结构** 如图 3-49 所示。

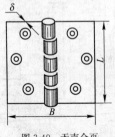

图 3-49 无声合页

2. 规格

页片长度 L/mm	页片宽度 B/mm	厚度 δ/mm
75	75	2.0
90	90	2.0
102	75	2.0
102	102	3.0
114	102	3.0

3. 配用木螺钉(参考)

规格/mm	直径/mm	长度/mm	数量/个
75×75	5.0	20	6
90×90	5.0	25	8
102×75	5.0	25	8
102×102	5.0	25	8
114×102	5.0	30	8

4. 用途　适用于安装在较高级的建筑物门窗上。

十三、扇形合页

1. 外形结构　如图 3-50 所示。

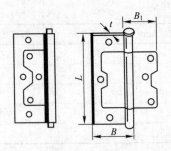

图 3-50 扇形合页

2. 规格

长度 L/mm	宽度 B/mm	宽度 B_1/mm	厚度 t/mm
75	48.0	40.0	2.0
100	48.5	40.5	2.5

3. 配用木螺钉与沉头螺钉(参考)

规格/mm		75	100
木螺钉	直径/mm	4.5	4.5
	长度/mm	25	25
沉头螺钉	直径/mm	M5	M5
	长度/mm	10	10

4. 用途　适用于连接水泥或金属制作的门框、窗框与木质门窗。

十四、塑料门窗合页（JG/T 125—2007）

1. 外形结构　如图 3-51 所示。

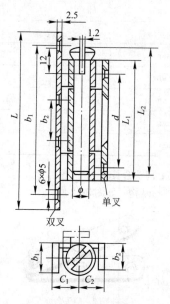

图 3-51　插入式塑料门窗合页

2. 规格

L/mm	84	58
L_1/mm	56	47
L_2/mm	63	47
d/mm	44	28
C_1/mm	12	10
C_2/mm	12	10
b_1/mm	14	12
b_2/mm	12	12
ϕ/mm	7.5	6

十五、门头合页

1. 外形结构　如图 3-52 所示。

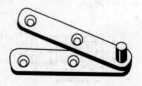

图 3-52　门头合页

2. 规格及用途

长度/mm	宽度/mm	厚度/mm
700	15	20
用途	主要适用于安装在橱门上	

十六、台合页

1. 外形结构　如图 3-53 所示。

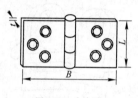

图 3-53　台合页

2. 规格及用途

长度 L/mm	总宽度 B/mm	厚度 t/mm
34	80	1.2
38	136	2.0
用途	适用于安装在能折叠的台板上，如折叠圆台面、沙发、活动课桌的桌面	

3. 配用木螺钉(参考)

433

L/mm	直径/mm	长度/mm	数量/个
34	3	16	6
38	3.5	25	6

十七、暗合页

1. 外形结构　如图 3-54 所示。

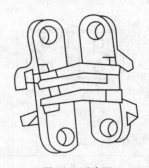

图 3-54　暗合页

2. 规格及用途

底座直径/mm	25	35
用途	适用于安装在屏风、橱门上	

十八、蝴蝶合页

1. 外形结构　如图 3-55 所示。

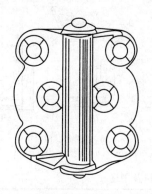

图 3-55　蝴蝶合页

2. 规格及用途

页片尺寸/mm				配用木螺钉/mm	
长度	宽度	厚度	直径	长度	数量
50	19.5	2.7	4.0	18	8个
用途	适用于安装在轻便的纱门、纱窗及厕所门				

十九、自弹杯状暗合页

1. 外形结构　如图 3-56 所示。

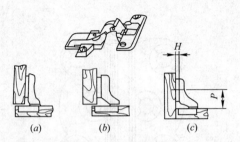

图 3-56　自弹杯状暗合页

(a) 直臂式；(b) 曲臂式；(c) 大曲臂式

2. 规格及用途

带底座的合页/mm			
型式	底座直径	合页总长	合页总宽
直臂式	35	95	66
曲臂式	35	90	66
大曲臂式	35	93	66

基座/mm		
型式	V 型	K 型
中心距 P	28	28
基座总长	42	42
基座总宽	45	45
底板厚 H	4	4
用途	适用于板式家具的橱门与橱壁的连接	

二十、自关合页

1. 外形结构　如图 3-57 所示。

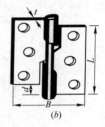

(a)　　　　　　　　*(b)*

图 3-57　自关合页

(a) 左颌；*(b)* 右颌

2. 规格及用途

长度 L/mm	宽度 B/mm	厚度 t/mm	升高 d/mm
75	70	2.7	12
100	80	3.0	13
用途	适用于安装在需要频繁开关的木门上		

3. 配用木螺钉(参考)

规格/mm	直径/mm	长度/mm	数量/个
75	4.5	30	6
100	4.5	40	8

二十一、脱卸合页

1. 外形结构　如图 3-58 所示。

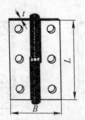

图 3-58　脱卸合页

2. 规格及用途

规格/mm	长度 L/mm	宽度 B/mm	厚度 t/mm
50	50	39	1.2
65	65	44	1.2
75	75	50	1.5
用途	适用于安装在需要脱卸轻便的门、窗及家具上		

3. 配用木螺钉（参考）

规格/mm	直径/mm	长度/mm	数量/个
50	3	20	4
65	3	25	6
75	3	30	6

438

二十二、防风合页

1. 外形结构　如图 3-59 所示。

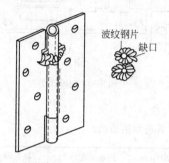

图 3-59　防风合页

2. 规格及用途

公称长度/mm	65，75，100
用途	适用于安装在需要开启任一转动位置定位，起防风作用的窗扇上

第三节　插　　销

一、钢插销（QB/T 2032—1994）

1. 外形结构　如图 3-60 所示。

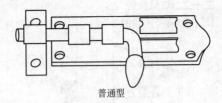

普通型

图 3-60 钢插销

2. 规格

(1) 普通型钢插销

插板长度/mm	插板宽度/mm	插板厚度/mm
65	25	1.2
75	25	1.2
100	28	1.2
125	28	1.2
150	28	1.2
200	28	1.2
250	28	1.2
300	32	1.2
350	32	1.2
400	32	1.2
450	32	1.2

插板长度/mm	插板宽度/mm	插板厚度/mm
500	32	1.2
550	32	1.2
600	32	1.2

配用木螺钉/mm		
规格	直径×长度	数量/个
65	3×12	6
75	3×16	6
100	4×16	6
125	3×16	8
150	3×18	8
200	3×18	8
250	3×18	8
300	3×18	8
350	3×20	10
400	3×20	10
450	3×20	10
500	3×20	10
550	3×20	10
600	3×20	10

（2）封闭型钢插销

插板长度/mm	插板宽度/mm	插板厚度/mm
40	25	1.0
50	25	1.0
65	25	1.0
75	29	1.2
100	29	1.2
125	29	1.2
150	29	1.2
200	36	1.3

配用木螺钉/mm

规格	直径×长度	数量/个
40	3×12	6
50	3×12	6
65	3×12	6
75	3.5×16	6
100	3.5×16	6
125	3.5×16	8
150	3.5×18	8
200	4×18	8

(3) 管型钢插销

插板长度/mm	插板宽度/mm	插板厚度/mm
40	23	1.0
50	23	1.0
65	23	1.0
75	23	1.0
100	26	1.2
125	26	1.2
150	26	1.2

配用木螺钉/mm		
规格	直径×长度	数量/个
40	3×12	6
50	3×12	6
65	3×12	6
75	3×14	6
100	3.5×16	6
125	3.5×16	8
150	3.5×16	8

注：封闭型分Ⅰ、Ⅱ、Ⅲ型。本表所列规格为Ⅱ型。Ⅰ型
规格 40～600mm，其中 250～350mm，400～600mm
的插板长度分别为 150mm，200mm，并加一插节。Ⅲ
型规格 75～200mm，插板宽度为 33.40mm。

3. 用途　适用于门窗关闭后的固定。封闭型适用于密封性要求较高的门窗；管型适用于框架较窄的门窗。

二、蝴蝶型钢插销（QB/T 2032—1994）

1. 外形结构　如图 3-61 所示。

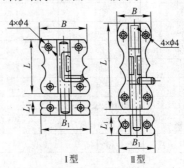

图 3-61　蝴蝶型钢插销

2. 规格及用途

规格	I 型				
	插板/mm		插座/mm		
	L	B	L_1	B_1	
40	40	35	15	35	
50	50	44	20	44	

Ⅱ型				
规格	插板/mm		插座/mm	
	L	B	L_1	B_1
40	40	29	15	31
50	50	29	15	31
65	65	29	15	31
75	75	29	15	31
用途	适用于横向安装在一般门扇上			

三、翻窗插销

1. 外形结构 如图 3-62 所示。

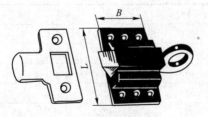

图 3-62 翻窗插销

2. 规格及用途

规格/mm	插板尺寸/mm	
	L	B
50	50	30
60	60	35
70	70	40
80	80	45
90	90	50
100	100	55
用途	适用于固定中悬式或下悬式气窗上锁闩窗扇	

3. 配用木螺钉

规格/mm	直径×长度/mm	数量/个
50	3.5×18	6
60	3.5×20	6
70	3.5×22	6
80	4×25	6
90	4×25	6
100	4×25	6

四、暗插销

1. 外形结构　如图 3-63 所示。

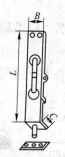

图 3-63 暗插销

2. 规格及用途

长度 L/mm	宽度 B/mm	深度 C/mm
150	20	35
200	20	40
250	22	45
300	25	50
用途	适用于嵌装在双扇门窗的侧面	

配用木螺钉

规格/mm	直径×长度/mm	数量/个
150	3.5×18	5
200	3.5×18	5
250	4×25	5
300	4×25	6

第四节 拉手和执手

一、小拉手

1. 外形结构　如图 3-64 所示。

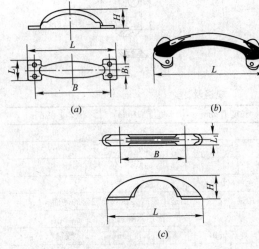

图 3-64　小拉手

(a) 普通式；(b) 蝴蝶式；(c) 香蕉式

2. 规格及用途

普通式

全长 L/mm	钉孔中心距 B/mm
75	65
100	88
125	108
150	131

配用沉头木螺钉

规格/mm	直径×长度/mm	数量/个
75	3×16	4
100	3.5×20	4
125	3.5×20	4
150	4×25	4

蝴蝶式

全长 L/mm	钉孔中心距 B/mm
75	65
100	88
125	108

配用沉头木螺钉

规格/mm	直径×长度/mm	数量/个
75	3×16	4
100	3.5×20	4
125	3.5×20	4

香蕉式	
全长 L/mm	钉孔中心距 B/mm
90	60
110	75
130	90

配用盘头螺钉		
规格/mm	直径×长度/mm	数量/个
90，110，130	M3.5×25	2

用途	小拉手适用于安装在房门、橱门、柜门以及抽屉和箱子上

二、推板拉手

1. 外形结构　如图 3-65 所示。

图 3-65　推板拉手

2. 规格

型号	长/cm	宽/cm	高/cm	孔中心距/cm 和孔数
X-3	20			14，2 孔
	25	10	4	17，2 孔
	30			11，3 孔
228	30	10	40	27，2 孔

配用紧固件规格/mm 及数量/只

拉手长/cm	双头螺柱	盖形螺母	铜垫圈
20	M6×65，2	M6，4	φ6，4
25	M6×65，2	M6，4	φ6，4
30	M6×65，3	M6，6	φ6，6
30	M6×85，2	M6，4	φ6，4

3. 用途　适用于安装在大门上，推拉门扇。

三、底板拉手

1. 外形结构　如图 3-66 所示。

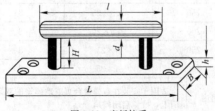

图 3-66　底板拉手

2. 规格及用途

普通式/mm

底板长	底板宽	底板高	手柄长
150	40	1.0	90
200	48	1.2	120
250	58	1.2	150
300	66	1.6	190

方柄式

底板长	底板宽	底板高	手柄长
150	30	2.5	120
200	35	2.5	163
250	50	3.0	196
300	55	3.0	240

配用镀锌木螺钉

底板长	直径×长度/mm	数量/个
150	3.5×25	8
200	3.5×25	8
250	4×25	8
300	4×25	8

用途	适用于安装在有弹簧合页或地弹簧的双扇大门上，推拉启闭门扇

四、管子拉手

1. 外形结构　如图 3-67 所示。

图 3-67　管子拉手

2. 规格及用途

管子长度/cm	25, 30.35, 40, 45	50, 55, 60, 65, 70, 75, 80, 85, 90, 95, 100
管子外径/cm	2.5	3.2
管子厚度/mm	0.15	0.20
底座直径×圆头直径×高度/cm	7.7×6.5×9.5	
拉手总长/cm	管子长度+4.0	
配用镀锌木螺钉		
直径×长度/mm	4.0×25	
数量/个	12	
用途	适用于安装在公共场所的大门以及车厢大门上	

五、梭子拉手

1. 外形结构　如图 3-68 所示。

图 3-68　梭子拉手

2. 规格及用途

总长/mm	200	350	450
管子外径/mm	19	25	25
高度/mm	65	69	69
桩脚底座直径/mm	51	51	51
两桩脚中心距/mm	60	210	210
配用镀锌木螺钉			
直径×长度/mm	3.5×18		
数量/个	12		
用途	适用于推拉立扇，也可安装在仪表箱、工具箱上当提手用		

六、推挡拉手

1. 外形结构　如图 3-69 所示。

图 3-69　推挡拉手

(a)双臂推挡拉手；(b)三臂推挡拉手

2. 规格及用途

拉手全长/cm		底板/cm
双臂拉手	三臂拉手	长度×宽度
60，65，70，75，80，85	60，65，70，75，80，85，100	12×5.0

配用镀锌紧固件/mm	
φ4×25，12 个	φ6×25 双头螺柱 4 个；M6 铜六角螺母 8 个；铜垫圈 8 个
用途	适用于安装在有弹簧合页或地弹簧的玻璃门上，推拉门扇及保护玻璃

七、方形大门拉手

1. 外形结构　如图 3-70 所示。

图 3-70　方形大门拉手

2. 规格及用途

长度(手柄/托柄)/cm	25/19, 30/24, 35/29, 40/32, 45/37, 50/42, 55/47, 60/52, 65/55, 70/60, 75/65, 80/68, 85/73, 90/78, 95/83, 100/88
手柄断面宽度×高度/cm	1.2×1.6
底板长度×宽度×厚度/cm	8×6×0.35
拉手总长/cm	手柄长度+6.4
拉手总高/cm	5.45
配用镀锌木螺钉直径×长度/mm	4×25
数量/个	16
用途	适用于安装在大门或车门上,可起拉启作用外,还兼有扶手和装饰以及保护玻璃的作用

八、蟹壳拉手

1. 外形结构　如图 3-71 所示。

图 3-71　蟹壳拉手

2. 规格及用途

型号	65 普通型	80 普通型	90 方型
长度/mm	65	80	90

配用木螺钉/mm

直径	M3	M3.5	M3.5
长度	16	20	20
数量/个	3	3	4
用途	适用于安装在抽屉上		

九、铝合金门窗拉手(QB/T 3889—1999)

1. 形式与代号

类别	形式	代号
门用拉手	杆式	MG
	板式	MB
	其他	MQ
窗用拉手	板式	CB
	盒式	CH
	其他	CQ

2. 规格及用途

类别	门用拉手	窗用拉手
外形长度系列 /cm	20，25，30，35， 40，45，50，55， 60，65，70，75，80， 85，90，95，100	5，6，7，8，9， 10，12，15
用途	适用于安装在铝合金门窗上	

十、玻璃大门拉手

1. 外形结构　如图 3-72 所示。

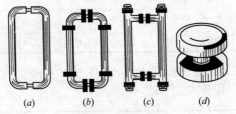

图 3-72　玻璃大门拉手

(a)弯管拉手；(b)花(弯)管拉手；(c)直管拉手；(d)圆盘拉手

2. 规格

弯管拉手			
代号	全长/mm	外径/mm	材质
MA113	300	32	不锈钢
	457	32	
		38	
	600	51	

458

花(弯)管拉手			
代号	全长/mm	外径/mm	材质
MA112 MA123	300	32	不锈钢
	457	32	
		38	
	600	32	
		51	
	800	51	

直管拉手			
MA104	300	32	不锈钢
	457	32	
		38	
	600	32	
MA122	457	42	
	600	42	
		54	
	800	54	

圆盘拉手(太阳拉手)	
圆盘直径/mm	材质
160，180，200，220	不锈钢、黄铜

十一、平开铝合金窗执手（QB/T 3886—1999）

1. 外形结构与代号

(1) 单动板扣型执手　代号为DK，如图3-73所示。

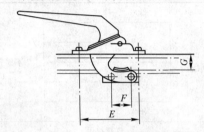

图 3-73　单动板扣型执手

(2) 单动旋压型执手　代号为DY，如图3-74所示。

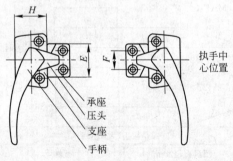

图 3-74　单动旋压型执手

（3）单头双向板扣型执手　代号为 DSK，如图 3-75所示。

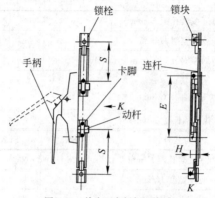

图 3-75　单头双向板扣型执手

（4）双头联动板扣型执手　代号为 SLK，如图 3-76所示。

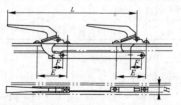

图 3-76　双头联动板扣型执手

2. 规格及用途

代号	DY		DK	
执手安装孔距 E/mm	35		60	70
支座宽度 H/mm	29	24	12	23
承座安装孔距 F/mm	16	19	23	25
执手座地面至锁紧面距离 G/mm	—		12	
执手柄长度 L/mm	≥70			

代号	DSK		SLK	
执手安装孔距 E/mm	128		60	70
支座宽度 H/mm	22		12	13
承座安装孔距 F/mm	—		23	25
执手座地面至锁紧面距离 G/mm	—		12	
执手柄长度 L/mm	≥70			
用途	适用于安装在铝合金平开窗上			

十二、PVC 门窗执手

1. 外形结构

(1) 直柄插入式执手 如图 3-77 所示。

(2) 直柄旋压式执手 如图 3-78 所示。

462

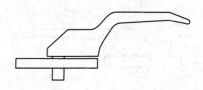

图 3-77　直柄插入式执手

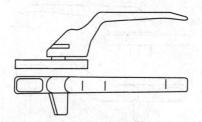

图 3-78　直柄旋压式执手

（3）弯柄插入式执手　如图 3-79 所示。

（4）弯柄旋压式执手　如图 3-80 所示。

463

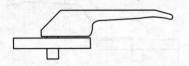

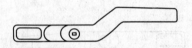

图 3-79 弯柄插入式执手

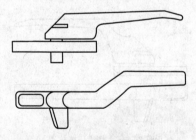

图 3-80 弯柄旋压式执手

2. 代号与规格

(1) 代号

名称代号	
塑料门用执手	塑料窗用执手
SMZ	SCZ
外形功能代号	
代号	功能
A	直柄插入式
B	直柄左旋压式
C	直柄右旋压式
D	弯柄左插入式
E	弯柄右插入式
F	弯柄左旋压式
G	弯柄右旋压式

（2）规格　执手基座宽度、方轴长度及执手高度以实际尺寸为准。

3. 用途　适用于安装在塑料门窗上。

十三、圆柱拉手

1. 外形结构　如图 3-81 所示。

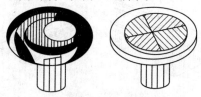

图 3-81　圆柱拉手

2. 规格

种类	材质	表面处理方式	直径/mm	高度/mm
圆柱拉手	低碳钢	镀铬	35	22.5
塑料圆柱拉手	ABS	—	40	20

配用镀锌半圆头螺钉/mm

种类	直径×长度	垫圈
圆柱拉手	M5×25	5个
塑料圆柱拉手	M5×30	—

第五节　门定位器

一、地弹簧（QB/T 2697—2005）

1. 外形结构　如图 3-82 所示。

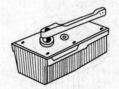

图 3-82　地弹簧

2. 规格及用途

型号	面板尺寸/mm		底座总高/mm
	长度	宽度	
639	275	135	50
739	265	140	90
785	318	93	55
800	295	170	55
845	224	114	40

适用范围				
型号	门高/mm	门宽/mm	门厚/mm	门质量/kg
639	180～210	75～90	4～5	60～80
739	210～240	80～100	4～5	100～150
785	180～250	70～100	4.5～5.5	35～70
800	180～210	75～90	5	80～100
845	180～210	60～85	4～5	25～65
用途	适用于单向或双向开启不需要配用合页的铝合金门、钢门、木门、塑料门、无框架玻璃门等			

二、闭门器(JG/T 268—2010)

1. 外形结构 如图 3-83 所示。

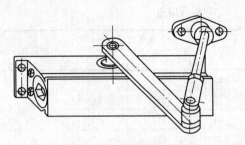

图 3-83　闭门器

2. 规格及用途

型号	适用门的规格			
	门扇宽度 /m	门扇高度 /m	门扇厚度 /mm	门扇质量 /kg
WB-Ⅰ	0.6~0.85	≤2	40~50	20~40
WB-Ⅱ	0.8~0.95	1.8~2.4		20~70
2	0.6~0.8	1.9~2.2	30~50	25~40
142		2~2.5	40~50	14~30
T-46	≤0.9	≤2.1	≥45	60~80
用途	适用于安装在要求较高、只能朝一个方向开启的门上，与合页配合使用			

三、门夹头

1. 外形结构　如图 3-84 所示。

图 3-84　门夹头
(a)横踢脚板式；(b)立式（落地式）

2. 规格及用途

型式/型号	外形尺寸/mm	
	弹性夹头	楔形头底座
横式/901 型	53×56×18	58×75×30
立式/902 型	53×56×18	48×48×40
用途	适用于安装在固定开启的门窗上	

注：横式的底座安装在墙壁或踢脚板上，立式的底座安装
在靠近墙壁的地板上。

四、门弹弓

1. 外形结构　如图 3-85 所示。

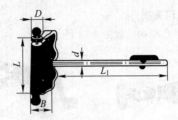

图 3-85 门弹弓

2. 规格及用途

规格	页板长度/mm	管筒/mm		臂梗/mm	
		B	D	L_1	d
200				203	
250	88	43	20	254	7.14
300				305	
400	150	56	24	400	9
450				450	
用途	适用于安装在一个方向开启的轻便门扇上，门扇开启后能自动关闭				

配用木螺钉			
规格	直径/mm	长度/mm	数量/个
200			
250	3.5	25	
300			6
400	4.0	30	
450			

五、磁性门夹

1. 外形结构　如图 3-86 所示。

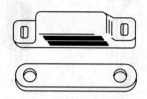

图 3-86　磁性门夹

2. 规格及用途

型号	底座长度/mm	底座宽度/mm
A 型	56	17.5
B 型	45	15
C 型	32	15
配用木螺钉 （参考）	直径/mm	3.0
	长度/mm	16
用途	适用于安装在家具的橱门上	

六、脚踏门制

1. 外形结构　如图 3-87 所示。

471

图 3-87　脚踏门制

2. 规格及用途

种类	薄钢板冲制	铜合金铸造
底板长/mm	60	128
底板宽/mm	45	63
总长/mm	110	162
伸长/mm	≥20	≥30
配用木螺钉 /mm 直径	3.5	3.5
长度	18	22
用途	适用于安装在固定开启的门扇上，门扇可以停留在任意位置	

七、脚踏门钩

1. 外形结构　如图 3-88 所示。

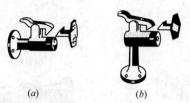

图 3-88　脚踏门钩

(a)横式；(b)立式

2. 规格及用途

型号		903	904
种类		横式	立式
底座主要 尺寸/mm	底盘直径	47	47
	长度	80	65
	高度	—	90
钩座主要 尺寸/mm	长度	32	32
	高度	40	40
	宽度	20	20
配用木螺钉 /mm(参考)	直径	3.5	
	长度	25	
	数量/个	5	
用途	适用于固定开启后的门扇(钩住门扇)，橡皮头可以缓冲门扇与门钩底座之间的碰撞		

注：横式底座安装在墙壁踏脚板上；立式底座安装在靠近墙壁的地板上。

八、磁性吸门器

1. 外形结构　如图 3-89 所示。

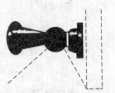

图 3-89　磁性吸门器

2. 规格及用途

磁头座架 直径/mm	磁头直径 /mm	吸盘座 直径/mm	总长度 /mm
55	36	52	90

配用圆头木 螺钉/mm	直径	3.0
	长度	18.0
	数量/个	7

用途	适用于安装在门扇上，利用磁力固定门扇，防止风吹而使门扇自动关闭

九、碰珠及弹弓珠

1. 外形结构　如图 3-90 所示。

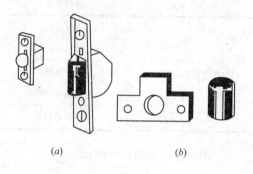

图 3-90 碰珠及弹弓珠

(a)碰珠；(b)弹弓珠

2. 规格及用途

碰珠面板长度/mm		弹弓珠珠子直径/mm
50，65，75，100		6，8，10，11
用途	适用于安装在橱门及其他门上	

第六节　窗撑挡

一、铝合金窗撑挡（QB/T 3887—1999）

1. 分类

窗开启方式	撑档种类
	上悬撑档
	内开撑档
平开铝合金窗	外开撑档
	带纱窗上撑档
	带纱窗下撑档

2. 结构外形　如图 3-91 所示。

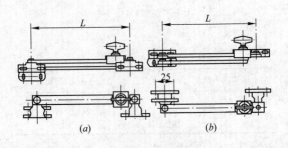

(a)　　　　　　　　　　(b)

图 3-91　铝合金窗撑挡

(a) 内开启上撑挡；(b) 外开启下撑挡

3. 规格及用途

基本尺寸/mm			
平开窗		带纱窗	
上	下	上撑档	下撑档
—	240	—	240
260	260	260	—
—	280	—	280
300	—	300	—
—	310	—	—
—	—	320	320

安装孔距/mm			
种类		壳体	拉搁脚
平开窗	上	50	25
	下		25
带纱窗	上撑档	50	25
	下撑档	85	25
用途	适用于平开铝合金窗的启闭和定位		

二、铝合金门窗不锈钢滑撑（QB/T 3888—1999）

1. 结构外形　如图 3-92 所示。

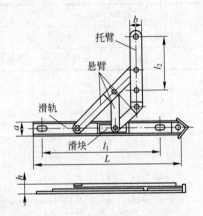

图 3-92　铝合金门窗不锈钢滑撑

2. 规格及用途

长度 L/mm	200	250	300
滑轨安装孔距 l_1/mm	170	215	260
托臂安装孔距 l_2/mm	113	147	156
滑轨宽度 a/mm	18~22		
托臂悬臂厚度 δ/mm	≥2.0		≥1.5
高度 h/mm	≤13.5		≤15
开启角度/°	60±2		85±3

长度 L/mm	350	400	450
滑轨安装孔距 l_1/mm	300	360	410
托臂安装孔距 l_2/mm	195	205	205
滑轨宽度 a/mm	18~22		
托臂悬臂厚度 δ/mm	$\geqslant 1.5$	$\geqslant 3.0$	
高度 h/mm	$\leqslant 16.5$		
开启角度/°	85 ± 3		
用途	适用于铝合金上悬窗和平开窗开启窗扇时的支撑和定位		

三、钢窗撑挡

1. 结构外形

(1) 单臂撑挡　如图 3-93 所示。

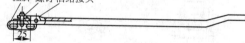

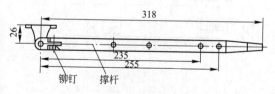

图 3-93　单臂撑挡(311)

479

（2）双臂外撑挡　如图3-94所示。

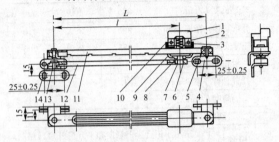

图 3-94　双臂外撑挡(322)

1—按键　2—螺钉　3—弹簧　4—支脚　5—尼龙垫圈　6、8—垫圈

7、13—铆钉　9—底座　10—托板　11—滑动杆　12—撑杆　14—拉脚

（3）纱窗上撑挡　如图3-95所示。

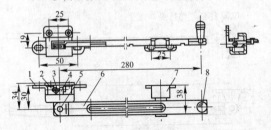

图 3-95　纱窗上撑挡(311)

1—支座　2—拉脚　3—铆钉轴　4—活络接头

5—铆钉　6—上撑杆　7—搁脚　8—捏手

2. 规格

配件 名称	规格 L/mm	孔距 l/mm		孔径 φ/mm
		l₁	l₂	
单臂撑挡	210	25	—	5.5 或 5.5×7.5 （长孔）
	235			
	255			
	250			
双臂撑挡	240			
	280			
纱窗 下撑挡	200	25	85	5.5 或 5.5×7.5 （长孔）
	240			

3. 适用范围

配件 名称	规格 L/mm	料型	种类及 开启形式	配用合页
单臂撑挡	210	25	平开窗 （外开）	平合页
	235	32		
	255	32	平开窗 （外开）	角形合页
	250	25		长合页
		32		

481

配件 名称	规格 L/mm	料型	种类及 开启形式	配用合页
双臂撑挡	240	25	平开窗 (外开)	平合页
		32		
	280	25		角形合页
		32		
	240	32	平开窗 (内开)	平合页
纱窗下 撑挡	200	25	平开窗 (外开)	角形合页
	240	25		
		32		

第七节　其他门窗五金

一、金属窗帘架

1. 结构形式　如图 3-96 所示。

2. 分类与代号

(1) 按导轨排列形式分类

482

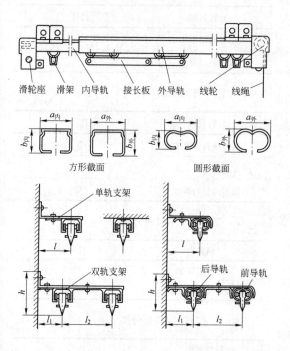

滑轮座　滑架　内导轨　接长板　外导轨　线轮　线绳

$a_内$　$a_外$

$b_内$　$b_外$

方形截面　　　　　圆形截面

单轨支架

l

双轨支架

后导轨　前导轨

h

l_1　l_2

图 3-96　金属窗帘架

483

导轨名称	代号
单导轨窗帘架	D
双导轨窗帘架	S

（2）按导轨截面形状分类

导轨名称	代号
圆形导轨窗帘架	Y
方型导轨窗帘架	F
其他形式导轨窗帘架	Q

（3）按导轨所用材料分类

导轨名称	代号
钢导轨窗帘架	G
铝合金导轨窗帘架	L

（4）按导轨结构特征分类

导轨名称	代号
可伸缩性导轨窗帘架	E
不可伸缩性导轨窗帘架	B

484

3. 规格

基本尺寸/m	极限偏差/mm
1.0, 1.2, 1.5, 1.8, 2.0, 2.4, 2.8, 3.0, 3.6, 4.0	±3

注：① 规格在型号中以其实际长度的1%表示。

② 规格划分依据是单根导轨长度，若需要其他规格，由供需双方协商解决。

4. 性能要求

(1) 导轨

种类	跨度/mm	挠度/mm	负荷/N
内导轨	600	≤5	49
外导轨	900	≤5	49

(2) 支架

种类		挠度/mm	负荷/N
内导轨	单轨支架	≤2	49
	双轨支架	≤3	
外导轨	单轨支架	≤2	
	双轨支架	≤3	

(3) 滑架

种类	负荷/N	时间/min
封闭型	49	30
其他型	9.8	

二、推拉铝合金门窗用滑轮（QB/T 3892—1999）

1. 结构形式　如图 3-97 所示。

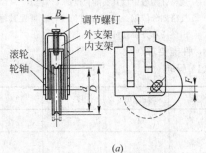

(a)

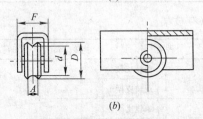

(b)

图 3-97　推拉铝合金门窗用滑轮

*(a)*可调型推拉铝合金门窗用滑轮；*(b)*固定型推拉铝合金门窗用滑轮

486

2. 分类与代号

(1) 按用途分类

名称	代号
推拉门滑轮	TML
推拉窗滑轮	TCL

(2) 按结构形式分类

名称	代号
可调型滑轮	K
固定型滑轮	G

3. 规格

规格 D/mm		20	24	30
里部直径 d/mm		16	20	26
滚轮槽宽度/mm	Ⅰ系列	8	6.5	4
	Ⅱ系列	—	3~9	
外支架宽度/mm	Ⅰ系列	16	—	13
	Ⅱ系列	6~16	12~16	12~20

规格 D/mm		36	42	45
里部直径 d/mm		31	36	38
滚轮槽宽度/mm	Ⅰ系列	7	6	
	Ⅱ系列	3～9	6～13	
外支架宽度/mm	Ⅰ系列	17	24	
	Ⅱ系列	—		
调节高度 F/mm		≥5		

注：第Ⅱ系列尺寸选用整数。

三、PVC 门窗用滑轮

1. 结构外形　如图 3-98 所示。

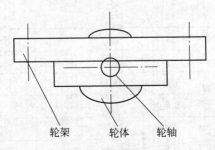

图 3-98　PVC 门窗用滑轮

2. 代号

名称代号	特性代号			
	第一位字符	含义	第二位字符	含义
SHL	H	滑动轴承	P	平表面
	Q	球轴承	A	凹表面
	G	滚针轴承		

注：特征代号中第一位字符代表轴承类型，第二位字符代表轮体表面形状。

3. 规格

轴承能力代号	承载能力/N
02	400＞承载能力≥200
04	600＞承载能力≥400
06	800＞承载能力≥600
08	1000＞承载能力≥800
10	1300＞承载能力≥1000
13	承载能力≥1300
滑轮宽度和高度	以实际使用宽度和高度(mm)表示

四、PVC 门窗帘吊挂启闭装置

1. 分类

(1) 按产品结构特征分类

名称	代号
整体式 PVC 门窗帘吊挂启闭装置	W
装配式 PVC 门窗帘吊挂启闭装置	A

(2) 按启闭方式分类

名称	代号
手动式 PVC 门窗帘吊挂启闭装置	H
电动式 PVC 门窗帘吊挂启闭装置	E

(3) 按产品导轨形式分类

名称	代号
单轨式 PVC 门窗帘吊挂启闭装置	D
双轨式 PVC 门窗帘吊挂启闭装置	S
四轨式 PVC 门窗帘吊挂启闭装置	F

2. 规格

基本尺寸/m	1.2, 1.5, 1.8, 2.1, 2.4, 2.7 3.0, 3.3, 3.6

注: ① 规格在产品型号中,以实际长度的1%表示。

② 特殊规格,由供需双方协商决定。

3. 尺寸公差

等级	表面轴向翘曲/mm	长度/mm	宽度/mm	配合尺寸/mm
一级	≤3	±3	−1	±0.3
合格	≤5	±5	−1.5	±0.5

4. 性能

项目	拉伸强度/MPa	弯曲强度/MPa
指标	≥36.8	≥60

项目	简支梁冲击韧性/(kJ/m^2)	
	$23\pm2℃$	$-10\pm1℃$
指标	≥12.7	≥4.9

项目	维卡软化点/℃
指标	≥75

五、PVC门窗帘传动锁闭器

1. 结构外形　如图 3-99 所示。

2. 主参数代号　以长度(实际长度×10^{-1})×中心距(实际长度，mm)来表示。

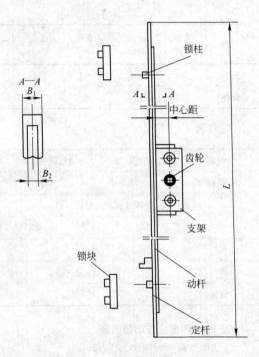

图 3-99　PVC 门窗帘传动锁闭器

3. 分类与代号

492

类别	特性	代号
平开传动锁闭器	内开窗	NC
	外开窗	WC
	内开门	NM
	外开门	WM
推拉传动锁闭器	推拉窗	TC
	推拉门	TM

注：塑料门窗传动锁闭器的名称代号为 SCB。

第八节　建筑玻璃

一、平板玻璃(GB 11614—2009)

1. 分类

按厚度分类	按等级分类
2mm 厚平板玻璃	优等品
3mm 厚平板玻璃	一等品
4mm 厚平板玻璃	合格品
5mm 厚平板玻璃	—

2. 规格

长度/m	宽度/m	厚度/mm
0.9	0.6	2, 3
1.0	0.8	3, 4
	0.9	2, 3, 4
	0.6	2, 3
1.1	0.9	3
	1.0	
1.15	0.95	3
	0.5	2, 3
	0.6	2, 3, 5
	0.7	2, 3
1.2	0.8	2, 3, 4
	0.9	2, 3, 4, 5
	1.0	3, 4, 5, 6
1.25		
	0.9	3, 4, 5
1.3	1.0	
	1.2	4, 5
1.35	0.9	5, 6
1.4	1.0	3, 5

长度/m	宽度/m	厚度/mm
	0.75	3，4，5
1.5	0.9	3，4，5，6
	1.0	
	1.2	
	1.0	4
1.8	1.2	
	1.35	
	1.2	5，6
2.0	1.3	
	1.5	
2.4	1.2	

注：玻璃厚度允许偏差值：2±0.20mm；3±0.20mm；4±
0.20mm；5±0.25mm。

3. 性能要求

玻璃厚度/mm	可见光总透过率/%	弯曲度/%
2	88	
3	87	≤0.3
4	86	
5	84	

4. 外观质量要求

(1) 波筋（包括波纹棍子花）

产品等级	质量要求
优等品	60°
一等品	45°，50mm 边部 30°
合格品	30°，50mm 边部 0°

(2) 气泡

产品等级	质量要求	
	长度＜1mm	长度≥1mm 每平方米允许数量/个
优等品		
一等品	不允许有集中气泡	≤8mm，8 ＞8～10mm，2
合格品	不限	≤10mm，12 ＞10～20mm，2

(3) 划伤

496

产品等级	宽度＜0.1mm 每平方米允许条数	宽度≥0.1mm 每平方米允许条数
优等品	长度≤50mm，3	不允许有
一等品	长度≤100mm，5	宽度≤0.4mm 长度≤100mm，1
合格品	不限	宽度≤0.8mm 长度＜100mm，3

（4）砂粒

产品等级	非破坏性，直径 0.5～2mm，每平方米允许个数
优等品	不允许有
一等品	3
合格品	8

（5）疙瘩

产品等级	质量要求
优等品	不允许有
一等品	1
合格品	3

注：质量要求是指非破坏性的疙瘩波及直径范围≤3mm，每平方米允许的个数。

(6) 线道

产品等级	从正面可看到的每片玻璃允许条数
优等品	不允许有
一等品	30mm 边部，宽度≤0.5mm，1
合格品	宽度≤0.5mm，2

注：沙粒的延续部分入射角 0°能看出的当作线道。

(7) 麻点

产品等级	每平方米允许个数	
	稀疏的麻点	表面集中的麻点
优等品	不允许有	1
一等品	不允许有	15
合格品	3 处	30

注：集中麻点是指直径为 100mm 的圆内麻点数>6 个。

(8) 其他要求

序号	要求
1	玻璃边部凸出或残缺部分不得≥3mm
2	每片玻璃只允许有一个缺角，沿原角等分线测量不得≥5mm
3	玻璃不允许存在裂口

5. 用途 适用于门窗的装配，还广泛应用于家具、制镜、仪表、设备、交通工具及农业生产等。

二、浮法玻璃（GB 11614—2009）

1. 分类

分类方法	按用途分类	按厚度分类/mm
类型	制镜级 汽车级 建筑级	2，3，4，5，6，8，10，12，15，19

2. 规格尺寸及偏差

（1）长宽允许偏差

厚度/mm	允许偏差/mm	
	<3000	3000～5000
2、3、4	±2	—
5、6	—	±3
8、10	+2 −3	+3 −4
12、15	±3	±4
19	±5	±5

注：玻璃板应为正方形或矩形。

(2) 厚度及对角度偏差

厚度偏差	
厚度	允许偏差
2、3、4、5、6	±0.2
8、10	±0.3
12	±0.4
15	±0.6
19	±1.0
同一片玻璃厚薄差/mm	
2、3	0.2
4、5、6、8、10	0.3
对角线偏差	≤对角线平均长度的 0.2%

3. 性能要求

玻璃厚度/mm	可见光总透过率/%	弯曲度/%
2	89	
3	88	
4	87	
5	86	
6	84	
8	82	≤0.3
10	81	
12	78	
15	76	
19	72	

4. 建筑级浮法玻璃外观质量要求

（1）气泡

气泡长度范围 L/mm	质量要求/个
$0.5{\leqslant}L{\leqslant}1.5$	$5.5{\times}S$
$1.5{<}L{\leqslant}3.0$	$1.1{\times}S$
$3.0{<}L{\leqslant}5.0$	$0.44{\times}S$
$L{>}5.0$	0

（2）夹杂物

夹杂物长度范围 L/mm	质量要求/个
$0.5{\leqslant}L{\leqslant}1.0$	$2.2{\times}S$
$1.0{<}L{\leqslant}2.0$	$0.44{\times}S$
$2.0{<}L{\leqslant}3.0$	$0.22{\times}S$
$L{>}3.0$	0

注：S 是指玻璃板面积（m^2），保留小数点后两位。得数应按 GB/T 8170—2008 的要求修约至整数。下同。

（3）其他外观质量要求

缺陷种类	质量要求
点状缺陷密集度	气泡长度＞1.5mm 和夹杂物长度＞1.0mm，点状缺陷间距＞300mm
线道	肉眼应看不见
划伤	长 60mm，宽 0.5mm，数量 $3{\times}S$ 条

501

缺陷种类	质量要求

光学变形

厚度/mm	入射角/°
2	40°
3	45°
≥4	50°

表面裂纹	肉眼应看不见
断面缺陷	爆边、凹凸、缺角≤玻璃板的厚度

5. 汽车级浮法玻璃外观质量要求

(1) 气泡

气泡长度范围 L/mm	质量要求/个
0.3≤L≤0.5	3×S
0.5<L≤1.0	2×S
1.0<L≤1.5	0.5×S
L>1.5	0

(2) 夹杂物

夹杂物长度范围 L/mm	质量要求/个
$0.3 \leqslant L \leqslant 0.5$	$3 \times S$
$0.5 < L \leqslant 1.0$	$2 \times S$
$1.0 < L \leqslant 1.5$	$0.5 \times S$
$L > 1.5$	0

（3）光学变形

厚度/mm	入射角/°
2	45°
3	50°
4、5、6	60°

（4）其他外观质量要求

缺陷种类	质量要求
点状缺陷密集度	气泡长度>1.0mm 和夹杂物长度>0.5mm，点状缺陷间距>300mm
线道	肉眼应看不见
划伤	长 40mm，宽 0.2mm，数量 $2 \times S$ 条
表面裂纹	肉眼应看不见
断面缺陷	爆边、凹凸、缺角≤玻璃板的厚度

6. 制镜级浮法玻璃外观质量要求

(1) 气泡

厚度	气泡长度范围 L/mm	质量要求/个
2mm	$0.3 \leqslant L \leqslant 0.5$	$2 \times S$
	$0.5 < L \leqslant 1.0$	$1 \times S$
	$1.0 < L \leqslant 1.5$	$0.5 \times S$
	$L > 1.5$	0
3mm 5mm 6mm	$0.3 \leqslant L \leqslant 0.5$	$3 \times S$
	$0.5 < L \leqslant 1.0$	$2 \times S$
	$1.0 < L \leqslant 1.5$	$0.5 \times S$
	$L > 1.5$	0

(2) 夹杂物

厚度	夹杂物长度范围 L/mm	质量要求/个
2mm	$0.3 \leqslant L \leqslant 0.5$	$2 \times S$
	$0.5 < L \leqslant 1.0$	$0.5 \times S$

厚度	气泡长度范围 L/mm	质量要求/个
2mm	$L > 1.0$	0
3mm 5mm 6mm	$0.3 \leqslant L \leqslant 0.5$	$1 \times S$
	$0.5 < L \leqslant 1.0$	$0.5 \times S$
	$L > 1.0$	0

504

（3）光学变形

厚度/mm	入射角/°
2	45°
3	55°
5、6	60°

（4）其他外观质量要求

缺陷种类	质量要求
点状缺陷密集度	气泡和夹杂物长度＞0.5mm，点状缺陷间距＞300mm
线道	肉眼应看不见
划伤	长 30mm，宽 0.1mm，数量 2×S 条
表面裂纹	肉眼应看不见
断面缺陷	爆边、凹凸、缺角≤玻璃板的厚度

7. 用途　适用于高级建筑窗用玻璃、玻璃门、橱窗、指挥塔窗以及汽车、火车、船舶的风窗玻璃，还广泛用于制造夹层玻璃、制镜等。

三、吸热玻璃（GB 11614—2009）

1. 分类

505

按生产 工艺分类	按颜色分类	按厚度分类 /mm	按质量 等级分类
吸热普通 平板玻璃	茶色吸热玻璃	2、3、4、5 6、8、10、12	优等品
吸热浮 法玻璃	灰色吸热玻璃	—	一等品
—	蓝色吸热玻璃	—	合格品

2. 规格尺寸及偏差 按《平板玻璃》(GB 11614—2009)中的相关规定。

3. 性能要求

(1) 弯曲度 按《平板玻璃》(GB 11614—2009)中的相关规定。

(2) 光学性能

玻璃颜色	茶色	灰色	蓝色
可见光透射比/%	≥42	≥30	≥45
太阳光透射比/%	≥60	≥602	≥70

注：表中数据是可见光透射比和太阳光透射比的数值换算
为5mm标准厚度的值。

4. 外观质量要求 按《平板玻璃》(GB 11614—2009)中的相关规定。

5. 颜色均匀性 采用 CIE 1976 年 L*、a*、b*

色度系统的色差表示。同一批次产品色差应≤3NBS。

四、光栅玻璃(JC/T 510—1993)

1. 分类

按结构分类	按品种分类	按化学稳定性分类
普通夹层 光栅玻璃	透明光栅 玻璃	A类光栅玻璃
钢化夹层光栅玻璃	印刷图案光栅玻璃	B类光栅玻璃
单层光栅玻璃	半透明半 反射光栅玻璃	—
—	金属质感光栅玻璃	

2. 规格尺寸及偏差

(1) 长、宽尺寸偏差

长度 L 或宽度 B/mm	允许偏差
L 或 $B \leqslant 500$	上偏差+1，下偏差-2
$500 < L$ 或 $B \leqslant 1000$	上偏差+2，下偏差-2
L 或 $B > 1000$	上偏差+3，下偏差-3

注：光栅玻璃的形状、长度和宽度由供需双方协商确定。

(2) 厚度尺寸偏差

507

结构	厚度/mm	允许偏差/mm
单层	—	上偏差＋0.4，下偏差－0.4
双层	≤8	上偏差＋0.8，下偏差－0.5
	＞9	上偏差＋1.0，下偏差－0.5

注：光栅玻璃的厚度由供需双方协商确定。

3. 性能要求

项目	要求
平面光栅玻璃弯曲度	≤3%
曲面光栅玻璃吻合度	供需双方协商确定
太阳光直接反射比	≥4%
化学稳定性	试验后，试样不产生腐蚀和明显变色，且衍射效果不变
弯曲强度	平均值≥25MPa

注：化学稳定性试验试样尺寸为 100×60mm，数量 4 块；
　　弯曲试验试样尺寸为 150×150mm，数量 5 块。

4. 外观质量要求

(1) 光栅层气泡

气泡尺寸及部位	/个
长度 0.5~1.0mm，每 0.1m² 面积内	3
长度＞1.0~3.0mm	2
距离边部 10mm 范围内	2
其他部位	0

508

（2）划伤

划伤尺寸范围	允许数量/条
宽度＜0.1mm	不限
宽度 0.1～0.5mm，每 0.1m² 面积内	4

（3）爆边

爆边尺寸范围	允许数量/条
每片玻璃每米长度上爆边长度≤20mm	
玻璃边部延伸长度≤6mm	6
爆边自玻璃表面向内部延伸长度≤厚度一半	
＜1.0m	2

（4）其他外观质量要求

项目	允许数量
缺角	玻璃角残缺以等分角线计算，长度≤5mm，允许数量1个
图案	清晰，色泽均匀，没有明显漏缺
折皱	不应有明显折皱
叠差	由供需双方协商确定

509

五、压花玻璃(JC/T 511—2002)

1. 分类

按厚度分类/mm	按外观质量分类
3	优等品
4	一等品
5	合格品

2. 规格尺寸及偏差

(1) 长度和宽度尺寸

长度×宽度最小值/mm	长度×宽度最大值/mm
400×300	2000×1200

注：玻璃形状应为矩形。

(2) 长度和宽度偏差

长度允许偏差/mm	宽度允许偏差/mm
≤3	≤3

(3) 厚度偏差

厚度/mm	允许偏差/mm
3	±0.3
4	±0.35
5	±0.4

3. 性能要求

项目	要求/%
弯曲度	≤0.3

4. 外观质量要求

(1) 气泡

尺寸范围/mm	长度≥2mm 的每平方米允许数量/个		
	优等品	优等品	合格品
≤10	5	—	—
≤20	—	10	10
20~30	—	—	5

注：表中数值是指气泡长度≥2mm，每平方米面积内允许的气泡数量。

(2) 皱纹

尺寸范围/mm	每平方米允许数量/个		
	优等品	优等品	合格品
长<100	1	2	—

注：表中数值是指每平方米面积内允许的皱纹数量。

(3) 线道

尺寸范围/mm	允许数量/个		
	优等品	优等品	合格品
距离边部 50	1	2	—
不限	—	—	3

注：不允许出现因设备造成板面上的横向线道。

(4) 夹杂物

尺寸范围/mm	每平方米允许数量/个		
	优等品	优等品	合格品
压辊氧化脱落造成的 0.5～2 黑色点状缺陷	不允许	5	10
0.5～2 结石沙粒	2	5	10

注：表中数值是指每平方米面积内允许的数量。

(5) 伤痕

尺寸范围/mm	每平方米允许数量/个		
	优等品	优等品	合格品
压辊受损造成的直径 5～20mm 板面伤痕长 5～100mm，宽 0.2～1mm 的划伤	2	4	6

注：表中数值是指每平方米面积内允许的数量。

（6）图案缺陷

尺寸范围/mm	允许最大距离/mm		
	优等品	优等品	合格品
每米长度图案偏斜	2	5	10

（7）其他外观质量要求

缺陷	要求
热圈	不允许有局部高温造成板面凸起
裂纹	不允许有
压口	不允许有
边部凸起	≤3mm
边部残缺	≤3mm
缺角	一个，沿原角等分线测量缺角深度≤5mm

六、夹丝玻璃[JC 433—1991(1996)]

1. 分类

按结构分类	按厚度分类	按等级分类
夹丝压花玻璃	6mm、7mm、	优等品、一等
夹丝磨光玻璃	10mm	品和合格品

2. 规格尺寸及偏差

（1）长度和宽度尺寸

长度×宽度最小值/mm	长度×宽度最大值/mm
600×400	2000×1200

注：玻璃形状应为矩形。

（2）长度和宽度偏差

长度允许偏差/mm	宽度允许偏差/mm
±4.0	±4.0

（3）厚度偏差

厚度/mm	允许偏差/mm		
	优等品	优等品	合格品
6	±0.5	±0.6	
7	±0.6	±0.7	
10	±0.9	±1.0	

514

3. 性能要求

项目	性能要求
弯曲度	夹丝压花玻璃≤1.0% 夹丝磨光玻璃≤0.5%
金属丝网和丝线	材质：普通钢丝和特殊钢丝 普通钢丝直径≥0.4mm 特殊钢丝直径≥0.3mm
防火性能	达到《高层民用建筑设计防火规范》规定的防火极限要求

4. 外观质量要求
(1) 气泡

尺寸范围/mm	允许数量/个		
	优等品	优等品	合格品
圆泡直径 3~6	5	不限，但不能密集	
长度 6~8	2	—	—
长度 6~10	—	10	10
长度 10~20	—	—	4

注：① 表中数值是指每 m² 面积内允许的气泡数量。

② 密集气泡是指直径 100mm 圆面积内超过 6 个。

(2) 异物

515

不允许有破坏性的异物。

尺寸范围/mm	允许数量/个		
	优等品	优等品	合格品
直径 0.5~2，非破坏性	3	5	10

（3）其他外观质量要求

缺陷	允许数量/个		
	优等品	优等品	合格品
花纹变形	没有明显花纹变形		不规定
裂纹	目测看不见		不影响使用
磨伤	轻微	不影响使用	
金属丝脱焊	不允许	距边部 30mm 内不限	距边部 100mm 内不限
金属丝接头	不允许	目测看不见	
金属丝断线	不允许		
金属丝在玻璃内状态	完全夹入玻璃内部，不能露出玻璃表面		

5. 用途　适用于需要采光且要求具有较高安全性和一定的透光率的门窗玻璃。

七、夹层玻璃（GB 15763.3—2009）

1. 分类

按形状分类	按性能分类
平面夹层玻璃 曲面夹层玻璃	Ⅰ类、Ⅱ-1类、Ⅱ-2类 和Ⅲ类夹层玻璃

2. 规格尺寸偏差

(1) 长度和宽度尺寸及偏差

总厚度 H/mm	允许偏差/mm	
	长或宽≤1200	1200<长或宽<2400
4≤H<6	上偏差+2 下偏差−1	—
6≤H<11		上偏差+3 下偏差−1
11≤H<17	上偏差+3 下偏差−2	上偏差+4 下偏差−2
17≤H<24	上偏差+4	上偏差+5
17≤h<24	下偏差−3	下偏差−3

注：有下列情况之一的，尺寸允许偏差由供需双方协商确定：①玻璃长度或宽度≥2.4m的制品；②多层制品；③原片玻璃总厚度≥24mm的制品；④使用钢化玻璃作为原片玻璃的制品；⑤其他特殊形状的制品。

（2）厚度及偏差

制品种类	允许偏差/mm
多层制品、原片总厚度≥24mm、使用钢化玻璃作为原片	由供需双方协商确定
干法夹层玻璃中间层总厚度＜2mm	不予考虑
干法夹层玻璃中间层总厚度≥2mm	±0.2
湿法夹层玻璃	
中间层厚度 h/mm	允许偏差/mm
$h<1$	±0.4
$1{\leqslant}h<2$	±0.5
$2{\leqslant}h<3$	±0.6
$h{\geqslant}3$	±0.7

注：① 干法夹层玻璃的厚度偏差≤构成夹层玻璃的原片允许偏差与中间层允许偏差之和。

② 湿法夹层玻璃的厚度偏差≤构成夹层玻璃的原片允许偏差与中间层允许偏差之和。

（3）叠差

玻璃长度 L 或宽度 B/m	允许叠差 δ/mm
L 或 $B<1.0$	$\delta{\leqslant}2.0$
$1.0{\leqslant}L$ 或 $B<2.0$	$\delta{\leqslant}3.0$
$2.0{\leqslant}L$ 或 $B<4.0$	$\delta{\leqslant}4.0$
L 或 $B{\geqslant}4.0$	$\delta{\leqslant}6.0$

（4）对角线偏差

玻璃一边长度 L/m	允许偏差/mm
L<2.4	≤4.0
L>2.4	由供需双方协商确定

（5）弯曲度

玻璃种类	弯曲度/%
平板夹层玻璃	≤0.3
使用钢化玻璃会夹丝玻璃制作的夹层玻璃	由供需双方协商确定

3. 外观质量要求

（1）点缺陷

尺寸 r/mm	板面面积 S/m²	玻璃不同层数允许缺陷数/个			
		2层	3层	4层	≥5层
0.5<r≤1	不限制	不得密集存在			
1<r≤3	S≤1	1	2	3	4
	1<S≤2	2	3	4	5

尺寸 r/mm	板面面积 S/m²	玻璃不同层数允许缺陷数/个			
		2层	3层	4层	≥5层
1<r≤3	2<S≤8	1 个/m²	1.5 个/m²	2 个/m²	2.5 个/m²
	S>8	1.2 个/m²	1.8 个/m²	2.4 个/m²	3 个/m²

注: ① 点缺陷是指气泡、中间层杂质及其他可观察到的不
　　透明物。

② 缺陷<0.5mm不予以考虑,缺陷>3mm则不允许出现。

③ 下列情况之一,缺陷视为密集存在:两层玻璃出现
　　≥4 个,且彼此相距<200mm 的缺陷;三层玻璃出
　　现≥4 个,且彼此相距<180mm 的缺陷;四层玻璃
　　出现≥4 个,且彼此相距<150mm 的缺陷;五层以
　　上玻璃出现≥4 个,且彼此相距<100mm 的缺陷。

(2) 其他外观质量要求

缺陷名称	要求
裂纹	不允许存在
爆边	长度或宽度不得超过玻璃的厚度
划伤和磨伤	不得影响使用
脱胶	不允许存在

4. 用途　主要适用于高层建筑门窗、工业厂
房门窗、仪表仪器、高压设备观察窗,飞机、汽车
挡风玻璃等。

八、钢化玻璃(GB 15763.2—2005)

1. 用途　主要适用于各类建筑物(如幕墙、天

520

棚、层面、室内隔断、门窗、橱窗）、机车车辆、工业装备、仪表仪器以及家具装饰等。

2. 分类

按形状分类	按用途分类
平面钢化玻璃	建筑用钢化玻璃
曲面钢化玻璃	非建筑用钢化玻璃

3. 规格及偏差

玻璃种类	厚度/mm	允许偏差/mm
平面钢化玻璃	4	±0.3
	5	
	6	
	8	±0.6
	10	
	12	±0.8
	15	
	19	±1.2

4. 性能要求

项目	要求
平面钢化玻璃的弯曲度	弓形时≤0.5%，波形时≤0.3%
抗冲击性	试样破坏数量≤1块为合格，≥3块为不合格；破坏数量为2块，重做试验，试样没有破坏才视为合格
抗风压性	由供需双方协商确定
透射比	由供需双方协商确定

注：冲击试验每次制取6块玻璃试样。

521

5. 外观质量要求

(1) 爆边

缺陷尺寸范围	允许缺陷数量/个	
	优等品	合格品
每片玻璃每米边长上长度≤10mm，自玻璃边部向玻璃板表面延伸深度≤2mm，自板面向玻璃厚度方向延伸深度≤玻璃厚度的1/3	没有	1

(2) 划伤

缺陷尺寸范围	允许条数/条	
	优等品	合格品
宽度≤0.1mm 的轻微划伤，每平方米面积内	长度≤50mm，4	长度≤100mm，4
宽度＞0.1mm，每平方米面积内	宽度0.1～0.5mm长度≤50mm，1	宽度0.1～1mm长度≤100mm，4

(3) 其他外观质量要求

项目	要求
夹钳印	玻璃厚度≤9.5mm，与玻璃边缘距离≤13mm
	玻璃厚度＞9.5mm，与玻璃边缘距离≤19mm
结石、裂纹、缺角	不允许存在

九、中空玻璃 (GB/T 11944—2012)

1. 用途 适用于要求具有保温、隔热、空气、隔声等性能的玻璃。

2. 规格

玻璃厚度/mm	间隔层厚度/mm	矩形尺寸/m	正方形边长/m
3	6 9～12	2.11×1.27	1.27
4	6	2.42×1.3	1.3
	9～10	2.44×1.3	
	12～20		
5	6	3×1.75	1.75
	9～10	3×1.75	2.1
	12～20	3×1.815	
6	6	4.55×1.98	2.0
	9～10	4.55×2.28	
	12～20	4.55×2.44	2.44
10	6	4.27×2	
	9～10	5×3	3.0
	12～20	5×3.18	3.25
12	12～20	5×3.18	3.25

3. 密封胶层厚度

名称	厚度/mm
单道密封胶层	10
双道密封胶层	5~7
胶条密封胶层	8
特殊规格或特殊要求	供需双方协商

十、防火玻璃(GB 15763.1—2009)

1. 分类

按用途分类	按耐火性能分类
A 类防火玻璃	甲级、乙级、丙级
B 类防火玻璃	B-0 级、B-15 级

2. A 类防火玻璃尺寸及偏差

(1) 长宽允许偏差

总厚度 δ/mm	长度 L 或宽度 B 允许偏差/mm	
	L 或 B≤1.2m	1.2<L 或 B<2.4m
5≤δ<11	±2.0	±3.0
11≤δ<17	±3.0	±4.0
17≤δ<24	±4.0	±5.0
δ>2.4	±5.0	±6.0

（2）厚度允许偏差

总厚度 δ/mm	$5 \leqslant \delta < 11$	$11 \leqslant \delta < 17$
允许偏差/mm	± 1.0	
总厚度 δ/mm	$17 \leqslant \delta < 2$	$\delta > 2.4$
允许偏差/mm	± 1.3	± 1.5

（3）弯曲度

种类	弯曲度/%
A 类防火玻璃	$\leqslant 0.3$
B 类防火玻璃	$\leqslant 0.2$

3. 光学性能要求

总厚度 δ/mm	$5 \leqslant \delta < 11$	$11 \leqslant \delta < 17$
透光度/%	$\geqslant 75$	$\geqslant 70$
总厚度 δ/mm	$17 \leqslant \delta < 2$	$\delta > 2.4$
透光度/%	$\geqslant 65$	$\geqslant 60$

4. 用途　A 类防火玻璃适用于建筑用防火玻璃及其他防火玻璃；B 类防火玻璃适用于船用防火玻璃，包括舷窗防火玻璃和矩形防火玻璃。

5. A 类防火玻璃外观质量要求

(1) 气泡

① 甲级防火玻璃

尺寸范围	允许数量/个	
	优等品	合格品
直径 300mm 圆内，长 0.5～1mm	3	—
直径 300mm 圆内，长 1～2mm	—	6

② 乙级防火玻璃

尺寸范围	允许数量/个	
	优等品	合格品
直径 300mm 圆内，长 0.5～1mm	2	—
直径 300mm 圆内，长 1～2mm	—	4

③ 丙级防火玻璃

尺寸范围	允许数量/个	
	优等品	合格品
直径 300mm 圆内，长 0.5～1mm	1	—
直径 300mm 圆内，长 1～2mm	—	3

(2) 胶合层杂质

① 甲级防火玻璃

526

尺寸范围	允许数量/个	
	优等品	合格品
直径 500mm 圆内，长＜2mm	4	—
直径 500mm 圆内，长＜3mm	—	5

② 乙级防火玻璃

尺寸范围	允许数量/个	
	优等品	合格品
直径 500mm 圆内，长＜2mm	3	—
直径 500m 的圆内，长＜3mm	—	4

③ 丙级防火玻璃

尺寸范围	允许数量/个	
	优等品	合格品
直径 500mm 圆内，长＜2mm	2	—
直径 500mm 圆内，长＜3mm	—	3

（3）裂痕　不允许存在。

（4）叠差、磨伤和脱胶　不得影响使用，由供需双方协商确定。

（5）爆边

尺寸范围	允许数量/个	
	优等品	合格品
每平方米长≤20mm，自玻璃边部向表面延伸深度≤玻璃厚度一半	4	6

6. B类防火玻璃外观质量要求

B类防火玻璃外观质量应该符合A类防火玻璃外观质量中乙级优等品的规定。

第四章　建筑小五金

第一节　钉　　类

一、一般用途圆钢钉（YB/T 5002—1993）

1. 结构外形　如图 4-1 所示。

图 4-1　一般用途圆钢钉

2. 规格及用途

长度/cm	直径/cm		
	重型	标准型	轻型
1.0	0.11	0.10	0.09
1.3	0.12	0.11	0.1
1.6	0.14	0.12	0.11
2.0	0.16	0.14	0.12
2.5	0.18	0.16	0.14
3.0	0.20	0.18	0.16
3.5	0.22	0.20	0.18
4.0	0.25	0.22	0.20
4.5	0.28	0.25	0.22

长度/cm	直径/cm		
	重型	标准型	轻型
5.0	0.31	0.28	0.25
6.0	0.34	0.31	0.28
7.0	0.37	0.34	0.31
8.0	0.41	0.37	0.34
9.0	0.45	0.41	0.37
10.0	0.50	0.45	0.41
11.0	0.55	0.50	0.45
13.0	0.60	0.55	0.50
15.0	0.65	0.60	0.55
17.5	—	0.65	0.60
20.0	—	—	0.65
用途	适用于竹、木材等原材料的钉固		

二、高强度钢钉

1. 结构外形　如图 4-2 所示。

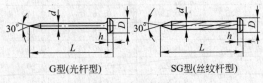

G型(光杆型)　　　　SG型(丝纹杆型)

图 4-2　高强度钢钉

530

2. 规格及用途

型式代号：G			
d/cm	L/cm	D/cm	h/cm
0.2	2	0.4	0.15
0.22	2，2.5，3	0.45	
0.25	2，2.5，3，3.5	0.5	
0.28		0.56	
0.3	2.5，3，3.5，4	0.6	0.2
0.37	3，3.5，4，6	0.75	
0.45	6，8	0.9	
0.55	10，12	1.05	0.25
型式代号：SG			
0.4	3，4，5，6	0.8	0.2
0.48	4，5，6，7，8	0.9	
用途	适用于在小于 200 号的混凝土、矿渣砖块、砖砌体以及厚度<3mm 的薄钢板上直接敲入，用于固定其他物品		

三、木螺钉

1. 结构外形　如图 4-3 所示。

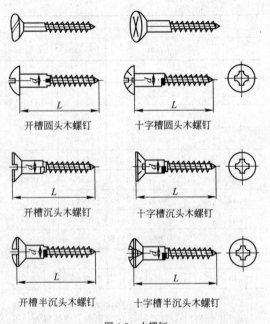

图 4-3 木螺钉

2. 规格

（1）开槽木螺钉（圆头：GB/T 99—1986；沉头：GB/T 100—1986；半沉头：GB/T 101—1986）

直径 d/cm	圆头钉长 L/cm	沉头钉长 L/cm	半沉头钉长/cm
0.16		0.6~1.2	
0.20	0.6~1.6	0.6~1.4	0.6~1.6
0.25	0.6~2.5	0.6~2.2	0.6~2.5
0.30	0.8~3.0	0.8~2.5	0.8~3.0
0.35	0.8~4.0	0.8~3.8	0.8~4.0
0.40	1.2~7.0	1.2~6.5	1.2~7.0
0.45☆	1.6~8.5	1.4~8.0	1.6~8.5
0.50	1.8~10	1.6~9.0	1.8~10
0.55☆	2.5~10	2.2~9.0	3.0~10
0.60	2.5~12	2.2~12	3.0~12
0.70☆	4.0~12	3.8~12	4.0~12
0.80			
1.0	7.5~12	6.5~12	7.0~12

（2）十字槽木螺钉（圆头：GB/T 950—1986；沉头：GB/T 951—1986；半沉头：GB/T 952—1986）

直径 d/cm	槽号	钉长/cm
0.20	1	0.6~1.6
0.25	1	0.6~2.5

直径 d/cm	槽号	钉长/cm
0.30		0.8~3.0
0.35		0.8~4.0
0.40	2	1.2~7.0
0.45☆		1.6~8.5
0.50		1.8~10
0.55☆		2.5~10
0.60	3	2.5~12
0.70☆		4.0~12
0.80		
1.0	4	7.0~12

注：① 木螺钉长度系列(cm)：0.6，0.8，1.0，1.2，1.4，
1.6，1.8，2.0，2.2☆，2.5，3.0，3.2☆，3.5，
3.8☆，4.0，4.5☆，5.0，5.5☆，6.0，6.5☆，
7.0，7.5☆，8.0，8.5☆，9.0，10，12。
② 带☆的直径和长度，尽量不要采用。

3. 用途　适用于将金属件或其他物品紧固在木质构件上，可多次拆卸。

四、射钉（GB/T 18981—2008）

1. 用途　适用于紧固各类物品。

2. 射钉钉体

(1) 圆头钉

① 结构外形　如图 4-4 所示。

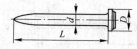

图 4-4　圆头钉钉体

② 规格

类型代号	D/mm	d/mm	L/mm
YD	8.4	3.7	19, 22, 27, 32, 37, 42, 47, 52, 56, 62, 72

注：钉体代号由类型代号＋钉体长度 L 组成。

(2) 大圆头钉

① 结构外形　如图 4-5 所示。

图 4-5　大圆头钉钉体

② 规格

类型代号	D/mm	d/mm	L/mm
DD	10	4.5	27, 32, 37, 42, 47, 52, 56, 62, 72, 82, 97, 117

注：钉体代号由类型代号＋钉体长度 L 组成。

（3）压花圆头钉

① 结构外形　如图 4-6 所示。

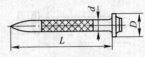

图 4-6　压花圆头钉钉体

② 规格

类型代号	D/mm	d/mm	L/mm
HYD	8.4	3.7	13，16，19，22

注：钉体代号由类型代号＋钉体长度 L 组成。

（4）压花大圆头钉

① 结构外形　如图 4-7 所示。

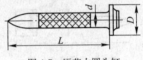

图 4-7　压花大圆头钉

② 规格

类型代号	D/mm	d/mm	L/mm
HDD	10	3.7	19，22

注：钉体代号由类型代号＋钉体长度 L 组成。

（5）平头钉

① 结构外形　如图 4-8 所示。

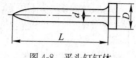

图 4-8　平头钉钉体

② 规格

类型代号	D/mm	d/mm	L/mm
PD	7.5	3.5	19，25，32，38，51，63，76

注：钉体代号由类型代号＋钉体长度 L 组成。

（6）小平头钉

① 结构外形　如图 4-9 所示。

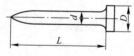

图 4-9　小平头钉钉体

② 规格

类型代号	D/mm	d/mm	L/mm
PS	7.6	3.5	22，27，32，37，42，47，52，56，62，72

注：钉体代号由类型代号＋钉体长度 L 组成。

(7) 大平头钉

① 结构外形　如图 4-10 所示。

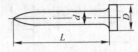

图 4-10　大平头钉钉体

② 规格

类型代号	D/mm	d/mm	L/mm
DPD	10	4.5	27，32，37，42，47，52，62，72，82，97，117

注：钉体代号由类型代号＋钉体长度 L 组成。

(8) 压花平头钉

① 结构外形　如图 4-11 所示。

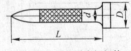

图 4-11　压花平头钉钉体

② 规格

类型代号	D/mm	d/mm	L/mm
HPD	7.6	3.7	13，16，19

注：钉体代号由类型代号＋钉体长度 L 组成。

538

（9）球头钉

① 结构外形　如图 4-12 所示。

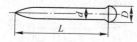

图 4-12　球头钉钉体

② 规格

类型代号	D/mm	d/mm	L/mm
QD	5.6	3.7	22，27，32，37，42，47，52，62，72，82，97

注：钉体代号由类型代号＋钉体长度 L 组成。

（10）压花球头钉

① 结构外形　如图 4-13 所示。

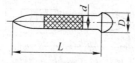

图 4-13　压花球头钉钉体

② 规格

类型代号	D/mm	d/mm	L/mm
HQD	5.6	3.7	16，19，22

注：钉体代号由类型代号＋钉体长度 L 组成。

(11) 专用钉

① 结构外形　如图 4-14 所示。

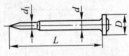

图 4-14　专用钉钉体

② 规格

类型代号	D/mm	d/mm	d_1/mm	L/mm
ZD	8.0	3.7	2.7	42，47，52，57，62

注：钉体代号由类型代号＋钉体长度 L 组成。

(12) 10mm 眼孔钉

① 结构外形　如图 4-15 所示。

图 4-15　10mm 眼孔钉钉体

② 规格

类型代号	D/mm	d/mm	L_1/mm	L/mm
KD10	10	5.2	24，30	32，42，52

注：钉体代号由类型代号＋钉头长度 L_1＋钉体长度 L 组成。

540

(13) M10 螺纹钉

① 结构外形　如图 4-16 所示。

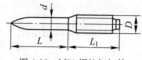

图 4-16　M10 螺纹钉钉体

② 规格

类型代号	D/mm	d/mm	L_1/mm	L/mm
M10	M10	5.2	24，30	27，32，42

注：钉体代号由类型代号＋螺纹长度 L_1＋钉体长度 L 组成。

(14) M10 压花螺纹钉

① 结构外形　如图 4-17 所示。

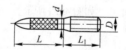

图 4-17　M10 压花螺纹钉钉体

② 规格

类型代号	D/mm	d/mm	L_1/mm	L/mm
HM10	M10	5.2	24，30	15

注：钉体代号由类型代号＋螺纹长度 L_1＋钉体长度 L 组成。

（15）压花特种钉

① 结构外形　如图 4-18 所示。

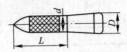

图 4-18　压花特种钉钉体

② 规格

类型代号	D/mm	d/mm	L/mm
HDT	5.6	4.5	21

注：钉体代号由类型代号＋钉体长度 L 组成。

3. 射钉定位件

（1）塑料圈

① 结构外形　如图 4-19 所示。

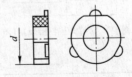

图 4-19　塑料圈

② 规格

类型代号	d/mm	定位件代号
S	8	S8
	10	S10

（2）齿形圈

① 结构外形　如图 4-20 所示。

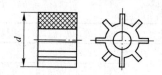

图 4-20　齿形圈

② 规格

类型代号	d/mm	定位件代号
C	6	C6
	6.3	C6.3
	8	C8
	10	C10
	12	C12

（3）金属圈

① 结构外形　如图 4-21 所示。

图 4-21　金属圈

② 规格

类型代号	d/mm	定位件代号
J	8	J8
	10	J10
	12	J12

（4）钉尖帽

① 结构外形　如图 4-22 所示。

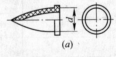

(a)

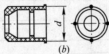

(b)

图 4-22　钉尖帽

(a)类型代号 M；(b)类型代号 T

② 规格

类型代号	d/mm	定位件代号
M	6	M6
	6.3	M6.3
	8	M8
	10	M10
T	6	T6
	6.3	T6.3
	8	T8
	10	T10

（5）钢套

① 结构外形　如图 4-23 所示。

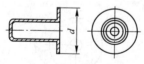

图 4-23　钢套

② 规格

类型代号	d/mm	定位件代号
G	10	G10

(6) 连发塑料圈

① 结构外形　如图 4-24 所示。

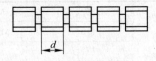

图 4-24　连发塑料圈

② 规格

类型代号	d/mm	定位件代号
LS	6	LS6

(7) 圆垫片

① 结构外形　如图 4-25 所示。

图 4-25　圆垫片

② 规格

类型代号	d/mm	定位件代号
	20	D20
D	25	D25
	28	D28
	35	D35

(8) 方垫片

① 结构外形　如图 4-26 所示。

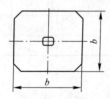

图 4-26　方垫片

② 规格

类型代号	b/mm	定位件代号
FD	20	FD20
	25	FD25

(9) 管卡

① 结构外形　如图 4-27 所示。

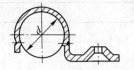

图 4-27 管卡

② 规格

类型代号	d/mm	定位件代号
K	18	K18
	25	K25
	30	K30

(10) 钉筒

① 结构外形　如图 4-28 所示。

图 4-28 钉筒

② 规格

类型代号	d/mm	定位件代号
T	12	T12

五、射钉弹(GB 19914—2005)

1. 结构外形　如图 4-29 所示。

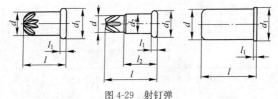

图 4-29　射钉弹

2. 用途　适用于为射钉提供动力。

3. 规格

类别	5.5×16S	5.6×16	5.6×25
d/mm	≤5.28	≤5.74	≤5.74
d_1/mm	≤7.06	≤7.06	≤7.06
d_2/mm	≤5.74	—	—
l/mm	≤15.5	≤15.5	≤25.3
l_1/mm	≤1.12	≤1.12	≤1.12
l_2/mm	≤9.0		
类别	K5.6×25	6.3×10	6.3×12
d/mm	≤5.74	≤6.3	≤6.3
d_1/mm	≤7.06	≤7.6	≤7.6
l/mm	≤25.3	≤10.3	≤12
l_1/mm	≤1.12	≤1.3	≤1.3

类别	6.3×16	6.8×11	6.8×18
d/mm	≤6.3	≤6.86	≤6.86
d_1/mm	≤7.6	≤8.5	≤8.5
l/mm	≤15.8	≤11	≤18
l_1/mm	≤1.3	≤1.5	≤1.5

注：d—体部或缩颈部直径；d_1—底缘直径；d_2—大体部
直径；l—全长；l_1—底缘高度；l_2—大体部长度。

六、拼合用圆钉

1. 结构外形　如图 4-30 所示。

图 4-30　拼合用圆钉

2. 规格

钉长/mm	钉杆直径/mm
25	1.60
30	1.80
35	2.0
40	2.20
45	2.50
50	2.80

七、扁头圆钢钉

1. 结构外形　如图 4-31 所示。

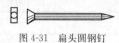

图 4-31　扁头圆钢钉

2. 规格

钉长/mm	钉杆直径/mm
35	2.0
40	2.20
50	2.50
60	2.80
80	3.20
90	3.40
100	3.80

八、拼钉

1. 结构外形　如图 4-32 所示。

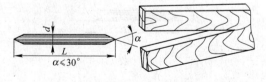

图 4-32　拼钉

551

2. 规格

钉长/mm	钉杆直径/mm
25	1.60
30	1.80
40	2.20
45	2.50
50	2.80
60	2.80
90	—
120	4.50

九、骑马钉

1. 结构外形　如图 4-33 所示。

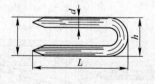

图 4-33　骑马钉

2. 规格

钉长/mm	钉杆直径/mm	大端宽度/mm	小端宽度/mm
10	1.60	8.50	7.00
15	1.80	10.00	8.00
20	2.00	10.50	8.50
25	2.20	11.00	8.80
30	2.50	13.50	10.50

十、油毡钉

1. 结构外形　如图 4-34 所示。

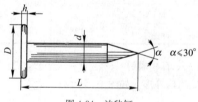

图 4-34　油毡钉

2. 规格

钉长/mm	钉杆直径/mm
15	2.50
19.05	3.06
20	2.80

钉长/mm	钉杆直径/mm
22.23	3.06
25	3.20
25.40	3.06
28.58	
30	2.50
31.75	3.06
38.10	
44.45	
50.80	

十一、瓦楞螺钉

1. 结构外形　如图 4-35 所示。

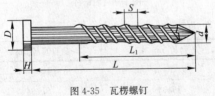

图 4-35　瓦楞螺钉

2. 规格

规格/mm	6×50	6×60	6×65
L/mm	50	60	65
L_1/mm	35	42	46
d/mm	6		
D/mm	9		
H/mm	3		
螺距 S/mm	4		
规格/mm	6×75	6×85	6×100
L/mm	75	85	100
L_1/mm	52	60	60
d/mm	6		
D/mm	9		
H/mm	3		
螺距 S/mm	4		

十二、麻花钉

1. 结构外形　如图 4-36 所示。

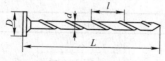

图 4-36　麻花钉

2. 规格

规格/mm	钉长/mm	钉杆直径/mm
50	50.80	2.77
	19.05	
55	57.20	3.05
65	63.50	
75	76.20	3.40
		3.76
85	88.90	4.19

十三、水泥钉

1. 结构外形　如图 4-37 所示。

图 4-37　水泥钉

2. 规格

钉号	钉长/mm	钉杆直径/mm
7	101.60	4.57
	76.20	

钉号	钉长/mm	钉杆直径/mm
8	76.20	4.19
	63.50	
9	50.80	3.76
	38.10	
	25.40	
10	50.80	3.4
	38.10	3.3
	25.40	3.4
11	38.10	3.05
	25.40	
12	38.10	2.77
	25.40	

十四、泡钉

1. 结构外形　如图 4-38 所示。

图 4-38　泡钉

2. 规格

钉帽直径/mm	钉杆长度/mm
7.50	10.70
	15.70
9.10	12.70
	15.70
10.70	16.00
12.40	21.60
16.50	30.00

第二节　螺　　栓

一、六角头螺栓

1. 结构外形　如图 4-39 所示。

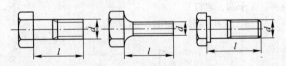

图 4-39　六角头螺栓

2. 规格

GB/T 5780—2000 部分螺纹	
规格 d/mm	螺杆长度 l/mm
M5	25～50
M6	30～60
M8	35～80
M10	40～100
M12	45～120
M16	55～160
M20	65～200
M24	80～240
M30	90～300
M36	110～300
M42	160～420
M48	180～480
M56	220～500
M64	260～500
GB/T 5781—2000 全螺纹	
规格 d/mm	螺杆长度 l/mm
M5	10～40
M6	12～50
M8	16～65

GB/T 5781—2000 全螺纹	
规格 d/mm	螺杆长度 l/mm
M10	20～80
M12	25～100
M16	35～100
M20	40～100
M24	50～100
M30	60～100
M36	70～100
M42	80～420
M48	100～480
M56	110～500
M64	120～500
螺杆长度系列/mm	6，8，10，12，16，20，25，30，35，40，45，50，60，70，80，90，100，110，120，130，140，150，160，180，200，220，240，260，280，300，320，340，360，380，400，420，440，460，480，500

GB/T 5782—2000 部分螺纹(细牙)	
规格 d/mm	螺杆长度 l/mm
M3	20～30
M4	25～40
M5	25～50
M6	30～60
M8	35～80
M10	40～100
M12	45～120
M16	55～160
M20	65～200
M24	80～240
M30	90～300
M36	110～360
M42	130～400
M48	140～400
M56	160～400
M64	200～400

GB/T 5783—2000 全螺纹(细牙)	
规格 d/mm	螺杆长度 l/mm
M3	6~30
M4	8~40
M5	10~50
M6	12~60
M8	16~80
M10	20~100
M12	25~100
M16	35~100
M20	40~100
M24	
M30	
M36	40~100
42	80~500
M48	100~500
M56	110~500
M64	120~500

GB/T 5784—2000 细杆(细牙)	
规格 d/mm	螺杆长度 l/mm
M3	20～30
M4	20～40
M5	25～50
M6	25～60
M8	30～80
M10	40～100
M12	45～120
M16	55～150
M20	65～150

GB/T 5785—2000 部分螺纹(细牙螺纹)		
规格 d/mm	螺距 P/mm	螺杆长度 l/mm
M8		35～80
M10	1	40～100
M12		45～120
M16	1.5	55～160
M20		65～200
M24	2	80～240
M30		90～300

GB/T 5785—2000 部分螺纹(细牙螺纹)		
规格 d/mm	螺距 P/mm	螺杆长度 l/mm
M36		110～300
M42	3	130～400
M48		140～400
M56	4	160～400
M64		200～400

GB/T 5786—2000 全螺纹(细牙螺纹)		
规格 d/mm	螺距 P/mm	螺杆长度 l/mm
M8		16～80
M10	1	20～100
M12		25～120
M16	1.5	35～160
M20		
M24	2	40～200
M30		
M36		
M42	3	90～400
M48		100～400
M56	4	120～400
M64		130～400

3. 用途 产品等级(精度)为 C 级的螺栓适用于表面比较粗糙、精度要求不高的钢(木)结构、机械设备上；产品等级(精度)为 A 级和 B 级的螺栓适用于表面光洁、精度要求高的机械设备上；细牙普通螺纹螺栓适用于薄壁零件或承受交变载荷、冲击载荷的零件，也可用于机构的微调。

二、方头螺栓(GB/T 8—1988)

1. **结构外形** 如图 4-40 所示。

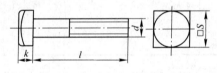

图 4-40 方头螺栓

2. **规格**

规格 d/mm	螺杆长度 l/mm	方头边长 S/mm	螺纹公差
M10	20~100	16	
M12	25~120	18	
M16	30~160	24	8g
M20	35~200	30	
M24	60~260	36	

规格 d/mm	螺杆长度 l/mm	方头边长 S/mm	螺纹公差
M30	60～300	46	
M36	80～300	55	8g
M42	80～300	65	
M48	110～300	75	65

螺杆长度系列 l/mm	20, 25, 30, 35, 40, 45, 50, 55, 60, 70, 80, 90, 100, 110, 120, 130, 140, 150, 160, 180, 200, 220, 240, 260, 280, 300

3. 用途　与六角头螺栓－C 级的用途相同，还可用于带 T 形槽的零件上。

三、T 形螺栓(JB/T 1700—2008)

1. 结构外形　如图 4-41 所示。

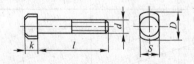

图 4-41　T 形螺栓

2. 规格

规格	公称长度	头部尺寸/mm		
d/mm	/mm	S	D	k
M5	20～50	9	4	12
M6	30～60	12	5	16
M8	35～80	14	6	20
M10	40～100	18	7	25
M12	45～120	22	9	30
M16	55～160	28	12	38
M20	65～200	34	14	46
M24	80～240	44	16	58
M30	90～300	57	20	75
36	110～300	67	24	85
M42	130～300	76	28	95
M48	140～300	86	32	105
长度 系列 /mm	25，30，35，40，45，50，55☆，60，65☆， 70，80，90，100，110，120，130，140，150， 160，180，200，220，240，260，280，300			

注：带☆的长度尽可能不要采用。

3. 用途 适用于机床及机床附件。

四、金属膨胀螺栓

1. 结构外形 如图 4-42 所示。

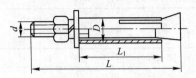

图 4-42 金属膨胀螺栓

2. 规格及用途

直径 d/mm	M6	M8	M10	M12	M16
螺栓 L/mm	65，75， 85	80，90， 100	95，110 125，130	110，130 150，200	150，175， 200
胀管 D/mm	10	12	14	18	25
胀管 L_1/mm	35	45	55	65	90

直径 d/mm	被连接件厚 度/mm	钻孔直 径/mm	钻孔深度 /mm
M6	L-55	10.5	35
M8	L-65	12.5	45
M10	L-75	14.5	55
M12	L-95	19.0	65
M16	L-120	23.0	90
用途	适用于墙壁或混凝土地基上各种支架、构件 及设备的安装和固定		

注：金属膨胀螺栓由锥形头螺栓、膨胀套管、平垫圈、弹
簧垫圈以及六角螺母五部分组成。

五、塑料胀锚螺栓

1. 结构外形　如图 4-43 所示。

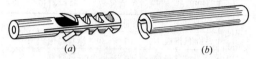

图 4-43　塑料胀锚螺栓

(a)甲型；(b)乙型

2. 用途　适用于安装和固定金属制品、水电卫生器件、装饰品以及门窗等小型器件。

3. 规格

型式	直径 /mm	长度 /mm	适用木螺钉/mm	
			直径	钉长
甲型	6	31	3.5，4	胀管长度＋10＋被连接件厚度
	8	48	4，4.5	
	10	59	5.5，6	
	12	60		
乙型	6	36	3.5，4	胀管长度＋3＋被连接件厚度
	8	42	4，4.5	
	10	46	5.5，6	
	12	64		

型式	直径 /mm	长度 /mm	适用木螺钉/mm	
			直径	钉长
钻孔直径/mm	混凝土：≤0.3×胀管直径			
	加气混凝土：<(0.5~1)×胀管直径			
	硅酸盐砌块：<(0.3~0.5)×胀管直径			
钻孔长度/mm	甲型：>(10~12)×胀管长度			
	乙型：>(3~5)×胀管长度			

六、金属胀锚螺栓

1. 结构外形　如图 4-44 所示。

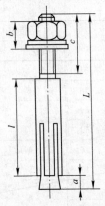

图 4-44　金属胀锚螺栓

2. 规格

<table>
<tr><th colspan="4">类型：I型</th></tr>
<tr><th>规格/mm</th><th>L/mm</th><th>l/mm</th><th>c/mm</th></tr>
<tr><td>M6×65</td><td>65</td><td>30</td><td>30</td></tr>
<tr><td>M6×75</td><td>75</td><td rowspan="2">35</td><td rowspan="3">35</td></tr>
<tr><td>M6×85</td><td>85</td></tr>
<tr><td>M8×80</td><td>80</td><td>40</td></tr>
<tr><td>M8×90</td><td>90</td><td>45</td><td rowspan="2">40</td></tr>
<tr><td>M8×100</td><td>100</td><td rowspan="2">45</td></tr>
<tr><td>M10×95</td><td>95</td><td rowspan="2">40</td></tr>
<tr><td>M10×110</td><td>110</td><td rowspan="3">55</td><td rowspan="2">50</td></tr>
<tr><td>M10×125</td><td>125</td></tr>
<tr><td>M12×110</td><td>110</td><td rowspan="3">52</td></tr>
<tr><td>M12×130</td><td>130</td><td rowspan="2">65</td></tr>
<tr><td>M12×150</td><td>150</td></tr>
<tr><td>M16×150</td><td>150</td><td>70</td><td>62</td></tr>
<tr><td>M16×175</td><td>175</td><td rowspan="3">90</td><td rowspan="3">70</td></tr>
<tr><td>M16×200</td><td>200</td></tr>
<tr><td>M16×220</td><td>220</td></tr>
</table>

七、地脚螺栓(GB/T 799—1988)

1. 结构外形　如图 4-45 所示。

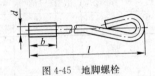

图 4-45　地脚螺栓

2. 规格

螺纹规格	总长度 l/cm	螺纹长度 b/cm
M6	8～16	2.4～2.7
M8	12～22	2.8～3.1
M10	16～30	3.2～3.6
M12	16～40	3.6～4.0
M16	22～50	4.4～5.0
M20	30～60	5.2～5.8
M24	30～80	6.0～6.8
M30	40～100	7.2～8.0
M36	50～100	8.4～9.4
M42	60～125	9.6～10.6
M48	63～150	10.8～11.8
l/cm 系列尺寸	8，12，16，22，30，40，50，60，80，100，125，150	

3. 用途　适用于机床等各种机械设备的固定。

第三节　网　类

一、低碳钢丝波纹方孔网（QB/T 1925.3—1993）

1. 结构外形　如图 4-46 所示。

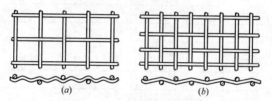

图 4-46　低碳钢丝波纹方孔网

(a)A 型网；(b)B 型网

2. 规格

钢丝直径/mm	A 型网孔尺寸/mm		B 型网孔尺寸/mm	
	Ⅰ系	Ⅱ系	Ⅰ系	Ⅱ系
0.70	—	—	1.5, 2.0	—
0.90	—	—	2.5	—
1.2	6	8	—	—
1.6	8, 10	12	3	5
2.2	12	15, 20	4	6

钢丝直径/mm	A 型网孔尺寸/mm		B 型网孔尺寸/mm	
	I 系	II 系	I 系	II 系
2.8	15, 20	25	6	10, 12
3.5	20, 25	30	6	8, 10, 15
4.0	20, 30	30	6, 8	12, 16
5.0	25, 40	28, 36	20	22
6.0	30, 50, 50	28, 35 45	20 25	18 22
8.0	40, 50	45	30	35
10.0	80, 100 125	70, 90 110	—	—

片网			
网的宽度/m	0.9	1.0	1.5
网的长度/m	<1.0	1.0~3.0	>5~10

卷网	
网的宽度/m	2.0
网的长度/m	10~30

注：网孔尺寸系列：I 系为优先选择规格，II 系为一般选择规格。

3. 用途　适用于矿山、冶金、建筑及农业生产中固体颗粒的筛选，液体和泥浆的过滤，以及用作加强物或防护网。

二、镀锌低碳钢丝六角网（QB/T 1925.2—1993）

1. 结构外形　如图 4-47 所示。

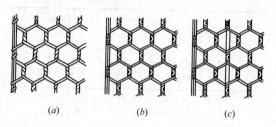

(a)　　　　　　　　*(b)*　　　　　　　　*(c)*

图 4-47　镀锌低碳钢丝六角网

*(a)*单向搓捻式；*(b)*双向搓捻式；*(c)*双向搓捻式有加强筋

2. 规格

分类		代号	网孔尺寸/mm	钢丝直径 d/mm
按镀锌方式分	先织网后镀锌	B	10	0.4～0.6
按镀锌方式分	先电镀锌后织网	D	13	0.4～0.9
	先热镀锌后织网	R	16	
按编织型式分	单向搓捻式	Q	20	0.4～1.0
			25	0.4～1.3

分类		代号	网孔尺寸/mm	钢丝直径 d/mm
按编织型式分	双向搓捻式	S	30	0.45～1.3
			40	
	双向搓捻式有加强筋	J	50	0.5～1.3
			75	

注：① 钢丝直径系列（d/mm）：0.4，0.45，0.5，0.55，0.6，0.7，0.8，0.9，1.0，1.1，1.2，1.3。

② 网的宽度（m）：0.5，1，1.5，2。

③ 网的长度（m）：25，30，50。

3. 用途　适用于建筑、保温、防护及围栏等。

三、镀锌低碳钢丝编织方孔网（QB/T 1925.1—1993）

1. 结构外形　如图 4-48 所示。

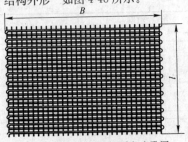

图 4-48　镀锌低碳钢丝编织方孔网

2. 规格

网孔尺寸 /mm	钢丝直径 /mm	净孔尺寸 /mm	网的宽度 /mm	相对英 制目数
0.50	0.20	0.30	914	50
0.55	0.20	0.35	914	46
0.60	0.20	0.40	914	42
0.64	0.20	0.44	914	40
0.66	0.20	0.46	914	38
0.70	0.20	0.50	914	36
0.75	0.25	0.50	914	34
0.80	0.25	0.55	914	32
0.85	0.25	0.60	914	30
0.95	0.25	0.70	914	26
1.05	0.25	0.80	914	24
1.15	0.30	0.85	914	22
1.30	0.30	1.0	914	20
1.40	0.30	1.10	914	18
1.60	0.30	1.25	1000	16
1.80	0.35	1.45	1000	14

网孔尺寸 /mm	钢丝直径 /mm	净孔尺寸 /mm	网的宽度 /mm	相对英 制目数
2.10	0.45	1.65	1000	12
2.55	0.45	2.05	1000	10
2.80	0.55	2.25	1000	9
3.20	0.55	2.65	1000	8
3.60	0.55	3.05	1000	7
3.90	0.55	3.35	1000	6.5
4.25	0.70	3.55	1000	6
4.60	0.70	3.90	1000	5.5
5.10	0.70	4.40	1000	5
5.65	0.90	4.75	1000	4.5
6.35	0.90	5.45	1000	4
7.25	0.90	6.35	1000	3.5
8.46	1.20	7.26	1200	3
10.20	1.20	9.0	1200	2.5
12.70	1.20	11.50	1200	2

注：每匹长度为30m。

578

3. 用途　适用于筛选粮食、食用粉、石子砂粒等干的颗粒物，也可用于围栏等场合。

四、铜丝编织方孔网（QB/T 2031—1994）

1. 结构外形　如图 4-49 所示。

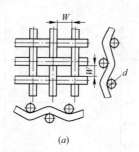

(a)

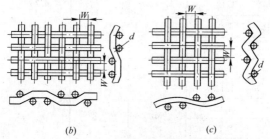

(b)   *(c)*

图 4-49　铜丝编织方孔网

(a) 平纹编织；*(b)* 斜纹编织；*(c)* 珠丽纹编织

2. 规格

金属丝直径基本尺寸/mm	网孔基本尺寸 W/mm		
	R10 系列	R20 系列	R40/3 系列
1.6			
1.25			
1.12	5.0	5.0	—
1.0			
0.9			
1.6			
1.25			
1.12	—	—	4.75
1.0			
0.9			
1.4			
1.12			
1.0			
0.9	—	4.5	—
0.8			
0.71			

金属丝直径基本尺寸/mm	网孔基本尺寸 W/mm		
	R10 系列	R20 系列	R40/3 系列
1.4			
1.25			
1.12	4.0	4.0	4.0
1.0			
0.9			
0.71			
1.25			
1.0			
0.9			
0.8	—	3.55	—
0.71			
0.63			
0.56			
1.25			
0.9			
0.8			
0.71	—	—	3.55
0.63			
0.56			

金属丝直径基本尺寸/mm	网孔基本尺寸 W/mm		
	R10 系列	R20 系列	R40/3 系列
1.25			
1.12			
0.8			
0.71	3.15	3.15	—
0.63			
0.56			
0.5			
1.12			
0.8			
0.71	—	2.8	2.8
0.63			
0.56			
1.0			
0.8			
0.63			
0.56	—	—	2.36
0.5			
0.45			

金属丝直径基本尺寸/mm	网孔基本尺寸 W/mm		
	R10 系列	R20 系列	R40/3 系列
0.9			
0.63			
0.56	—	2.24	—
0.5			
0.45			
0.9			
0.63			
0.56			
0.5	2.0	2.0	2.0
0.45			
0.4			
0.8			
0.56			
0.5	—	1.8	—
0.45			
0.4			

金属丝直径基本尺寸/mm	网孔基本尺寸 W/mm		
	R10 系列	R20 系列	R40/3 系列
0.8			
0.63			
0.5	—	—	1.7
0.45			
0.4			
0.8			
0.56			
0.5	1.6	1.6	—
0.45			
0.4			
0.71			
0.56			
0.5			
0.45	—	1.4	1.4
0.4			
0.355			

金属丝直径基本尺寸/mm	网孔基本尺寸 W/mm		
	R10 系列	R20 系列	R40/3 系列
0.63			
0.56			
0.5	1.25	1.25	—
0.4			
0.355			
0.315			
0.63			
0.5			
0.45			1.18
0.4	—	—	
0.355			
0.315			
0.56			
0.45			
0.4	—	1.12	—
0.355			
0.28			

金属丝直径基本尺寸/mm	网孔基本尺寸 W/mm		
	R10 系列	R20 系列	R40/3 系列
0.56			
0.5			
0.4			
0.355	1.0	1.0	1.0
0.315			
0.28			
0.25			
0.5			
0.45			
0.355			
0.315	—	0.9	—
0.25			
0.224			
0.5			
0.45			
0.355	—	—	0.85
0.315			
0.28			

金属丝直径基本尺寸/mm	网孔基本尺寸 W/mm		
	R10 系列	R20 系列	R40/3 系列
0.25	—	—	0.85
0.224			
0.45	0.8	0.8	—
0.355			
0.315			
0.28			
0.25			
0.2			
0.45	—	0.71	0.71
0.315			
0.28			
0.25			
0.2			
0.4	0.63	0.63	—
0.315			
0.28			
0.25			
0.224			
0.2			

金属丝直径基本尺寸/mm	网孔基本尺寸 W/mm		
	R10 系列	R20 系列	R40/3 系列
0.4			
0.315			
0.28	—	—	0.6
0.25			
0.2			
0.18			
0.315			
0.28			
0.25	—	0.56	—
0.224			
0.18			
0.315			
0.25			
0.224	0.5	0.5	0.5
0.2			
0.16			

金属丝直径基本尺寸/mm	网孔基本尺寸 W/mm		
	R10 系列	R20 系列	R40/3 系列
0.28			
0.25			
0.224	—	0.45	—
0.2			
0.16			
0.14			
0.28			
0.224			
0.2	—	0.425	—
0.18			
0.16			
0.14			
0.25			
0.224			
0.2	0.4	0.4	—
0.18			
0.16			
0.14			

金属丝直径基本尺寸/mm	网孔基本尺寸 W/mm		
	R10 系列	R20 系列	R40/3 系列
0.224			
0.2			
0.18	—	0.355	0.355
0.14			
0.125			
0.2			
0.18			
0.16	0.315	0.315	—
0.14			
0.125			
0.2			
0.18			
0.16			
0.14	—	—	0.3
0.125			
0.112			

金属丝直径基本尺寸/mm	网孔基本尺寸 W/mm		
	R10 系列	R20 系列	R40/3 系列
0.18			
0.16	—	0.28	—
0.14			
0.112			
0.16			
0.14			
0.125	0.25	0.25	0.25
0.112			
0.1			
0.16			
0.125	—	0.224	—
0.1			
0.09			
0.14			
0.125			
0.112	—	—	0.212
0.1			
0.09			

金属丝直径基本尺寸/mm	网孔基本尺寸 W/mm		
	R10 系列	R20 系列	R40/3 系列
0.14			
0.125			
0.112	0.2	0.2	—
0.09			
0.08			
0.125			
0.112			
0.1	0.18	0.18	—
0.09			
0.08			
0.112			
0.1			
0.09	0.16	—	—
0.08			
0.071			
0.063			

金属丝直径基本尺寸/mm	网孔基本尺寸 W/mm		
	R10 系列	R20 系列	R40/3 系列
0.1			
0.09			
0.08	—	—	0.15
0.071			
0.063			
0.1			
0.09			
0.071	—	0.14	—
0.063			
0.056			
0.09			
0.08			
0.071			
0.063	0.125	0.125	0.125
0.056			
0.05			

金属丝直径基本尺寸/mm	网孔基本尺寸 W/mm		
	R10 系列	R20 系列	R40/3 系列
0.08			
0.071			
0.063	—	—	0.106
0.056			
0.05			
0.08			
0.071			
0.063	0.1	0.1	—
0.056			
0.05			
0.071			
0.063			
0.056	—	0.09	0.09
0.05			
0.045			
0.063	0.08	0.08	—
0.056			

金属丝直径基本尺寸/mm	网孔基本尺寸 W/mm		
	R10 系列	R20 系列	R40/3 系列
0.05			
0.045	0.08	0.08	—
0.04			
0.063			
0.056			
0.05	—	—	0.075
0.045			
0.04			
0.056			
0.05			
0.045	—	0.071	—
0.04			
0.05			
0.045			
0.04	0.063	0.063	0.063
0.036			

金属丝直径基本尺寸/mm	网孔基本尺寸 W/mm		
	R10 系列	R20 系列	R40/3 系列
0.045	—	0.056	—
0.04			
0.036			
0.032			
0.04	—	—	0.053
0.036			
0.032			
0.04	0.05	0.05	—
0.036			
0.032			
0.03			
0.036	—	0.045	0.045
0.032			
0.028			
0.032	0.04	0.04	—
0.03			
0.025			

金属丝直径基本尺寸/mm	网孔基本尺寸 W/mm		
	R10 系列	R20 系列	R40/3 系列
0.032			
0.03	—	—	0.038
0.025			
0.03			
0.028	—	0.036	—
0.022			

注：网孔基本尺寸 W 中，R10 系列为主要尺寸，R20 系列和 R40/3 系列为补充尺寸。

3. 用途　主要适用于筛选食用粉、粮食、种子、工业颗粒和粉状物质，过滤各种溶液、油脂等。

五、不锈钢丝网

1. 用途　主要适用于筛选和过滤液体、气体和颗粒、粉状物质。

2. 规格

每英寸长度目数	钢丝直径/mm	孔宽近似值/mm
4	1.0	5.35
5		4.08

每英寸长度目数	钢丝直径/mm	孔宽近似值/mm
6	0.71	3.52
8	0.56	2.62
10		1.98
12	0.5	1.61
14	0.46	1.35
16	0.38	1.21
18	0.315	1.1
20		0.96
22	0.27	0.88
24	0.27	0.79
26		0.71
28		0.68
30	0.23	0.62
32		0.56
36		0.4
38	0.21	0.5
40	0.19	0.6
50	0.15	0.8
60	0.12	0.1

每英寸长度目数	钢丝直径/mm	孔宽近似值/mm
80	0.1	0.12
100	0.08	0.14
120		0.16

六、镀锌电焊网

1. 结构外形　如图 4-50 所示。

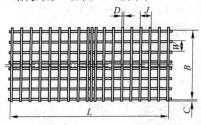

图 4-50　镀锌电焊网

2. 规格及用途

网号	网孔尺寸($J \times W$)/mm	钢丝直径/mm
20×20	50.8×50.8	1.8～2.5
10×20	25.4×50.8	
10×10	25.4×25.4	
04×10	12.7×25.4	

网号	网孔尺寸($J \times W$)/mm	钢丝直径/mm
06×06	19.05×19.05	1.0～1.8
04×04	12.79×12.79	
03×03	9.53×9.53	0.5～0.9
02×02	6.35×6.35	
用途	适用于制作围栏	

注：网的宽度 B 为 0.914m，网的长度 30m。

七、钢板网（QB/T 2959—2008）

1. 结构外形 如图 4-51 所示。

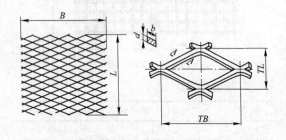

图 4-51 钢板网

2. 规格

钢板厚度	网格尺寸/mm			网面尺寸/m	
d/mm	TL	TB	b	B	L
0.5	5	12.5	1.11	2.0	1
	10	25	0.96		0.6, 1
	14		0.62		0.6
			0.70		1
0.5	5	12.5	1.1	1或2	2
	8	20		2.0	3
	10	25	1.12		4.0
	12	30	1.35		
0.8	10	25	0.96	2.0	0.6
			1.14		1.0
			1.12		
			1.35		4.0
	12	30	1.68		
1.0	10	25	1.1		0.6
			1.15		1.0
			1.12		
	12	30	1.35		4.0
	15	40	1.68		

钢板厚度	网格尺寸/mm			网面尺寸/m	
d/mm	TL	TB	b	B	L
1.2	10	25	1.13	4.0	
	12	30	1.35		
	15	40	1.68		
	18	50	2.03		
1.5	15	40	1.69	2.0	
	18	50	2.03		
	22	60	2.47		
	29	80	3.26		
2.0	18	50	2.03		4.0 或 5.0
	22	60	2.47		
	29	80	3.26		
	36	100	4.05		
	44	120	4.95		
2.5	29	80	3.26		
	36	100	4.05		
	44	120	4.95		

钢板厚度 d/mm	网格尺寸/mm			网面尺寸/m	
	TL	TB	b	B	L
3.0	36	120	4.99	2.0	4 或 5
	44	180	4.6		
	55	1150	4.99		5.0
	65	180	4.6		6.0
4.0	22	60	4.5		2.2
	30	80	5.0		2.7
	38	100	6.0		2.8
4.5	22	60	5.0	1.5 或 2.0	2.0
	30	80			2.2
	38	100	6.0		2.8
5.0	24	60			1.8
	32	80			2.4
	38	100	7.0		2.4
	56	150	6.0		4.2
	76	200	6.0		5.7

钢板厚度 d/mm	网格尺寸/mm			网面尺寸/m	
	TL	TB	b	B	L
6.0	32	80	7.0		2.0
	38	100			2.4
	56	150			3.6
	76	200	8.0		4.2
7.0	40		8.0	1.5 或 2.0	2.2
	60	150			3.4
	80	200	9.0		4.0
8.0	40	100	8.0		2.2
		200			2.0
	60	150	9.0		3.0
	80	200	10		3.6

注：TL—短节距，TB—长节宽，b—丝梗宽，B—网面宽，
L—网面长，d—板厚。

3. 用途　按钢板网不同规格尺寸，分别适用于钢筋混凝土、防护层、防护罩、隔离网、过滤网以及平台走道、扶梯和踏板等。

八、铝板网

1. 结构外形　如图 4-52 所示。

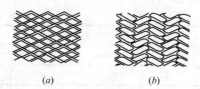

(a) (b)

图 4-52 铝板网

(a)菱形网孔；(b)人字形网孔

2. 规格

菱形网孔铝板网					
d/mm	网格尺寸/mm			网面尺寸/m	
	TL	TB	b	B	L
0.4	2.3	6.0	0.7	0.2~ 0.5	0.5 0.6 1.0
0.5	2.3	8.0	0.7		
	3.2	10.0	0.8		
	5.0	12.5	1.1		
1.0	5.0	12.5	1.1	1.0	2.0

人字形网孔铝板网					
d/mm	网格尺寸/mm			网面尺寸/m	
	TL	TB	b	B	L
0.4	1.7	6.0	0.5	0.2~ 0.5	0.5 0.6 1.0
	2.2	8.0	0.5		

人字形网孔铝板网					
d/mm	网格尺寸/mm			网面尺寸/m	
	TL	*TB*	*b*	*B*	*L*
0.5	1.7	6.0	0.5	0.2~0.5	0.5
	2.2	8.0	0.6		0.6
	3.5	12.5	0.8		1.0
1.0	3.5	12.5	1.1	1.0	2.0

注：*TL*—短节距，*TB*—长节宽，*b*—丝梗宽，*B*—网面宽，
　　L—网面长，*d*—板厚。

九、窗纱（QB/T 4285—2012）

1. **用途**　材质为低碳钢的窗纱适用于纱门、纱窗、纱柜以及纱罩上。材质为塑料和玻璃纤维的纱窗则主要适用于纱门和纱窗上。

2. **规格**

金属丝编织涂漆、涂塑、镀锌窗纱		
每英寸目数	孔距/mm	每匹宽度×每匹长度/m
经×纬	经×纬	
12×14	1.8×1.8	1×25，1×30，0.914×30，0.914×48
16×16	1.6×1.6	
18×16	1.4×1.4	

玻璃纤维涂塑窗纱		
每英寸目数	孔距/mm	每匹宽度×每匹长度/m
经×纬	经×纬	
14×14	1.8×1.8	1×25，1×30，
16×16	1.6×1.6	0.914×30，0.914×48
塑料窗纱（聚乙烯）		
16×16	1.6×1.6	同上

第四节　其他建筑小五金

一、垫圈

（一）平垫圈（GB/T 95—2002　C 级；GB/T 97.1—2002　A 级）

1. 结构外形　如图 4-53 所示。

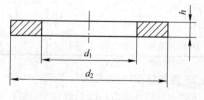

图 4-53　平垫圈

2. 规格

公称尺寸 /mm	内径 d_1/mm		外径 d_2/mm				厚度 h/mm			
	A级	C级	小垫圈	大垫圈	平垫圈	特大垫圈	小垫圈	大垫圈	平垫圈	特大垫圈
3.0	3.2	—	6.0	9.0	7.0	—	0.5	0.8	0.5	—
4.0	4.3	—	8.0	12	9.0	—		1.0	0.8	—
5.0	5.3	5.5	9.0	15	10	18	1.0	1.2	1.0	2.0
6.0	6.4	6.6	11	18	12	22		1.6	1.6	2.0
8.0	8.4	9	15	24	16	28	1.6	2.0	1.6	3.0
10	10.5	11	18	30	20	34		2.5	2.0	3.0
12	13	13.5	20	37	24	44	2.0	3.0	2.5	4.0
14	15	15.5	24	44	28	50		3.0	2.5	4.0
16	17	17.5	28	50	30	56	2.5	3.0	3.0	5.0
20	21	22	34	60	37	72	3.0	4.0	3.0	5.0
24	25	26	39	72	44	85	4.0	5.0	4.0	6.0
30	31	33	50	92	56	105		6.0	4.0	6.0
36	37	39	60	110	66	125	5.0	8.0	5.0	8.0

（二）弹簧垫圈（标准型 GB/T 93—1987、轻型 GB/T 859—1987、重型 GB/T 7244—1987）

1. 结构外形　如图 4-54 所示。

608

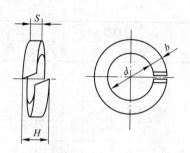

图 4-54 弹簧垫圈

2. 规格

规格 /mm	最小内径 d/mm	厚度 S/mm			宽度 b/mm		
		标准	轻型	重型	标准	轻型	重型
2.5	2.6	0.65	—	—	0.65	—	—
3.0	3.1	0.8	0.6	—	0.8	1.0	—
4.0	4.1	1.1	0.8	—	1.1	1.2	—
5.0	5.1	1.3	1.1	—	1.3	1.5	—
6.0	6.1	1.6	1.3	1.8	1.6	2.0	2.6
8.0	8.1	2.1	1.6	2.4	2.1	2.5	3.2
10	10.2	2.6	2.0	3.0	2.6	3.0	3.8
12	12.2	3.1	2.5	3.5	3.1	3.5	4.3

609

规格 /mm	最小内 径 d/mm	厚度 S/mm			宽度 b/mm		
		标准	轻型	重型	标准	轻型	重型
16	16.2	4.1	3.2	4.8	4.1	4.5	5.3
20	20.2	5.0	4.0	6.0	5.0	5.5	6.4
24	24.5	6.0	5.0	7.1	6.0	7.0	7.5
30	30.5	7.5	6.0	9.0	7.5	9.0	9.3
36	36.5	9.0	—	10.8	9.0	—	11
42	42.5	10.5	—	—	10.5	—	—
48	48.5	12	—	—	12	—	—

（三）羊毛毡垫圈

1. 结构外形　如图 4-55 所示。

图 4-55　羊毛毡垫圈

2. 规格

公称直径/mm	内径/mm	外径 mm	厚度/mm
6.0	7.5	28	1.6, 3.2, 4.8, 6.4, 8

（四）瓦楞垫圈

1. 结构外形　如图 4-56 所示。

图 4-56　瓦楞垫圈

2. 规格

公称直径/mm	内径/mm	外径 mm	厚度/mm
6.0	7.5	32	1.2

二、窗钩及窗钩羊眼

1. 结构外形　如图 4-57 所示。

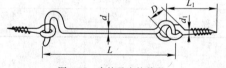

图 4-57　窗钩及窗钩羊眼

2. 规格

611

窗钩钩身			
名称	号码	全长 L/mm	直径 d/mm
普通型	40	38	2.8
	50	51	
	60	64	
	75	76	3.2
	100	102	3.6
	125	127	4.0
	150	—	4.4
	200	203	5.0
	250	—	5.4
	300	—	5.8
粗型	75	76	4.0
	100	102	4.4
	125	127	5.0
	150	152	5.4

窗钩羊眼				
名称	号码	全长 L/mm	直径 d_1/mm	外径 D/mm
普通型	40	23	9.6	2.5
	50			
	60			
	75	29	11	3.2

窗钩羊眼				
名称	号码	全长 L/mm	直径 d_1/mm	外径 D/mm
普通型	100	29	12.4	3.2
	125	34	13.8	4.0
	150	38	15.2	
	200	44	16.6	4.4
	250	45	18	5.0
	300	52	19.4	5.4
粗型	75	34	13.8	4.0
	100	37	15.2	4.6
	125	41	16.6	5.0
	150	45	18	

3. 对窗钩的要求

项目	要求	
窗钩杆部弯曲度/%	$L \leqslant 125$mm	$\leqslant 1\% \times L$
	$L > 125$mm	$\leqslant 0.8\% \times L$
窗钩圈部接口处偏斜	$\leqslant 0.2$ 倍钢丝公称直径	
窗钩圈部外径上偏差	$D \leqslant 15$mm 时，允许 0.5mm	
	$D > 15$mm 时，允许 0.8mm	
窗钩全长 >75mm 时的强度	承受 700N 的拉力后，仍能正常使用	

4. 用途　适用于木质门窗开启后的固定，也适用于木质家具等的支撑定位。

三、窗帘轨

1. 结构外形　如图 4-58 所示。

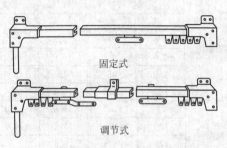

固定式

调节式

图 4-58　窗帘轨

2. 规格

名称	规格/mm
铝工字轨(窗帘轨)	翼宽×长=7×12
铁大脚(轨扣)	长×宽×高=34×16×15
铁小脚(滚组)	长×宽×高=15×10×9
挂钩(冬钩)	直径=2，脚长=10
铁葫芦(滚子)	直径=9
铝工字轨	翼宽×长=7×12

名称	规格/mm
大脚	长×宽×高＝34×16×15
小脚	长×宽×高＝15×10×9
滚子	直径＝2，脚长＝9
BC-Ⅰ型（单轨）	1200，1500，1800，2100
BC-Ⅱ型（双轨）	2400，2700，3000，3300

四、铜摇头窗钩

1. **结构外形** 如图 4-59 所示。

图 4-59 铜摇头窗钩

2. **规格**

基本尺寸/mm	75，100，125，150，175，200

五、灯钩

1. 结构外形　如图 4-60 所示。

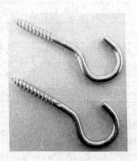

图 4-60　灯钩

2. 规格及用途

种类	全长/cm
普通灯钩	4.0，4.5，5.0，5.5，6.0，6.5，7.0，8.0，9.0，10.5，11.0
直角灯钩	2.5，3.0，4.0，5.0，7.0
双线灯钩	5.4
用途	适用于吊挂物件

六、塑料门窗密封条（GB 12002—1989）

1. 结构外形　如图 4-61 所示。

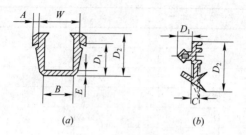

图 4-61 塑料门窗密封条

(a)槽型;(b)棒型

2. 分类及代号

分类方法	名称	代号
按用途分类	安装玻璃用密封条	GL
	框扇间用密封条	We
按使用范围分类	低层和多层建筑用密封条	Ⅰ
	高层和寒冷地区用密封条	Ⅱ
按材质分类	PVC 系列密封条	V
	橡胶系列密封条	R
按形状分类	槽型密封条	U
	棒型密封条	J
	带中空部分密封条	H
	不带中空部分密封条	S

3. 尺寸符号及含义

尺寸符号	含义
A	镶嵌边宽
B	玻璃槽宽
W	镶嵌宽度
E	槽底宽度
D_1	镶嵌深度
D_2	密封深度
C	玻璃面与窗框间隙
G	安装玻璃厚度

4. 规格

(1) 槽型密封条安装玻璃厚度与镶嵌宽度

G/mm	W/mm
3，4，5，6，7，8，12，16，18	9，11，13，15，20，25

注：12，16，18 是夹层玻璃或中空玻璃。

(2) 棒型密封条窗框与玻璃面间隙尺寸

C/mm	范围/mm
2.5	$2.5 \leqslant C < 3.0$
3.0	$3.0 \leqslant C < 3.5$

C/mm	范围/mm
3.5	$3.5 \leqslant C < 4.0$
4.0	$4.0 \leqslant C < 5.0$
5.0	$C \geqslant 5.0$

（3）窗扇与窗边框间隙尺寸

C/mm	范围/mm
1.0	$1.0 \leqslant C < 3.0$
3.0	$3.0 \leqslant C < 5.0$
5.0	$5.0 \leqslant C < 7.0$
7.0	$7.0 \leqslant C < 10.0$
10.0	$10.0 \leqslant C < 13.0$
13	$13.0 \leqslant C < 15.0$
15	$15.0 \leqslant C < 18.0$
18	$18.0 \leqslant C < 20.0$
20	$20.0 \leqslant C < 23.0$
23	$23.0 \leqslant C < 25.0$

5. 材质的物理性能要求

安装玻璃用密封条			
项目		GL I	GL II
硬度 （绍尔 A 型）	23℃	＜65±5	＜60±5
	0℃	＜85	＜75
	40℃	＜50	＜45
	0℃ 与 40℃ 硬度差	＜30	＜15
100%定伸强度/MPa		≥3.0	≥2.0
拉伸断裂强度/MPa		≥7.5	≥10.0
拉伸断裂伸长率/%		300	300
热空气 老化 性能	拉伸强度保留率/%	≥85	≥85
	伸长率保留率/%	≥70	≥70
	加热失重/%	≤3.0	≤3.0
加热收缩率(70℃×24h)/%		≤2.0	≤2.0
压缩永久变形(压缩率30%) (70℃×24h)/%		＜75	＜75
脆性温度/℃		≤-30	≤-40
耐臭氧性(50ppm, 伸长 20%) (40℃×96h)		不出现龟裂	

框扇间用密封条			
项目		We I	We II
硬度 （绍尔 A 型）	23℃	＜60±5	＜60±5
	0℃	＜85	＜75
	40℃	＜45	＜45

框扇间用密封条			
项目		WeⅠ	WeⅡ
硬度(绍尔 A 型)	0℃与40℃硬度差	<30	<15
100%定伸强度/MPa		≥3.0	≥2.0
拉伸断裂强度/MPa		≥7.5	≥10.0
拉伸断裂伸长率/%		300	300
热空气老化性能	拉伸强度保留率	≥85%	≥85%
	伸长率保留率/%	≥70	≥70
	加热失重/%	≤3.0	≤3.0
脆性温度/℃		≤−30	≤−40
耐臭氧性(50ppm，伸长 20%) (40℃×96h)		不出现龟裂	

注：热空气老化性能试验条件：100℃×72h。

6. 用途　适用于安装在塑料门安装玻璃和框扇之间，也适用于钢、铝合金门窗。

七、锁扣

1. 结构外形　如图 4-62 所示。

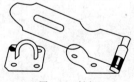

图 4-62　锁扣

2. 规格及用途

长页片全 长/mm	配用木螺钉/mm		
	直径	长度	数量/个
40		12	5
50		12	
65	3	14	
75		16	7
90		18	
100		18	
用途	适用于安装在门、柜、箱、抽屉等物体上挂锁		

第五章 建筑消防器材

第一节 灭火器

一、手提式灭火器（GB 4351.1—2005）

1. 结构外形　图 5-1 所示。

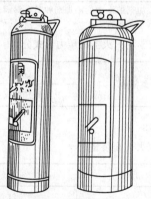

图 5-1　手提式灭火器

2. 分类

(1) 按充装的灭火剂分类

分类名称	灭火剂
水基型灭火器	清洁水
	含有添加剂的水
干粉灭火器	BC 型
	ABC 型
二氧化碳灭火器	二氧化碳
洁净气体灭火器	洁净气体

注：含有添加剂的水中的添加剂种类有湿润剂、增稠剂、
阻燃剂及发泡剂等。

（2）按驱动灭火器的压力形式分类

分类名称	贮气瓶式灭火器
	贮压式灭火器

3. 规格
（1）灭火剂充装量

灭火器名称	充装量
水基型灭火器	2L
	3L
	6L

624

灭火器名称	充装量
水基型灭火器	9L
二氧化碳灭火器	2kg
	3kg
	5kg
	7kg
干粉灭火器	1kg
	2kg
	3kg
	4kg
	5kg
	6kg
	8kg
	9kg
	12kg
洁净气体灭火器	1kg
	2kg

灭火器名称	充装量
洁净气体灭火器	4kg
	6kg

（2）有效喷射时间

水基型灭火器	
灭火剂充装量/L	有效喷射时间/s
2~3	≥15
>3~6	≥30
>6	≥40
灭 A 类火的灭火器(水基型灭火器除外)	
灭火级别	有效喷射时间/s
1A	≥8
≥2A	≥13
灭 B 类火的灭火器(水基型灭火器除外)	
灭火级别	有效喷射时间/s
21B~34B	≥8
55B~89B	≥9

灭 B 类火的灭火器(水基型灭火器除外)	
灭火级别	有效喷射时间/s
(113B)	≥12
≥114B	≥15

注:灭火性能以级别代号表示。A 类火是指固体有机物质
燃烧的火;B 类火是指液体或可熔化固体燃烧的火;C 类
火是指气体燃烧的火;D 类火是指金属燃烧的火;E 类火
是指燃烧时带电的火。

(3) 有效喷射距离

灭 A 类火的灭火器	
灭火级别	喷射距离/m
1A~2A	≥3
3A	≥3.5
4A	≥4.5
6A	≥5

灭 B 类火的灭火器		
灭火器类型	灭火剂量	喷射距离
水基型	2L	≥3
	3L	
	6L	
	9L	≥3.5

627

灭 B 类火的灭火器

灭火器类型	灭火剂量	喷射距离
洁净气体	1kg	≥2
	2kg	
	4kg	≥2.5
	6kg	≥3
二氧化碳	2kg	≥2
	3kg	
	5kg	≥2.5
	7kg	
干粉	1kg	≥3
	2kg	
	3kg	≥3.5
	4kg	
	5kg	
	6kg	≥4
	8kg	≥4.5
	≥9kg	≥5

（4）使用温度范围、喷射滞后时间及喷射剩余率

温度范围/℃	滞后时间/s	剩余率/%
5~55		
0~55		
-10~55		
-20~55	≤5	≤5
-30~55		
-40~55		
-55~55		

（5）灭火性能

灭 A 类的性能

级别代号	干粉充装量 /kg	水基型充装量 /L	洁净气体 充装量
1A	≤2	≤6	≥6
2A	3~4	>6~9	—
3A	5~6	>9	—
4A	>6~9	—	—
6A	>9	—	—

灭 B 类火的性能

级别代号	干粉充装量 /kg	水基型充装量 /L	洁净气体 充装量
21B	1~2	—	1~2
34B	3	—	4
55B	4	≤6	6
89B	5~6	>6~9	>6

灭 B 类火的性能			
级别代号	干粉充装量 /kg	水基型充装量 /L	洁净气体 充装量
144B	＞6	＞9	—
灭 C 类火的性能			
只有干粉、洁净气体以及二氧化碳等灭火器可标字母 C			
灭 E 类火的性能			
没有级别大小之分，干粉、洁净气体以及二氧化碳等灭火器可标字母 E			

注：灭火器总质量应≤20kg，其中二氧化碳灭火器的总质
量应≤23kg。

二、推车式灭火器（GB 8109—2005）

1. 结构外形　如图 5-2 所示。

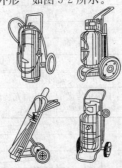

图 5-2　推车式灭火器

2. 分类

(1) 按充装灭火剂种类分类

分类名称	灭火剂
推车式水基型灭火器	水基型灭火剂
推车式干粉灭火器	干粉灭火剂
推车式二氧化碳灭火器	二氧化碳灭火剂
推车式洁净气体灭火器	洁净气体灭火剂

注：洁净气体灭火剂的生产和使用受到蒙特利尔协定或国家法律法规的限制。

(2) 按驱动灭火器的形式分类

分类名称	推车贮气瓶式灭火器
	推车贮压式灭火器

3. 规格

(1) 充装密度

灭火器种类	充装密度/(kg/L)
推车式二氧化碳灭火器	≤0.74
推车式洁净气体灭火器	≤推车式灭火器筒体设计的充装密度值

(2) 额定充装量

灭火器种类	充装量
推车式水基型灭火器	20L、45L、60L、125L
推车式干粉灭火器	20kg、50kg、100kg、125kg
推车式二氧化碳灭火器和推车式洁净气体灭火器	10kg、20kg、30kg、50kg

（3）有效喷射时间

灭火器种类	有效喷射时间 t/s
推车式水基型灭火器	$40 \leqslant t \leqslant 210$
灭 A 类火的推车式灭火器 （推车式水基型灭火器除外）	$t \geqslant 30$
不能扑灭 A 类火的推车式灭火器 （推车式水基型灭火器除外）	$t \geqslant 20$

（4）喷射距离

灭火器种类	喷射距离
配喷雾喷嘴推车式水基型灭火器	$\geqslant 3m$
灭 A 类火的推车式灭火器	$\geqslant 6m$

注：灭 A 类火的推车式灭火器的喷射距离是按 GB 8109—2005 第 7.1.1 节的要求试验测得的。

（5）使用温度范围、喷射滞后时间及喷射剩余率

温度范围/℃	滞后时间/s	剩余率/%
5～55		
−5～55		
−10～55		
−20～55	≤5	≤10
−30～55		
−40～55		
−55～55		

（6）灭火性能

灭火器种类	灭火级别
灭 A 类火的推车式灭火器	最小≥4A，最大≤20A

灭 B 类火的性能

灭火器种类	灭火级别
推车式灭火器	最大≤297B
推车式水基型灭火器	最小≥144B
推车式干粉灭火器	
推车式二氧化碳灭火器	最小≥43B
推车式洁净气体灭火器	

灭 C 类火的性能：只有推车式干粉灭火器可以标志具有扑灭 C 类火的能力

注：① 25kg＜总质量≤450kg 的推车式灭火器适用于本标准。

② 灭 D 类火的推车式灭火器不适用于本标准。

633

三、干粉灭火装置（GA 602—2006）

1. 分类

（1）按干粉灭火剂的贮存形式分类

分类名称	贮存形式
贮压式干粉灭火装置	贮压式
非贮压式干粉灭火装置	非贮压式

（2）按干粉灭火剂的种类分类

分类名称	种类
BC 干粉灭火装置	BC 灭火剂
ABC 干粉灭火装置	ABC 灭火剂
其他类干粉灭火装置	其他类灭火剂

（3）按灭火装置安装方式分类

分类名称	安装方式
悬挂式干粉灭火装置	悬挂式
壁挂式干粉灭火装置	壁挂式
其他安装方式干粉灭火装置	其他安装方式

注：干粉灭火装置。是指在保护区域内固定安装，能够自
　　动探测启动或通过控制装置手动启动，由驱动介质
　　（气体）驱动干粉灭火剂进行灭火的装置

2. 规格

(1) 工作环境温度范围

种类	温度范围/℃
灭火装置	−40～50
感温元件为玻璃球的灭火装置	−10～50

(2) 工作环境相对湿度

种类	相对湿度/%
灭火装置	≤95

(3) 有效喷射时间

种类	灭火剂充装量 T/kg	喷射时间 t/s
贮压式干粉灭火装置	$T \leqslant 5$	$t \leqslant 5$
	$5 < T \leqslant 10$	$t \leqslant 10$
	$10 < T \leqslant 16$	$t \leqslant 15$
	$T > 16$	根据具体质量确定

注：非贮压式干粉灭火装置喷射时间由生产企业规定，但不得大于贮压式干粉灭火装置的喷射时间。

635

(4) 灭火性能

① 全淹没灭火性能

灭火级别	灭火要求
B类灭火	灭火装置喷射结束后30s内灭火
A类灭火	灭火装置喷射结束后60s内扑灭明火。装置喷射结束继续抑制10min后，开启实验室门进行通风，木垛不能复燃

② 局部应用灭火性能

灭火级别	灭火要求
B类灭火	灭火装置喷射结束后灭火，且油盘内的火不得飞溅出油盘
A类灭火	灭火装置喷射结束后扑灭明火

注：固定安装的干粉灭火装置适用于本标准，柜式干粉灭火装置不适用于本标准。

四、悬挂式气体灭火装置(GA 13—2006)

1. 分类

分类名称	灭火剂种类
悬挂式七氟丙烷灭火装置	七氟丙烷
悬挂式卤代烷 1301 灭火装置	卤代烷 1301
悬挂式六氟丙烷灭火装置	七氟丙烷
悬挂式卤代烷 1211 灭火装置	卤代烷 1211

2. 规格

种类	工作温度 /℃	贮存压力/kPa	最大工作压力/kPa	最大充装密度/(kg/m²)
悬挂式七氟丙烷灭火装置	0~50	1600	2500	1150
		2500	4200	
悬挂式卤代烷1301 灭火装置	−20~55	1600	2800	1125
悬挂式卤代烷1301 灭火装置	−20~55	2000	3200	1125
		2500	4300	
悬挂式六氟丙烷灭火装置	0~50	800	1300	1125
		1200	2600	1202
		1600	3200	
		2500	4000	

注: 当工作温度超出表中所列数值时, 应在灭火装置上明显处标上永久性标志。

五、悬挂式 1211 定温自动灭火器

1. 结构外形　如图 5-3 所示。

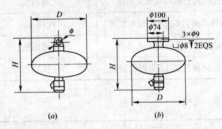

图 5-3　悬挂式 1211 定温自动灭火器
(a)挂钩式；(b)法兰式

2. 规格

(1) 灭火剂充装量和内储氮气压力

型号	灭火剂充装量/kg	内储氮气压/kPa
MYZ4B	4	
MYZ6B	6	
MYZ8B	8	800
MYZ12B	12	
MYZ16B	16	

(2) 喷射时间和保护范围

型号	喷射时间/s	保护范围 (5%浓度)/m³
MYZ4B		10.7
MYZ6B		16
MYZ8B	≤10	21.3
MYZ12B		32
MYZ16B		42.7

(3) 始喷温度和工作温度

型号	始喷温度/℃	工作温度/℃
MYZ4B		
MYZ6B		
MYZ8B	57、68、 79、93	-20~55
MYZ12B		
MYZ16B		

3. 尺寸规格

型号	挂钩式 $D \times H/mm$	法兰式 $D \times H/mm$
MYZ4B	225×272	225×246
MYZ6B	254×305	254×279
MYZ8B	275×315	275×289
MYZ12B	304×340	304×314
MYZ16B	340×355	340×329

第二节　消火栓和消防水枪

一、室内消火栓（GB 3445—2005）

1. 结构外形　如图 5-4 所示。

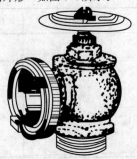

图 5-4　室内消火栓

2. 规格

(1) 公称通径和进水口规格

公称通径 DN/mm	型号	管螺纹 代号	管螺纹深度 /mm
25	SN25	Rp1	18
50	SN50	Rp2	22
	SNZ50		
	SNS50	Rp2½	
	SNSS50		
65	SN65	Rp2½	25
	SNZ65		
	SNZJ65		
	SNZW65		
	SNJ65		
	SNW65		
	SNS65	Rp3	
	SNSS65		
80	SN80	Rp3	

(2) 基本尺寸

型号	关闭后高度/cm	出水口中心高度/cm	阀杆中心距离接口外沿距离/cm
SN25	≤13.5	4.8	≤0.82
SN50	≤18.5	6.5	≤11.0
SNZ50	≤20.5	6.5~7.1	
SNS50	≤20.5	7.1	≤12.0
SNSS50	≤23.0	10.0	≤11.2
SN65	≤20.5	7.1	≤12.0
SNZ65			
SNZJ65			
SNZW65		7.1~10	
SNJ65	≤22.5		
SNW65			≤12.6
SNS65		7.5	
SNSS65	≤27.0	11.0	
SN80	≤22.5	8.0	

3. 用途　平时与供水管道接通，灭火时接好消防水带，开启截止阀开关，射出水以灭火。

二、室外消火栓(GB 4452—2011)

1. 结构外形　如图 5-5 所示。

图 5-5　室外消火栓

(a)地上式；(b)地下式

2. 地上室外消火栓规格

(1) 进水口、出水口及公称压力

型号	进水口		出水口		公称压力 /MPa
	接口形式	口径 /mm	接口形式	口径 /mm	
SS150	承插式	150	内扣式	150	1.0
				80/80	

(2) 尺寸规格

型号	长/cm	宽/cm	高/cm
SS150	≤45	≤33.5	≤159

3. 地下室外消火栓规格

(1) 进水口、出水口及公称压力

型号	进水口		出水口		公称压力/MPa
	接口形式	口径/mm	接口形式	口径/mm	
SA100	法兰式	100	内扣式	100/65	1.6
	承插式			80/80	1.0

(2) 尺寸规格

型号	公称压力/MPa	长/cm	宽/cm	高/cm
SA100	1.6	≤47.6	≤28.5	≤105
	1.0	≤47.2	≤28.5	≤104

4. 用途　平时与供水管道接通，灭火时接好消防水带，开启截止阀开关，射出水以灭火。

三、消火栓箱(GB 14561—2003)

1. 结构外形　如图 5-6 所示。

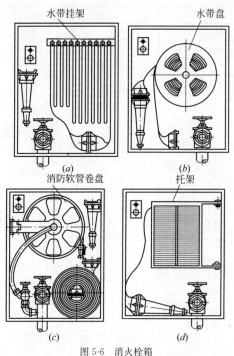

图 5-6 消火栓箱

(a) 水带挂置式栓箱；(b) 水带盘卷式栓箱；

(c) 水带卷置式栓箱；(d) 水带托架式栓箱

2. 规格

基本型号	代号	长边/cm	短边/cm	厚度/cm
SG20A50	A	80	65	20
SG20A65				20
SG24A50				24
SG24A65				24
SG24Z				24
SG32A50				32
SG32A65				32
SG32AZ				32
SG20B50	B	100	70	20
SG20B65				20
SG24B50				24
SG24B65				24
SG24B50Z				24
SG24B65Z				24
SG32B50				32
SG32B65				32
SG32B50Z				32
SG32B65Z				32
SG20C50	C	120	75	20
SG20C65				20
SG24C50				24
SG24C65				24

基本型号	代号	长边/cm	短边/cm	厚度/cm
SG24C50Z				24
SG24C65Z				
SG32C50	C	120	75	
SG32C50Z				32
SG32C65Z				

注：① 消火栓箱是指安装在建筑物内部消防供水专用管路上，具有给水、灭火、控制及报警等功能的箱体状固定式消防装置。消火栓箱由箱体、室内消火栓、消防接口、水带、水枪、消防软管卷盘及电器设备等消防器材组成。

② 还可选用21cm和28cm两种厚度的箱体。

3. 用途　适用于建筑物室内消火栓给水系统用栓箱。

四、消防水枪（GB 8181—2005）

1. 结构外形　如图 5-7 所示。

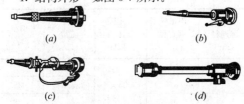

(*a*)　　　　　　　　(*b*)

(*c*)　　　　　　　　(*d*)

图 5-7　消防水枪

(*a*)直流水枪；(*b*)开关水枪；(*c*)开花水枪；(*d*)喷雾水枪

2. 代号

代号	含义
QZ	直流水枪
QZC	直流开关水枪
QZK	直流开花水枪
QWJ	撞击式喷雾水枪
QWL	离心式喷雾水枪
QWP	簧片式喷雾水枪
QLH	球阀转换式直流喷雾水枪
QLD	导流式直流喷雾水枪
QDH	球阀转换式多用水枪

3. 用途　装在水带出水口处，射出水流进行灭火。

4. 规格

(1) 直流水枪

接口公称通径 /mm	当量喷嘴直径 /mm	额定喷射压力 /kPa	额定流量 /(L/s)	射程 ≥/m
50	13	350	3.5	22
	16		5.0	25
60	19		7.5	28
	22	200		20

（2）喷雾水枪

接口公称通径/mm	额定喷射压力/kPa	额定喷雾流量/(L/s)	喷雾射程 ≥/m
50		2.5	10.5
		4.0	12.5
60	600	5.0	13.5
		6.5	15.0
		8.0	16.0
		10.0	17.0
		13.0	18.5

（3）多用水枪

接口公称通径/mm	额定喷射压力/kPa	额定喷雾流量/(L/s)	喷雾射程 ≥/m
50		2.5	21
		4.0	25
65	600	5.0	27
		6.5	30
		8.0	32
		10.0	34
		13.0	37

（4）高压水枪

外螺纹规格 /mm	额定喷射压力 /kPa	额定喷雾流量 /(L/s)	喷雾射程 ≥/m
M39×2	3500	3.0	17

注：外螺纹规格是指进水口。

（5）中压水枪

外螺纹规格 /mm	额定喷射压力 /kPa	额定喷雾流量 /(L/s)	喷雾射程 ≥/m
M39×2	2000	3.0	17

注：进水口连接规格有外螺纹规格和接口公称通径两种，
    选择时可任选其一。中压水枪接口公称通径值
    为40mm。

五、集水器（GA 868—2010）

1. 结构外形　如图 5-8 所示。

图 5-8　集水器

2. 用途　适用于将两股水流汇集成一股，以便向消防车集中供水。

3. 规格

型号	公称口径/mm		螺纹/mm	工作压力/MPa
	进水（内扣式）	出水（内螺纹式）		
FJ100	65×65	100	M125×6	≤1

外形尺寸及参考质量			
长/cm	宽/cm	高/cm	铝合金制质量/kg
27	24.3	14	3.4

六、滤水器

1. 结构外形　如图 5-9 所示。

图 5-9　滤水器

2. 规格

型号	公称口径 /mm	螺纹 /mm	工作压力 /MPa
LF100	100	M125×6	≤0.4

3. 用途 装在吸水管底部，防止水中杂质进入吸水管。其底阀还可防止吸水管内的水倒流。

七、分水器 (GA 868—2010)

1. 结构外形 如图 5-10 所示。

图 5-10 分水器

(a) 二分水器；(b) 三分水器

2. 规格

类型		二分水器	三分水器	
型号		FF65	FFS65	FFS80
公称口径 /mm	进水	65	65	80
	出水	65、65	50、65、50	65、65、65

外形尺寸 /cm	长	33	36.2	38.5
	宽	29.6	32	32.2
	高	30	25	20
工作压力/MPa		≤1.0		
铝合金制质量/kg		5.1	5.7	8.4

注：铝合金制质量仅供参考。

3. 用途　适用于将一路进水水流分成多路出水水流。

八、闷盖

1. 结构外形　如图 5-11 所示。

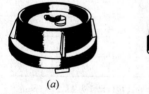

(a) (b)

图 5-11　闷盖

(a)出水口闷盖；(b)进水口闷盖

2. 规格

型号	公称口径 /mm	工作压力 /kPa	接口形式
KM25	25		
KM40	40		
KM50	50	≤1600	内扣式
KM60	60		
KM80	80		
KA100	100	≤1000	螺纹式

外形尺寸及铝合金制参考质量

型号	外径/mm	长/mm	质量/g
KM25	55	37	100
KM40	83	54	200
KM50	98	54	300
KM60	111	55	400
KM80	126	55	500
KA100	140	73	770

注：KA100闷盖的螺纹式接口尺寸为M125×6mm。

3. 用途 适用于对消火栓、消防车及消防泵等出水口进行封盖，起到密封和防灰尘的作用。

第三节　其他消防器材

一、消防水带(GB 6246—2011)

1. 结构外形　如图 5-12 所示。

图 5-12　消防水带

2. 规格

公称内径 /cm	基本长度 /m	工作压力 /kPa	质量 /(kg/m)	渗水量 L/(m·min)
4.0	15	800	0.28	0.10
5.0	20	1000	0.38	0.15
6.5	25		0.48	0.20
8.0	30	1300	0.60	0.25

3. 用途　适用于灭火时，输送水或其他液体灭火剂；也可用于其他行业用于输水或输送腐蚀性不大的液体。

二、消防水带包布

1. 结构外形　如图 5-13 所示。

图 5-13　消防水带包布

2. 规格及用途

型号	FP470
外形尺寸/cm	47×11.2×4
参考质量/g	700
用途	适用于对消防水带破裂漏水处进行包扎

三、消防接口（GB 12514.2—2006）

1. 水带接口

(1) 结构外形　如图 5-14 所示。

图 5-14　水带接口

(2) 规格及用途

型号	公称口径/mm	工作压力/kPa	参考质量/g	
			铝合金	带钢
KD25	25		200	—
KDN25	35		250	—
KD40	40	≤1600	500	—
KD50	50		650	900
KD65	65		800	1100
KD80	80		1250	—

外形尺寸及用途

型号	外径/mm	总长/mm	用途
KD25	55	59	适用于安装在水带两端,用于连接水带与消火栓、水枪及水带之间的连接
KDN25	55	64	
KD40	83	67.5	
KD50	98	67.5	
KD65	111	82.5	
KD80	126	82.5	

注:① 接口为内扣式。

② KD 为外箍式水带接口,KDN 为内扩张式水带接口。

③ 型号后面加 Z 表示工作压力为 2500kPa。

④ 强度试验压力为 2400kPa;密封试验压力为 1600 kPa。

657

2. 管牙接口

(1) 结构外形　如图 5-15 所示。

图 5-15　管牙接口

(2) 规格及用途

型号	公称口径/mm	管螺纹代号	参考质量/g	
			铝合金	带钢
KY25	25	G1	100	—
KY40	40	G1½	240	—
KY50	50	G2	260	450
KY65	65	G2½	350	600
KY80	80	G3	420	—

外形尺寸及用途

型号	外径/mm	总长/mm	用途
KD25	55	43	适用于安装在水枪进水口或消火栓、消防泵出水口连接水带
KY40	83	55	
KY50	98	55	
KY65	111	57	
KY80	126	57	

注：① 与水带连接一端接口为内扣式，另一端为管螺纹。
　　② 接口工作压力为 1600kPa。

3. 异径接口

（1）结构外形　如图 5-16 所示。

图 5-16　异径接口

（2）规格及用途

型号	参考质量/g	工作压力/kPa	公称口径/mm	
			小端	大端
KJ25/40	250		25	40
KJ25/50	300		25	50
KJ40/50	380		40	50
KJ40/65	450	≤1600	40	65
KJ50/65	500		50	65
KJ50/80	570		50	80
KJ65/80	620		65	80

外形尺寸及用途			
型号	外径/mm	总长/mm	用途
KJ25/40	83		
KJ25/50	98	67.5	适用于对不同口径的水枪、水带、消火栓进行连接，接口为内扣式
KJ40/50			
KJ40/65	111	82.5	
KJ50/65			
KJ50/80	126		
KJ65/80			

4. 异型接口

(1) 结构外形　如图 5-17 所示。

图 5-17　异型接口

(2) 规格及用途

型号	公称口径/mm	参考质量/g	接口式样
KX50	20	900	英式雄-内扣式
KXX50	50	500	
KX65	65	1200	英式雌-内扣式
KXX65	65	650	

外形尺寸及用途

型号	长/mm	宽/mm	高/mm	用途
KX50	162	105	98	适用于英式接口与内扣式接口连接
KXX50	98	98	97	
KX65	185	123	111	
KXX65	111	111	105	

四、吸水管接口和吸水管同型接口

1. 吸水管接口

(1) 结构外形　如图 5-18 所示。

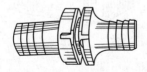

图 5-18　吸水管接口

（2）用途　分别安装在消防泵吸水管两端。接口为螺纹式，内螺纹接口用于连接消防水泵进水口或消火栓，外螺纹接口用于连接滤水器。

（3）规格

型号	公称口径/mm	螺纹/mm	外形尺寸/cm	
			外径	长度
KG90	90	M125×6	14	31
KG100	100		14.5	31.5

注：接口密封试验压力为 600kPa。

2. 吸水管同型接口

（1）结构外形　如图 5-19 所示。

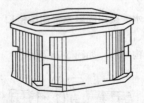

图 5-19　吸水管同型接口

（2）规格及用途

662

型号	公称口径 /mm	螺纹 /mm	外形尺寸/cm	
			外径	长度
KT100	100	M125×6	14	11.3
用途	适用于连接消防车吸水管与消火栓的连接。接口形式为内螺纹式			

五、消防安全带（GA 494—2004）

1. 结构外形　如图 5-20 所示。

图 5-20　消防安全带

2. 规格

型号		FDA
拉力/kN		4.5
外形尺寸 /mm	长	1250
	宽	80
	厚	3
质量/g		500

3. 用途　适用于与消防安全钩、安全绳配合使用，保护消防人员登高作业时的安全。

六、消防梯（GA 137—2007）

1. 结构外形　如图 5-21 所示。

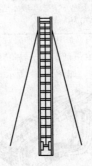

图 5-21　消防梯

2. 规格及用途

类型	单扛梯	挂钩梯	二节拉梯
工作长度/m	3	4	6
最小梯宽/cm	25		30
蹬梯间距/cm	28、30、34		
整梯质量/kg	≤12		≤35

类型	三节拉梯		其他消防梯
工作长度/m	9	15	3～15
最小梯宽/cm	35		30
蹬梯间距/cm	28、30、34		
整梯质量/kg	≤95	≤120	≤120
用途	适用于消防人员登高作业		

七、消防斧 (GA 138—2010)

1. 结构外形　如图 5-22 所示。

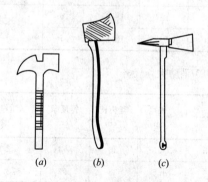

图 5-22　消防斧

(a)腰斧；(b)平斧；(c)尖斧

665

2. 用途　平斧适用于在灭火时劈破木质门窗等；尖斧适用于在灭火时凿洞、破墙；腰斧适用于登高作业时破拆障碍。

3. 规格

(1) 消防平斧规格

规格	总长度 /cm	斧头长 /cm	斧顶厚 /cm	质量 /kg
610	61	16.4	2.4	≤1.8
710	71	17.2	2.5	
810	81	18.0	2.6	≤3.5
910	91	18.8	2.7	

(2) 消防尖斧规格

规格	总长度 /cm	斧头长 /cm	斧顶厚 /cm	质量 /kg
715	71.5	30	4.4	≤2.0
815	81.5	33	5.3	≤3.5

(3) 消防腰斧规格(GA 630—2006)

规格	总长度/cm	斧头长/cm	斧顶厚/cm	质量/kg
265	26.5	15.0		
285	28.5	16.0	1.0	≤1.0
305	30.5	16.5		
325	32.5	17.5		

八、消防杆钩

1. 结构外形 如图 5-23 所示。

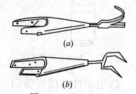

(a)

(b)

图 5-23 消防杆钩

(a)尖形杆钩(单钩); (b)爪形杆钩(双钩)

2. 规格及用途

型号	种类	外形尺寸 (带柄)/mm	质量/kg
GG378	尖形杆钩	2780×217×60	4.5
GG378	爪形杆钩	3630×160×90	5.5
用途	适用于灭火时穿洞、通气、破拆危险建筑物		

九、消防抢险专用气铲

1. 结构外形 如图 5-24 所示。

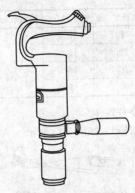

图 5-24　消防抢险专用气铲

2. 用途　适用于冲切防盗铁门、车门等薄壁金属制品。

3. 规格

冲切厚度/mm	≤2
进气接口/mm	9.5
冲击频率/Hz	≥45
缸体直径/mm	24
耗气量/(L/s)	≤12
质量/kg	3.5

十、消防应急灯

1. 分类

668

按应急 供电形式	按用途	按工作 方式	按应急 实现方式
自带电源型	标志灯	持续型	独立型
集中电源型	照明灯	非持续型	集中控制型
子母 电源型	照明、标志 两用灯	—	子母 控制型

2. 用途　适用于在发生火灾时，为人员的疏散、消防作业提供照明或标志的各类灯具。

十一、自动喷水灭火系统

（一）火灾探测器

1. 结构外形　如图 5-25 所示。

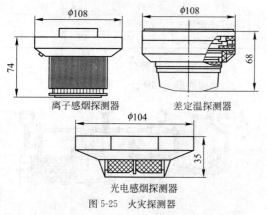

离子感烟探测器　　　　差定温探测器

光电感烟探测器

图 5-25　火灾探测器

2. 规格

种类	离子感烟探测器	光电感烟探测器	差定温探测器
型号	JTY-L2-101	JTY-GD-101	JTW-MSCD-101
适应环境	温度：−20～50℃；湿度：40℃时可达90%；风速：<5m/s		
工作电压	电源种类：直流电压值：24V		
用途	Ⅰ级用于禁烟场所；Ⅱ级用于烟少的场所如卧室等；Ⅲ级用于会议室等场所		

种类	型号	报警电压/V
离子感烟探测器	JTY-LZ-D	19，24
光电感烟探测器	JTY-GD	19
差定温探测器	JTW-Z(CD)	14
红外光感探测器	JTY-HS	24(工作电压)

（二）雨淋火灾报警器

1. 结构外形　如图 5-26 所示。

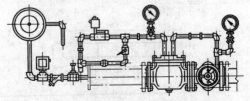

图 5-26　雨淋火灾报警器

2. 规格

规格/mm	25, 32, 40, 50, 65, 80, 100, 125, 150, 200, 250
额定工作压力/MPa	≥1.2

注：规格是指进口和出口的公称通径。

（三）湿式火灾报警器

1. 结构外形　如图 5-27 所示。

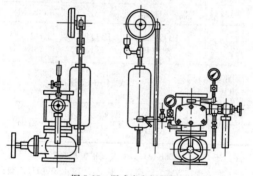

图 5-27　湿式火灾报警器

2. 规格

规格/mm	50, 65, 80, 100, 125, 150, 200, 250
额定工作压力/MPa	≥1.2

注：规格是指进口和出口的公称通径。

（四）火灾报警控制器

火灾报警控制器的种类、型号及规格

种类	型号		
智能型中文火灾报警控制器	JB-QT/LD128K(H)_A		
	JB-QT/LD128K(H)_B		
	JB-QT/LD128K(Q)		
区域火灾报警控制器	JB-QT/LD128K(M)		
型号	JB-QT/LD1 28K(H)	JB-QT/LD1 28K(Q)	JB-QT/LD1 28K(M)
回路输出 电压/V	DC24＋DC5 脉冲		
安装方式	琴台式、 人柜式	壁挂/人柜 7U	壁挂

注：JB-QT/LD128K(H)_A 型火灾报警控制器显示屏为彩
色，操作方式为触摸式，JB-QT/LD128K(H)B 型火
灾报警控制器显示屏为黑白，操作方式为按键式，其
余功能都相同。

十二、消防喷头

（一）易熔合金闭式喷头

1. 结构外形 如图 5-28 所示。

672

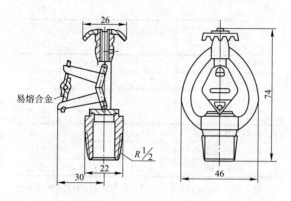

图 5-28　易熔合金闭式喷头

2. 规格

型号	ZSTZ15 /72Y	ZSTZ15 /98Y	ZSTZ15 /142Y
公称动作温度/℃	72	98	142
环境最高温度/℃	42	68	112
轭臂色标	本色	白色	蓝色
型号	ZSTX15 /72Y	ZSTX15 /98Y	ZSTX15 /142Y
公称动作温度/℃	72	98	142

型号	ZSTX15/72Y	ZSTX15/98Y	ZSTX15/142Y
环境最高温度/℃	42	68	112
轭臂色标	本色	白色	蓝色

型号	ZSTB15/72Y	ZSTB15/98Y	ZSTB15/142Y
公称动作温度/℃	72	98	142
环境最高温度/℃	42	68	112
轭臂色标	本色	白色	蓝色

注：ZSTZ15 为直立型；ZSTX15 为下垂式；ZSTB15 为边墙式。

（二）吊顶型玻璃球闭式喷头

1. 结构外形　如图 5-29 所示。

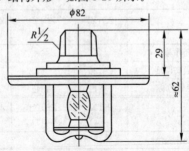

图 5-29　吊顶型玻璃球闭式喷头

674

2. 规格

型号	BBd15			
喷口直径/mm	10, 15, 20			
温度级别/℃	57	68	79	93
玻璃球颜色	橙色	红色	黄色	绿色
环境温度/℃	38	49	60	74

（三）玻璃球闭式喷头

1. 结构外形　如图 5-30 所示。

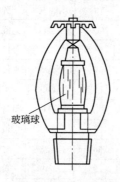

玻璃球

图 5-30　玻璃球闭式喷头

2. 规格

型号	动作温度/℃	环境温度/℃	工作液色标	连接螺纹代号
ZSTP15/57	57	≤27	橙色	
ZSTP15/68	68	≤38	红色	
ZSTP15/79	79	≤49	黄色	
ZSTP15/93	93	≤63	绿色	
ZSTP15/141	141	≤111	蓝色	
ZSTB15/57	57	≤27	橙色	
ZSTB15/68	68	≤38	红色	
ZSTB15/79	79	≤49	黄色	
ZSTB15/141	141	≤111	蓝色	G½
ZSTZ15/57	57	≤27	橙色	
ZSTZ15/68	68	≤38	红色	
ZSTZ15/79	79	≤49	黄色	
ZSTZ15/141	141	≤111	蓝色	
ZSTX15/57	57	≤27	橙色	
ZSTX15/68	68	≤38	红色	
ZSTX15/79	79	≤49	黄色	
ZSTX15/141	141	≤111	蓝色	

676

第六章 水暖器材

第一节 阀 门

一、阀门型号编制方法(JB/T 308—2004)

1. 阀门类型代号

阀门类型	代号
闸阀	Z
球阀	Q
截止阀	J
节流阀	L
蝶阀	D
隔膜阀	G
旋塞阀	X
止回阀、底阀	H
安全阀	A
疏水阀	S
排污阀	P
柱塞阀	U
减压阀	Y

2. 传动方式代号

传动方式	代号
电磁传动	0
电磁液动	1
电液传动	2
涡轮传动	3
正齿轮传动	4
锥齿轮传动	5
气动	6
液动	7
气液动	8
电动	9

注：① 用手柄、手轮或扳手传动的阀门及安全阀、减压阀、疏水阀本代号不标注。

② 常闭式气动或液动用 6B、7B 表示；常开式气动或液动用 6K、7K 表示；气动带手用 6S 表示；防爆电动用 9B 表示。

3. 连接方式代号

连接方式	代号
内螺纹	1
外螺纹	2

连接方式	代号
法兰	4
焊接	6
对接	7
卡箍	8
卡套	9

4. 阀座密封面或衬里材料

密封面或衬里材料	代号
铜合金	T
橡胶	X
尼龙塑料	N
氟塑料	F
锡基轴承合金	B
合金钢	H
渗碳钢	D
硬质合金	Y
衬胶	J
衬铅	Q

密封面或衬里材料	代号
渗硼钢	P
阀体直接加工的密封面	W
搪瓷	C
玻璃	G
不锈钢	E18-8
	RMo2Ti

5. 阀体材料

密封面或衬里材料	代号
灰铸铁	Z
可锻铸铁	K
球墨铸铁	Q
铜及铜合金	T
碳素钢	C
铬钼钢	I
不锈钢	E18-8
	RMo2Ti
	HCrB

密封面或衬里材料	代号
铬钼钒钢	V
铝合金	L
钛及钛合金	A
塑料	S

6. 闸阀结构形式代号

结构形式	代号
明杆楔式单闸板	0
明杆楔式双闸板	1
明杆平行式单闸板	2
明杆平行式双闸板	3
暗杆楔式单闸板	4
暗杆楔式双闸板	5
暗杆平行式双闸板	7
明杆楔式弹性闸板	9

7. 截止阀、柱塞阀和节流阀结构形式代号

结构形式	代号
直通式	0
角式	3
直流式	4
平衡直通式	5
平衡角式	6

8. 蝶阀结构形式代号

结构形式	代号
杠杆式	9
垂直板式	0
斜板式	2

9. 球阀结构形式代号

结构形式	代号
浮动直通式	0
浮动 Y 形三通式	3
浮动 T 形三通式	4
固定四通式	5
固定直通式	6

10. 止回阀和底阀结构形式代号

结构形式	代号
升降直通式	0
升降立式	1
升降角式	2
旋启单瓣式	3
旋启多瓣式	4
旋启双瓣式	5

11. 旋塞阀结构形式代号

结构形式	代号
填料直通式	2
填料 T 形三通式	3
填料四通式	4
油封直通式	6
油封 T 形三通式	7

12. 隔膜阀结构形式代号

结构形式	代号
屋脊式	0
截止式	2
闸板式	6

13. 减压阀结构形式代号

结构形式	代号
薄膜式	0
弹簧薄膜式	1
活塞式	2
波纹管式	3
杠杆式	4

14. 疏水阀结构形式代号

结构形式	代号
浮球式	0
钟形浮子式	4
双金属片式	6
脉冲式	7
热动力式	8

15. 安全阀结构形式代号

结构形式	代号
弹簧封闭微启式	0
弹簧封闭全启式	1

结构形式	代号
弹簧不封闭带扳手双弹簧微启式	2
弹簧封闭带扳手全启式	3
弹簧封闭带扳手微启式	4
弹簧不封闭带控制机构全启式	5
弹簧不封闭带扳手微启式	6
弹簧不封闭带扳手全启式	7
脉冲式	8
弹簧封闭带散热片全启式	9

二、闸阀（GB/T 8464—2008）

1. 结构外形 如图 6-1 所示。

(a)　　　　　　(b)　　　　　　(c)

图 6-1 闸阀

(a)内螺纹连接暗杆楔式单闸板闸阀；(b)法兰连接暗杆楔式
单闸板闸阀；(c)法兰连接明杆平行式双闸板闸阀

2. 规格

型号	适用介质	适用温度/℃	公称通径/mm	公称压力/MPa
Z41T-10	蒸汽、水	≤200	50～450	1.0
Z41W-10	油	≤100	50～450	1.0
Z741T-10	水	≤100	100～600	1.0
Z941T-10	蒸汽、水	≤200	100～450	1.0
Z42W-1	煤气	≤100	300～500	0.1
Z542W-1	煤气	≤100	600～1000	0.1
Z942W-1	煤气	≤100	600～1400	0.1
Z44T-10	蒸汽、水	≤200	50～400	1.0
Z44W-10	油	≤100	50～400	1.0
Z945T-6	水	≤100	1200～1400	0.60
Z946T-2.5	水	≤100	1600～1800	0.25
Z944T-10	蒸汽、水	≤200	100～400	1.0
Z944W-10	油	≤100	100～400	0.1
Z45T-10	水	≤100	50～700	0.1
Z45W-10	油	≤100	50～450	0.1
Z445T-10	水	≤100	800～1000	1.0
Z945T-10	水	≤100	100～1000	1.0

型号	适用介质	适用温度/℃	公称通径/mm	公称压力/MPa
Z945W-10	油	≤100	100～450	1.0
Z40H-16C	油、蒸汽、水	≤350	200～400	1.6
Z940H-16C	油、蒸汽、水	≤350	200～400	1.6
Z640H-16C	油、蒸汽、水	≤350	200～500	1.6
Z40H-16Q	油、蒸汽、水	≤350	65～200	1.6
Z940H-16Q	油、蒸汽、水	≤350	65～200	1.6
Z40W-16P	硝酸类	≤100	200～300	1.6
Z40W-16R	醋酸类	≤100	200～300	1.6
Z40Y-16I	油	≤550	200～400	1.6
Z40H-25	油、蒸汽、水	≤350	50～400	2.5
Z940H-25	油、蒸汽、水	≤350	50～400	2.5
Z640H-25	油、蒸汽、水	≤350	50～400	2.5
Z40H-25Q	油、蒸汽、水	≤350	50～200	2.5
Z940H-25Q	油、蒸汽、水	≤350	50～200	2.5
Z542H-25	蒸汽、水	≤300	300～500	2.5
Z942H-25	油、蒸汽、水	≤300	300～800	4.0
Z61Y-40	油、蒸汽、水	≤425	15～40	4.0
Z41H-40	油、蒸汽、水	≤425	15～40	4.0

型号	适用介质	适用温度/℃	公称通径/mm	公称压力/MPa
Z40H-40	油、蒸汽、水	≤425	50～250	4.0
Z440H-40	油、蒸汽、水	≤425	300～400	4.0
Z940H-40	油、蒸汽、水	≤425	50～400	4.0
Z640H-40	油、蒸汽、水	≤425	50～400	4.0
Z40H-40Q	油、蒸汽、水	≤350	50～200	4.0
Z940H-40Q	油、蒸汽、水	≤350	50～200	4.0
Z40Y-40P	硝酸类	≤100	200～250	4.0
Z440Y-40P	硝酸类	≤100	300～500	4.0
Z40Y-40I	油	≤550	50～250	4.0
Z40H-64	油、蒸汽、水	≤425	50～250	6.4
Z440H-64	油、蒸汽、水	≤425	300～400	6.4
Z940H-64	油、蒸汽、水	≤425	50～800	6.4
Z940Y64I	油	≤550	300～500	6.4
Z40Y-64I	油	≤550	50～250	6.4
Z40Y-100	油、蒸汽、水	≤450	50～200	10.0
Z440Y-100	油、蒸汽、水	≤450	250～300	10.0
Z940Y-100	油、蒸汽、水	≤450	50～300	10.0
Z61Y-160	油	≤450	15～40	16.0

688

型号	适用介质	适用温度/℃	公称通径/mm	公称压力/MPa
Z41H-160	油	≤450	15～40	16.0
Z40Y-160	油	≤450	50～200	16.0
Z940Y-160	油	≤450	50～300	16.0

3. 用途　适用于安装在管路上对管路及设备中的介质进行启闭。暗杆闸阀适用于空间高度受限制的场合，明杆闸阀适用于空间高度不受限制的场合。

三、截止阀（GB/T 8464—2008）

1. 结构外形　如图 6-2 所示。

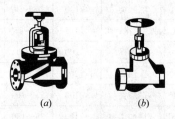

(a)　　　　　(b)

图 6-2　截止阀

(a)法兰连接；(b)内螺纹连接

2. 规格

型号	适用介质	适用温度/℃	公称通径/mm	公称压力/MPa
J41W-16	油	≤100	25～150	1.6
J41W-16P	硝酸类	≤100	80～150	1.6
J41W-16R	醋酸类	≤100	80～150	1.6
J41T-16	蒸汽、水	≤200	25～150	1.6
J11W-16	油	≤100	15～65	1.6
J11T-16	蒸汽、水	≤200	15～65	1.6
J45J-6	酸碱类	≤50	40～150	0.6
J45Q-6	硫酸类	≤100	25～150	0.6
WJ61W-6P	硝酸类	≤100	10～25	0.6
WJ41W-6P	醋酸类	≤100	32～50	0.6
J91H-40	油、蒸汽、水	≤425	15～25	4.0
JQ1W-40	油	≤200	6、10	4.0
J21W-40	油	≤200	6、10	4.0
J45W-25P	硝酸类	≤100	25～100	2.5
WJ41W-25P	硝酸类	≤100	25～150	2.5
J44B-25Z	氨、液体氨	−40～150	32～50	2.5
J41B-25Z	氨、液体氨	−40～150	32～200	2.5

型号	适用介质	适用温度/℃	公称通径/mm	公称压力/MPa
J24B-25K	氨、液体氨	−40～150	10～25	2.5
J21B-25K	氨、液体氨	−40～150	10～25	2.5
J24W-25K	氨、液体氨	−40～150	6	2.5
J21W-25K	氨、液体氨	−40～150	6	2.5
J94W-40	油	≤200	6、10	4.0
J94H-40	油、蒸汽、水	≤425	15～25	4.0
J21H-40	油、蒸汽、水	≤425	15～25	4.0
J24W-40R	醋酸类	≤100	6～25	4.0
J24W-40P	硝酸类	≤100	6～25	4.0
J21W-40R	醋酸类	≤100	6～25	4.0
J21W-40P	硝酸类	≤100	6～25	4.0
J24H-40	油、蒸汽、水	≤425	15～25	4.0
J24W-40	油	≤200	6、10	4.0
J61Y-40	油、蒸汽、水	≤100	10～25	4.0
J41H-40	油、蒸汽、水	≤100	10～150	4.0
J44H-100	油、蒸汽、水	≤450	32～50	10.0

型号	适用介质	适用温度/℃	公称通径/mm	公称压力/MPa
J941H-100	油、蒸汽、水	≤450	50～100	10.0
J41H-100	油、蒸汽、水	≤450	10～100	10.0
J941H-64	油、蒸汽、水	≤425	50～100	6.4
J41H-64	油、蒸汽、水	≤425	50～100	6.4
J44H-40	油、蒸汽、水	≤425	32～50	4.0
J41H-40Q	油、蒸汽、水	≤350	32～150	4.0
J941H-40	油、蒸汽、水	≤425	50～150	4.0
J41W-40P	硝酸类	≤100	32～150	4.0
J41W-40R	醋酸类	≤100	32～150	4.0
J61Y-160	油	≤450	15～40	16.0
J41H-160	油	≤450	15～40	16.0
J41Y-160I	油	≤550	15～40	16.0
J21W-160	油	≤200	6、10	16.0

3. 用途　适用于安装在管路或设备上，启闭介质。

四、旋塞阀（铁制：GB/T 12240—2008；钢制：GB/T 22130—2008）

1. 结构外形　如图 6-3 所示。

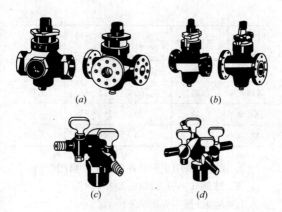

图 6-3　旋塞阀

(a)三通旋塞阀；(b)直通旋塞阀；

(c)双叉煤气用旋塞阀；(d)四叉煤气用旋塞阀

2. 规格

型号	适用介质	适用温度/℃	公称通径/mm	公称压力/MPa
X13W-10T	水	≤100	15～50	10.0
X13W-10	油	≤100	15～50	10.0
X13T-10	水	≤100	15～50	10.0
X43W-10	油	≤100	25～80	6.4

693

型号	适用介质	适用温度/℃	公称通径/mm	公称压力/MPa
X43T-10	水	≤100	25～80	6.4
X48W-10	油	≤100	25～80	4.0
X43W-6	油	≤100	100～150	4.0
X44W-6	油	≤100	25～100	4.0

3. 用途　适用于安装在管路上，启闭介质。

五、球阀（GB/T 8464—2008）

1. 结构外形　如图 6-4 所示。

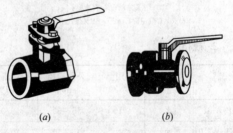

（a）　　　　　　　　　　（b）

图 6-4　球阀

（a）Q11F-16 型；（b）Q41F-16 型

2. 规格

型号	适用介质	适用温度/℃	公称通径/mm	公称压力/MPa
Q21F-40	油、水	≤100	10~25	4.0
Q21F-40P	硝酸类	≤100	10~25	4.0
Q21F-40R	醋酸类	≤100	10~25	4.0
Q41F-40Q	油、水	≤100	32~100	4.0
Q41F-40P	硝酸类	≤425	32~200	4.0
Q941F-16	油、水	≤200	15~65	1.6
Q41F-16	油、水	≤100	32~150	1.6
Q11F-16	油、水	≤100	50~150	1.6
Q41F-4R	醋酸类	≤150	32~200	4.0
Q947F-25	油、水	≤150	200~500	2.5
Q647F-25	油、水	≤150	200~500	2.5
Q347F-25	油、水	≤150	200~500	2.5
Q45F-16Q	油、水	≤100	15~150	1.6
Q44F-16Q	油、水	≤100	15~150	1.6
Q41F-16R	醋酸类	≤100	100~150	1.6
Q41F-16P	硝酸类	≤100	100~150	1.6
Q641F-40Q	油、水	≤150	50~100	4.0
Q941F-40Q	油、水	≤150	50~100	4.0
Q941N-64	油、天然气	≤150	50~100	6.4

型号	适用介质	适用温度/℃	公称通径/mm	公称压力/MPa
Q641N-64	油、天然气	≤80	50~100	6.4
Q41N-64	油、天然气	≤80	50~100	6.4
Q647F-64	油、天然气	≤80	125~200	6.4
Q947F-64	油、天然气	≤80	125~500	6.4
Q247F-64	油、天然气	≤80	125~500	6.4

3. 用途　适用于安装在管路上，快速启闭介质。

六、止回阀（GB/T 8464—2008）

1. 结构外形　如图 6-5 所示。

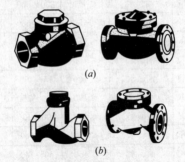

(a)

(b)

图 6-5　止回阀

(a)旋启式止回阀；(b)升降式止回阀

2. 规格

型号	适用介质	适用温度/℃	公称通径/mm	公称压力/MPa
H44W-10	油	≤100	50~450	1.0
H44Y-10	蒸汽、水	≤200	50~600	1.0
H44X-10	水	≤50	50~600	1.0
H45X-10	水	≤50	700~1000	1.0
H45X-6	水	≤50	1200~1400	0.6
H45X-2.5	水	≤50	1600~1800	0.25
H46X-2.5	水	≤50	350~500	0.25
H42X-2.5	水	≤50	50~300	0.25
H12X-2.5	水	≤50	50~80	0.25
H41W-16R	醋酸类	≤100	80~150	1.6
H41W-16P	硝酸类	≤100	80~150	1.6
H41W-16	油	≤100	25~150	1.6
H41T-16	蒸汽、水	≤200	25~150	1.6
H11W-16	油	≤100	15~65	1.6
H11T-16	蒸汽、水	≤200	15~65	1.6
H41W-40R	醋酸类	≤100	32~150	4.0
H41W-40P	硝酸类	≤100	32~150	4.0

型号	适用介质	适用温度/℃	公称通径/mm	公称压力/MPa
H21W-40P	硝酸类	≤100	15~25	4.0
H44W-40P	硝酸类	≤100	200~400	4.0
H44Y-40I	油	≤550	50~250	4.0
H44H-40	油、蒸汽、水	≤425	50~400	4.0
H41H-40Q	油、蒸汽、水	≤350	32~150	4.0
H41H-40	油、蒸汽、水	≤425	10~150	4.0
H44H-25	油、蒸汽、水	≤350	200~500	2.5
H44B-25Z	氨、液体氨	-40~150	32~50	2.5
H41H-64	油、蒸汽、水	≤425	50~100	1.6
H44H-64	油	≤425	50~500	1.6
H44Y-64I	油	≤550	50~500	1.6
H41H-100	油、蒸汽、水	≤450	10~100	1.6
H44H-160	油、水	≤450	50~300	1.6
H44Y-160I	油	≤550	50~200	1.6
H41H-160	油	≤450	15~40	4.0
H61Y-160	油	≤450	15~40	4.0

3. 用途　适用于安装在管路或设备上，防止介质回流。

七、安全阀

1. 结构外形 如图 6-6 所示。

图 6-6　安全阀

2. 规格

型号	适用介质	适用温度/℃	公称通径/mm	密封压力范围/MPa	公称压力/MPa
A27W-10T	空气	≤120	15~20	0.4~1.0	1.0
A27H-10K	空气、蒸汽、水	≤200	10~40	0.1~1.0	1.0
A21H-16C	空气、氨气、水、液氨	≤200	10~25	0.1~1.6	1.6
A21W-16P	硝酸类	≤200	10~25	0.1~1.6	1.6

型号	适用介质	适用温度/℃	公称通径/mm	密封压力范围/MPa	公称压力/MPa
A47H-16	空气、蒸汽、水	≤200	40~100	0.1~1.6	1.6
A40Y-16I	空气、油	≤550	50~150	0.1~1.6	1.6
A40H-16C	空气、油	≤450	50~150	0.1~1.6	4.0
A41H-16C	空气、氨气、水、液氨、油	≤300	32~80	0.1~1.6	1.6
A41W-16P	硝酸类	≤200	32~80	0.1~1.6	1.6
A47H-16C	空气、蒸汽、水	≤350	40~80	0.1~1.6	1.6
A43H-16C	空气、蒸汽	≤350	80~100	0.1~1.6	1.6
A42H-16C	空气、油	≤300	40~200	0.06~1.6	1.6
A42W-16P	硝酸类	≤200	40~200	0.06~1.6	1.6
A44H-16C	空气、油	≤300	50~150	0.1~1.6	1.6
A48H-16C	空气、蒸汽	≤350	50~150	0.1~1.6	1.6
A21H-40	空气、氨气、水、液氨	≤200	15~25	1.6~4.0	4.0
A21W-40P	硝酸类	≤200	15~25	1.6~4.0	4.0
A40H-40	空气、油	≤450	50~150	0.6~4.0	4.0
A43H-40	空气、蒸汽	≤350	80~100	1.3~4.0	4.0

型号	适用介质	适用温度/℃	公称通径/mm	密封压力范围/ MPa	公称压力/MPa
A47H-40	空气、蒸汽	≤350	40～80	1.3～4.0	4.0
A41H-40	空气、氨气、水、液氨、油	≤300	32～80	1.3～4.0	4.0
A41W-40P	硝酸类	≤200	32～80	1.6～4.0	4.0
A42H-40	空气、油	≤300	40～150	1.3～4.0	4.0
A40Y-40I	空气、油	≤550	50～150	0.6～4.0	4.0
A44H-40	空气、油	≤300	50～150	1.3～4.0	4.0
A42W-40P	硝酸类	≤200	40～150	1.6～4.0	4.0
A48H-40	空气、蒸汽	≤350	50～150	1.3～4.0	4.0
A44H-100	空气、油	≤300	50～100	3.2～10.0	10.0
A42H-100	空气、油、氮气、氢气	≤300	40～100	3.2～10.0	10.0
A40Y-100P	空气、油	≤600	50～100	1.6～8.0	10.0
A40Y-100I	空气、油	≤550	50～100	1.6～8.0	10.0
A40H-100	空气、油	≤450	50～100	1.6～8.0	10.0
A41H-100	空气、油、水	≤300	32～50	3.2～10.0	10.0
A48H-100	空气、蒸汽	≤350	50～100	3.2～10.0	10.0
A41H-160	空气、油、水、氮气、氢气	≤200	15、32	10～16	16.0

型号	适用介质	适用温度/℃	公称通径/mm	密封压力范围/MPa	公称压力/MPa
A42H-320	空气、油、氮气、氢气	—	32~50	16~32	32.0
A41H-320	空气、油、水、氮气、氢气	—	15~32	16~32	32.0
A42H-160	空气、油、氮气、氢气	—	15、32~80	10~16	16.0
A40Y-160P	空气、油	≤600	50~80	10~16	16.0
A40Y-160I	空气、油	≤550	50~80	10~16	16.0
A40H-160	空气、油	≤450	50~80	10~16	16.0

3. 用途 适用于安装在锅炉、压力容器和管道上，保证设备安全运行。

八、减压阀（GB/T 12244—2006）

1. 结构外形 如图 6-7 所示。

图 6-7 减压阀

2. 规格

型号	适用介质	适用温度 /℃	公称通径 /mm	出口压力 / MPa	公称压力 /MPa
Y42X-64	空气、水	≤70	25～50	0.1～3.0	6.4
Y43H-64	蒸汽	≤450	25～100	0.1～3.0	6.4
Y43X-40	水	≤70	20～80	0.1～2.5	4.0
Y43H-40	蒸汽	≤400	25～200	0.1～2.5	4.0
Y42X-40	空气、水	≤70	25～80	0.1～2.5	4.0
Y42X-25	空气、水	≤70	25～100	0.1～1.6	2.5
Y43X-25	水	≤70	25～200	0.1～1.6	2.5
Y43H-25	蒸汽	≤350	25～300	0.1～1.6	2.5
Y43H-16	蒸汽	≤200	20～300	0.05～1.0	1.6
Y43X-16	空气、水	≤70	25～300	0.05～1.0	1.6
Y44T-10	空气、蒸汽	≤180	20～50	0.05～0.4	1.0

3. 用途　适用于安装在空气或蒸汽管道上，降低管道中介质的压力，并保持恒压。

九、疏水阀（GB/T 22654—2008）

1. 结构外形　如图 6-8 所示。

2. 用途　适用于安装在蒸汽管道或加热器、散热器等蒸汽设备上，将管道或设备中的冷凝水自动排除，防止蒸汽泄漏。

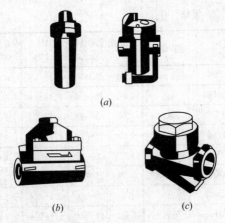

图 6-8　疏水阀

(a)钟形浮子式；(b)圆盘热动力式；(c)双金属片式

3. 规格

型号	允许背压/%	适用温度/℃	公称通径/mm	公称压力/MPa
S41H-160I	≤80	≤550	15～50	16
S41H-64	≤80	≤425	15～50	6.4
S41H-40	≤80	≤425	15～50	4.0
S41H-25	≤80	≤350	15～80	2.5
S41H-16	≤80	≤200	15～50	1.6

型号	允许背压/%	适用温度/℃	公称通径/mm	公称压力/MPa
S41H-16C	≤80	≤350	15～80	1.6
S43H-6	≤80	≤200	15～50	0.6
S43H-10	≤80	≤200	15～50	1.0
S19H-40	≤50	≤425	15～50	4.0
S19H-16	≤50	≤200	15～50	1.6
S18H-25	≤25	≤350	15～50	2.5
S47H-25	≤50	≤350	15～50	2.5
S47H-16	≤50	≤200	15～50	1.6
S15H-16	≤80	≤200	15～50	1.6
S49H-16	≤50	≤200	15～50	1.6
S49H-40	≤50	≤425	15～50	4.0
S69Y-160I	≤50	≤550	15～25	16
S69Y-100	≤50	≤450	15～25	10
S69H-40	≤50	≤425	15～40	4.0
S49Y-160I	≤50	≤550	15～25	16
S49Y-100	≤50	≤450	15～25	10
S49H-64	≤50	≤425	15～25	6.4

十、快开式排污闸阀

1. 结构外形　如图 6-9 所示。

705

图 6-9　快开式排污闸阀

2. 规格

型号	Z44H-16
阀体材料	球墨铸铁
适用介质	水
适用温度/℃	≤300
公称压力/MPa	1.6
公称通径/mm	25, 40, 50, 60

十一、冷水嘴和铜水嘴

1. 结构外形　如图 6-10 所示。

2. 规格

种类	适用温度/℃	公称压力/MPa	公称通径/mm
冷水嘴	≤50	0.6	15, 20, 25
铜热水嘴	≤225	0.6	15, 20, 25
铜茶壶水嘴	≤225	—	8, 20, 25
铜保暖水嘴	≤225	—	8, 20, 25

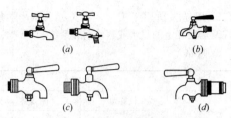

图 6-10　冷水嘴和铜水嘴

(a)冷水嘴；(b)铜热水嘴；(c)铜茶壶水嘴；(d)铜保暖水嘴

第二节　散热器

一、铸铁散热器(GB 19913—2005)

1. 结构外形　如图 6-11 所示。

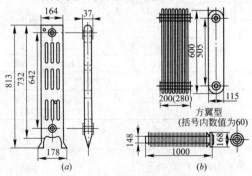

图 6-11　铸铁散热器

(a)柱型；(b)翼型

707

2. 用途　适用于工厂、机关办公楼、学校、医院及居民住宅的热水或蒸汽采暖系统。

3. 规格

种类	翼型散热器			
名称	长翼型		圆翼型	
	大 60	小 60	D50	D50
质量/(kg/片)	28	19.3	34.0	38.2
水容量/(kg/片)	8.42	5.66	1.96	4.42
质量/(kg/片)	28	19.3	34.0	38.2
水容量/(kg/片)	8.42	5.66	1.96	4.42
散热面积/(m²/片)	1.0	0.8	1.3	2.0
工作压力/MPa	0.33	0.33	0.40	0.40
宽/cm	11.5	11.5	16.8	16.8
高/cm	60	60	16.8	16.8
长/cm	28	20	100	100
种类	柱型散热器			
名称	二柱 (M-132)	四柱 (813)	四柱 (760)	五柱 (813)
质量/(kg/片)	6.6	8.05 (足片)	8.0 (足片)	10.0 (足片)
质量/(kg/片)	6.6	7.25 (中片)	7.3 (中片)	9.0 (中片)
水容量/(kg/片)	1.30	1.40	0.80	1.56

种类	柱型散热器			
名称	二柱 (M-132)	四柱 (813)	四柱 (760)	五柱 (813)
散热面积/(m²/片)	0.24	0.28	0.24	0.37
工作压力/MPa	0.40			
长/cm	8.0	5.7	5.7	4.7
宽/cm	13.2	16.4	14.6	20.8
高/cm	58.4	81.3 (足片)	76.0 (足片)	81.3 (足片)
高/cm	58.4	73.2 (中片)	69.0 (中片)	73.2 (中片)

二、钢制散热器(GB 29039—2012)

1. 结构外形　如图 6-12 所示。

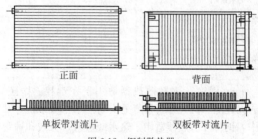

正面　　　　　　　　　　背面

单板带对流片　　　　双板带对流片

图 6-12　钢制散热器

2. 规格

名称	工作压力/kPa	散热面积/(m²/片)	质量/(kg/片)	长/cm	宽/cm	高/cm
钢串片加罩散热器	1000～1200	2.576	15.8	100	8.0	15.0
钢串片加简易罩散热器	1000～1200	2.576	14.8	100	8.0	15.0
		2.48	9.0		6.0	
		3.34	10.5		8.0	
		5.23	15.8		10.0	24.0
单板板式散热器	500	1.295	12.9	100	—	60
单板带对流片板式散热器		2.158	15.15		—	
单板扁管散热器	600	1.295	12.9	100	—	41.6
单板带对流片扁管散热器		2.153	15.15		—	
单板扁管散热器		1.135	15.1		—	52.0
单板带对流片扁管散热器		4.56	23.0		—	
单板扁管散热器		1.355	18.1		—	62.4
单板带对流片扁管散热器		5.45	27.4		—	

3. 用途　钢制散热器适用于在学校、医院、居民住宅、机关办公楼等处安装热水采暖系统。其中，钢串片散热器适用于热水或蒸汽，板式和扁管式散热器适用于温度低于 100℃的热水。

三、灰铸铁柱型散热器(JG 3—2002)

1. 结构外形　如图 6-13 所示。

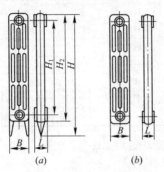

图 6-13　灰铸铁柱型散热器
(a)足片；(b)中片

2. 规格

代号	中片高度/cm	足片高度 H_2/cm	长度 L/cm	宽度 B/cm	散热面积/(m²/片)	散热量/(kW/片)
TZ2-5-5(8)	58.2	66.0	8.0	13.2	0.24	0.130
TZ4-3-5(8)	38.2	46.0	6.0	14.3	0.13	0.062
TZ4-5-5(8)	58.2	66.0	6.0	14.3	0.20	0.115
TZ4-6-5(8)	68.2	76.0	6.0	14.3	0.235	0.130
TZ4-9-5(8)	98.2	106.0	6.0	16.4	0.440	0.187

工作压力/kPa	热水	≥HT100	≤500							
		≥HT150	≤800							
工作压力/kPa	蒸汽	≥HT100	≤200							
		≥HT150	≤200							
试验压力/kPa		≥HT100	750							
		≥HT150	1200							
质量/(kg/片)		中片	足片	中片	足片	中片	足片	中片	足片	中片	足片
		6.2	6.7	3.4	4.1	4.9	5.6	6.0	6.7	11.5	12.5

3. 用途 适用于民用住宅和工业建筑中热水采暖或蒸汽采暖。

四、灰铸铁翼型散热器(JG 4—2002)

1. 结构外形 如图 6-14 所示。

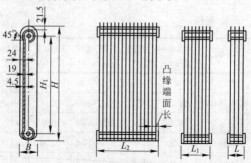

图 6-14 灰铸铁翼型散热器

712

2. 规格

代号	高度 H/cm	长度 L/cm	长度 L_1/cm	长度 L_2/cm	宽度 B/cm	散热面积 /(m²/片)	散热量 /(kW/片)
TY0.8/3-5(7)						0.20	0.088
TY1.4/3-5(7)						0.34	0.144
TY2.8/3-5(7)	38.8	8.0	14.0	28.0	9.5	0.73	0.296
TY0.8/5-5(7)						0.26	0.127
TY1.4/5-5(7)						0.50	0.216
TY2.8/5-5(7)						1.00	0.430

工作压力/kPa	热水	HT150	≤500
		>HT150	≤700
	蒸汽	≥HT150	≤200
试验压力/kPa		HT150	≤750
		>HT150	≤1050

代号	质量/(kg/片)
TY0.8/3-5(7)	4.3
TY1.4/3-5(7)	6.8
TY2.8/3-5(7)	13.0
TY0.8/5-5(7)	6.0
TY1.4/5-5(7)	10.0
TY2.8/5-5(7)	20.0

3. 用途　适用于民用住宅和工业建筑中热水采暖或蒸汽采暖。

五、灰铸铁柱翼型散热器（JG/T 3047—1998）

1. 结构外形　如图 6-15 所示。

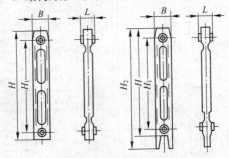

图 6-15　灰铸铁柱翼型散热器

2. 用途　适用于民用住宅和工业建筑中热水采暖或蒸汽采暖。

3. 规格

型号	中片高度/cm	足片高度/cm	长度/cm	宽度/cm	散热面积/(m²/片)
TZY1－B/3－5(8)	≤40	≤48	7.0	10、12	$\frac{0.17}{0.176}$
TZY1－B/5－5(8)	≤60	≤68			$\frac{0.26}{0.27}$

型号	中片高度/cm	足片高度/cm	长度/cm	宽度/cm	散热面积/(m²/片)
TZY1-B/6-5(8)	≤70	≤78			$\dfrac{0.31}{0.32}$
TZY1-B/9-5(8)	≤100	≤108			$\dfrac{0.57}{0.59}$
TZY2-B/3-5(8)	≤40	≤48			$\dfrac{0.18}{0.19}$
TZY2-B/5-5(8)	≤60	≤68	7.0	10、12	$\dfrac{0.28}{0.29}$
TZY2-B/6-5(8)	≤70	≤78			$\dfrac{0.33}{0.34}$
TZY2-B/9-5(8)	≤100	≤108			$\dfrac{0.62}{0.64}$

工作压力/kPa	热水	HT100	≤500
		HT150	≤800
	蒸汽	HT100	≤200
		HT150	≤200
试验压力/kPa		HT100	750
		HT150	1200

型号	散热量/(kW/片)(介质热水 $\Delta T=64.5℃$)		
	优等品	一等品	合格品
TZY1-B/3-5(8)	0.092/0.095	0.088/0.092	0.085/0.089

715

型号	散热量/(kW/片)(介质为热水 ΔT=64.5℃)		
	优等品	一等品	合格品
TZY1-B/5-5(8)	0.129/0.134	0.124/0.129	0.120/0.124
TZY1-B/6-5(8)	0.150/0.156	0.145/0.150	0.139/0.145
TZY1-B/9-5(8)	0.210/0.218	0.202/0.210	0.194/0.202
TZY2-B/3-5(8)	0.093/0.099	0.090/0.095	0.087/0.092
TZY2-B/5-5(8)	0.131/0.139	0.126/0.133	0.122/0.129
TZY2-B/6-5(8)	0.153/0.161	0.147/0.156	0.142/0.150
TZY2-B/9-5(8)	0.214/0.226	0.206/0.217	0.198/0.209

注：本表中散热面积与散热器宽度大小有关，宽度为 10
或 12cm。

六、钢制柱型散热器(JG/T 1—1999)

1. 结构外形　如图 6-16 所示。

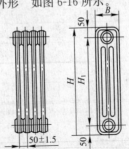

图 6-16　钢制柱型散热器

2. 规格

高度 H/cm	H_1/cm	宽度/cm	散热量/(W/片)
40	30	12	≥56
		14	≥63
		16	≥71
60	50	12	≥83
		14	≥93
		16	≥100
70	60	12	≥95
		14	≥106
		16	≥118
100	90	12	≥130
		14	≥160
		16	189

材料厚度/mm	工作压力/kPa	试验压力/kPa	组装片数/片
1.2	≤600	≤800	3~20
1.5	≤900	≤1200	整组出厂

注：① H_1 为同侧进出口中心距。

② 散热量是指介质为热水 $\Delta T = 64.5℃$。

3. 用途　适用于民用住宅和工业建筑中热水采暖散热器。

七、钢制板型散热器(JG 2—2007)

1. 结构外形　如图 6-17 所示。

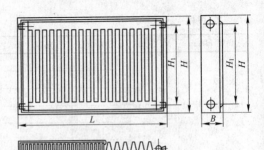

侧边盖板　格栅上盖板　对流片水道板　接口

图 6-17　钢制板型散热器

2. 规格及用途

H/cm	H_1/cm	L/cm	对流片厚度/mm
20~60	14~55	≤100	0.35~0.80
70~98	64~90	>100	

散热量/kW($L=100$cm，$H=60$cm，$\Delta T=64.5$℃)	
单板带对流片散热器	≥1.3
双板带双对流片散热器	≥2.31

水道板厚度/mm	工作压力/kPa
≥1.0	≤400
≥1.2	≥600

对水质要求	水温≤120℃，热水 pH 值为 10～12，氯离子含量≤300mg/L，溶解氧 0.1mg/L，其他水质指标应符合 GB/T 1576 的规定
用途	适用于民用住宅和工业建筑中热水采暖散热器

注：试验压力应为工作压力的 1.5 倍，散热器没有渗漏。

八、钢制闭式串片散热器(JG/T 3012.1—1994)

1. 结构外形 如图 6-18 所示。

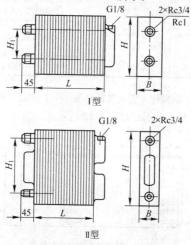

图 6-18 钢制闭式串片散热器

2. 用途　适用于民用住宅和工业建筑中热水采暖或蒸汽采暖。

3. 规格

H/cm	H_1/cm	B/cm	散热量/kW ($L=100$cm，$\Delta T=64.5$℃)
15	7.0	8.0	≥0.697
24	12.0	10.0	≥0.980
30	22.0	8.0	≥1.172

工作压 力/kPa	试验压 力/kPa	长度/cm
≤1000	1500	40，60，80，100，120，140

九、钢制翅片管对流散热器(JG/T 3012.2—1998)

1. 结构外形　如图 6-19 所示。

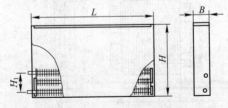

图 6-19　钢制翅片管对流散热器

2. 规格及用途

H/cm	H_1/cm	B/cm	管径/cm	散热量/(W/m)	L/cm
48	18	12	2.0	≥1500	
50	20	14	2.5	≥1650	40~200
60	30	14	2.5	≥2100	
用途	适用于民用住宅和工业建筑中热水采暖或蒸汽采暖				

注：散热量是指介质为热水 $\Delta T = 64.5℃$；长度以 10cm 为一档。

十、铜管对流散热器（JG 221—2007）

1. 结构外形　如图 6-20 所示。

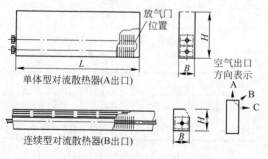

单体型对流散热器(A出口)

连续型对流散热器(B出口)

图 6-20　铜管对流散热器

2. 规格及用途

单体型对流散热器

B/cm	H/cm	L/cm	标准散热量 /(kW/m)	工作压力 /MPa	试验压力 /MPa
8～9.9			1.1		
10～11.9	50～70	40～180	1.3	1.0	工作压力 的1.5倍
≥12			1.65		

连续型对流散热器

B/cm	H/cm	工作压力/MPa	试验压力/MPa
10			
12	10～60	1.0	工作压力的1.5倍，压力稳定时，不得有渗漏现象
15			
20			

散热器整体外形尺寸允许偏差/mm

高度	偏差	宽度	偏差
100～299	±3.0	80～120	±2.0
300～700	±4.0	121～140	±3.0
用途	适用于民用住宅和工业建筑中热水采暖		

3. 对热媒(水)和散热器元件的要求

对热媒(水)的要求	对散热器元件的要求
温度≤95℃	壁厚≥0.6mm
酸碱度 pH 值=7～12	管径≥15mm
氯离子含量≤100mg/L	管子应采用 TP2 或 TU2 挤压轧制拉伸铜管
硫酸根含量≤100mg/L	
其他指标符合 GB/T 3729 中供暖系统水质要求	铝片应采用厚度≥0.2mm 的铝带

十一、铜铝复合柱翼型散热器(JG 220—2007)

1. **组成**　铜铝复合柱翼型散热器是由铜管立柱与铝翼管胀接复合后，与上下铜管联箱组合焊接成型。

2. **结构外形**　如图 6-21 所示。

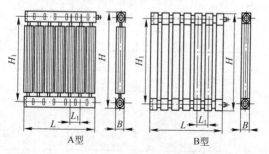

图 6-21　铜铝复合柱翼型散热器

723

3. 规格

H/cm	H₁/cm	B/cm	L/cm	L₁/cm
34	30			
44	40			
54	50			
64	60			
74	70	4.0~10.0	20~180	6.0~10.0
94	90			
124	120			
154	150			
184	180			

名义标准散热量(kW/m)

H₁/cm	宽度 B/cm		
	4.0	7.0	10.0
30	≥0.72	≥0.94	≥1.17
40	≥0.88	≥1.21	≥1.39
50	≥1.04	≥1.49	≥1.73
60	≥1.20	≥1.63	≥1.84
70	≥1.36	≥1.80	≥2.01
90	≥1.68	≥2.11	≥2.46

H_1/cm	名义标准散热量(kW/m)		
	宽度 B/cm		
	4.0	7.0	10.0
120	≥2.10	≥2.45	≥2.90
150	≥2.40	≥2.80	≥3.35
180	≥2.70	≥3.15	≥3.80
工作压力/MPa	1.0		
试验压力/MPa	工作压力的 1.5 倍，压力稳定时，不得有渗漏现象		

注：① 表中名义标准散热量是指散热器为单排立柱、表面涂非金属涂料、上下有装饰罩，接管方式为上进下出时的数值。

② 其余宽度散热器的名义标准散热量按内插法决定。

③ 散热器上下联箱和立柱的铜管应使用符合 GB/T 17791 规定的 TP2 或 TU2 挤压轧制拉伸铜管；立管管径≥15mm，壁厚≥0.6mm；上下联箱铜管壁厚≥0.8mm。

④ 以 6063 或 6063A 为原料的铝翼管，应符合 GB/T 5237.1 和 GB/T 3190 中力学性能和化学性能的有关规定。

4. 对水质的要求

温度/℃	pH 值	氯离子含量 /(mg/L)	硫酸根含量 /(mg/L)
≤95	7~12	≥100	≥100

注：采暖供水的其他指标根据情况，应符合 GB 1576 和
GB/T 3729 中的相关规定。

5. 用途　适用于民用住宅和工业建筑中热水采暖。

十二、铝制柱翼型散热器（JG 143—2002）

1. 结构外形　如图 6-22 所示。

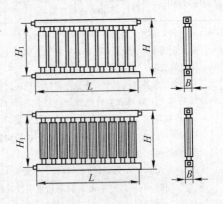

图 6-22　铝制柱翼型散热器

2. 规格及用途

H/cm	H_1/cm	B/cm	L/cm	散热量/(kW/m)
34	30			0.8/0.85
44	40			1.07/1.14
54	50	5.0 /6.0	40~200	1.28/1.36
64	60			1.45/1.52
74	70			1.60/1.68
用途	适用于民用住宅和工业建筑中热水采暖			

注：散热量是指散热器长度 $L=1.0\text{m}$、表面涂有非金属涂料时的标准散热量。

十三、卫浴型散热器

1. 分类及代号

分类方法	名称	88代号
按生产材质分类	钢质散热器	G
	不锈钢质型散热器	B
	铜质散热器	T
按进出水口相对位置分类	水平进出水口散热器	H
	垂直进出水口散热器	V

2. 型号表示方法

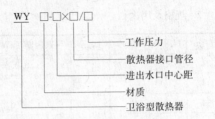

WY □-□×□/□

- 工作压力
- 散热器接口管径
- 进出水口中心距
- 材质
- 卫浴型散热器

3. 规格

进出水口中心距 D/cm	5，8，10，20，30，40，45，50，55，60，80，100，120，150，≥180
接口管径/mm	15，20

进出水口中心距极限偏差/mm

基本尺寸 D	极限偏差
50≤D≤300	±1.0
400≤D≤600	±1.5
D≥800	±2.0

注：进出水口中心距包含水平和垂直中心距。

4. 要求

(1) 对热媒的要求

项目	要求
工作热媒温度/℃	≤95
热媒 pH 值	7.0～12.0

项目	要求
氯根含量/(mg/L)	≤100
硫酸根含量/(mg/L)	≤100
溶解氧含量/(mg/L)	0.1

注：其他指标应分别符合 GB 1579 和 HG/T 3729 中关于供暖水质要求。

(2) 性能要求

项目	要求		
工作压力/MPa	≥1.0		
最小金属热强度 /(W/kg·℃)	钢	不锈钢	铜
	0.8	0.75	1.0

项目	要求
无缝钢管壁厚/mm	≥1.2
冷轧钢板厚度/mm	≥1.2
TP2 或 TU2 的挤压轧制拉伸铜管管径/mm	≥φ10
铜管支管壁厚/mm	≥0.6
铜管集管壁厚/mm	≥0.8
不锈钢管管径/mm	≥φ10
不锈钢管壁厚/mm	≥1.0

项目	要求
不锈钢管含碳量/%	≤0.03

项目	要求
连接螺纹	G1/2 G3/4

注：螺纹公差应符合 GB/T 7307 中 B 级的要求。

第三节　散热器配件

一、气泡对丝

1. 结构外形　如图 6-23 所示。

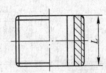

图 6-23　气泡对丝

2. 规格及用途

管螺纹尺寸代号	G1½
L/cm	3.2
	3.6
用途	适用于铸铁散热器的连接

二、气泡丝堵

1. 结构外形　如图 6-24 所示。

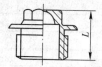

图 6-24　气泡丝堵

2. 规格及用途

管螺纹代号	G1½
L/cm	3.3
用途	适用于不与管路连接的散热器一端的封堵。有正丝堵和反丝堵两种

三、气泡补芯

1. 结构外形　如图 6-25 所示。

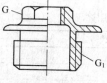

图 6-25　气泡补芯

2. 规格及用途

管螺纹尺寸代号	
G	G_1
G½	G1½
G¾	G1½
G1	G1½
G1¼	G1½
用途	适用于铸铁散热器与管路之间的连接，有正丝补芯和反丝补芯两种

四、放气旋塞

1. 结构外形 如图 6-26 所示。

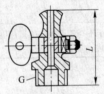

图 6-26 放气旋塞

2. 规格及用途

管螺纹代号	L/cm
G6	4.2
G10	4.5
用途	适用于排放散热器内的气体

五、暖气疏水阀

1. 结构外形　如图 6-27 所示。

直角式

图 6-27　暖气疏水阀

2. 规格及用途

公称直径/mm	15，20
用途	适用于排除散热器内部冷凝水，防止蒸汽泄漏

六、暖气直角式截止阀

1. 结构外形　如图 6-28 所示。

图 6-28　暖气直角式截止阀

2. 规格及用途

公称压力/kPa	1000		
适用温度/℃	≤225		
公称直径/mm	15	20	25
传动螺纹 外螺纹代号	Tr12×3-8C	Tr14×3-8C	Tr16×3-8C
传动螺纹 内螺纹代号	Tr12×3-8H	Tr14×3-8H	Tr16×3-8H
管螺纹代号	G½	G¾	G1
用途	适用于安装在室内暖气设备上，可用作开关和调节流量		

七、铸铁散热器托钩

1. 结构外形　如图 6-29 所示。

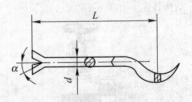

图 6-29　铸铁散热器托钩

2. 规格及用途

734

铸铁散热器类型	L/cm	α/°	d/cm
圆翼型	22.8		
M132	24.6		
四柱	26.2	30	1.6
五柱	28.4		
用途	适用于支撑和固定铸铁散热器		

第四节　其他阀门及给水器具

一、液压水位控制阀(CJ/T 3067—1997)

1. 结构外形　如图 6-30 所示。

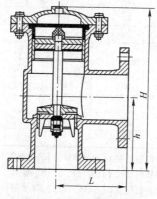

图 6-30　液压水位控制阀

2. 用途　适用于公称通径≤300mm，安装在各种水箱、水池、水塔供水系统的启闭。

3. 分类及代号

按传动型式分类	代号
直传先导液压水位控制阀	Z
远传先导活塞式液压水位控制阀	Y

4. 规格

型号	公称通径/mm	L/mm	H/mm	h/mm
KZ	40	≤125	≤212	—
	50	≤170	≤248	—
	80	≤190	≤266	—
	100	≤226	≤288	—
KY	80	≤120	≤253	≤115
	100	≤140	≤294	≤132
	150	≤200	≤370	≤140
	200	≤210	≤455	≤180
	250	≤240	≤525	≤220
	300	≤290	≤620	≤260

注：① 公称通径为 40 和 50mm 的 KZ 型液压水位控制阀配接管螺纹尺寸代号分别为 G1½ 和 G2。

② 公称通径为 80 和 100mm 的 KZ 型液压水位控制阀及 KY 型液压水位控制阀配接 0.6MPa 标准法兰。

5. 性能要求

项目	要求	
使用压力/MPa	KZ 型	0.02～0.6
	KY 型	0.05～0.6
使用介质	洁净水	
适用温度/℃	≤60	
灵敏度	压力≤0.02MPa 时，KZ 型能迅速开启	
	压力≤0.05MPa 时，KY 型能迅速开启	
密封性	在 0.66MPa 压力下，KZ 型保压时间≥30s，无可见渗漏；KY 型保压时间≥60s，无可见渗漏	
强度	在 0.90MPa 压力下，KZ 型保压时间≥60s，不得渗漏；KY 型保压时间≥180s，不得渗漏	

二、供水用偏心信号蝶阀（CJ/T 93—1999）

1. 结构外形 如图 6-31 所示。

2. 用途 适用于安装在要求有启闭状态信号显示的公称压力≤2.5MPa，工作介质为清水的供水系统(含消防供水系统)中。

737

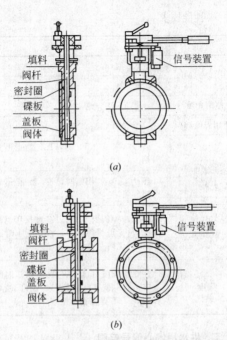

填料
阀杆
密封圈
碟板
盖板
阀体

信号装置

(a)

填料
阀杆
密封圈
碟板
盖板
阀体

信号装置

(b)

图 6-31　供水用偏心信号蝶阀

(a)对夹连接蝶阀；(b)法兰连接蝶阀

3. 型号

(1) 偏心信号蝶阀类别代号

类别	代号
信号蝶阀	XD
消防信号蝶阀	XXD

(2) 结构型式代号

结构型式	代号
单偏心	2
双偏心	3
多偏心	4

(3) 阀座密封面材料代号

密封面材料	代号
合金钢复合石棉橡胶	Hc
合金钢复合石墨	Hm
橡胶	X
四氟	F
合金钢	H
聚苯	E

4. 性能要求

(1) 壳体及密封性

使用场合	要求
消防场合使用	壳体：在四倍公称压力的内部静水压保持1min时，无外泄漏及结构损伤；密封性：进口在两倍公称压力的静水压保持1min时，无可见泄漏
非消防场合使用	壳体和密封性试验应符合《工业阀门压力试验》(GB/T 13927—2008)的规定

(2) 信号装置

项目	要求
过载能力	信号组件不得出现过热烧毁、坑点、触点粘合等现象
耐电压能力	所有活动部件和静止部件(包括壳体)之间不被击穿
接触电阻	开关的每对闭合触点之间的接触电阻应<0.01Ω
绝缘电阻	在触点断开时，同级进线与出线之间的绝缘电阻应>2MΩ
其他	信号装置应密封、防尘、防潮湿，防护级别应符合《外壳防护等级》(GB 4208—2008)中IP54的规定

三、非接触式给水器具(CJ/T 194—2004)

1. 分类及代号

(1) 按给水器使用功能分类

740

名称	代号
洗手器	X
淋浴器	L
沟槽小便池冲水器	G
单体小便池冲水器	D
坐(蹲)便器冲水器	Z

(2) 按给水器控制方式分类

名称	代号
遮挡红外式	Z
反射红外式	F
热释电式	R
微波反射式	W
超声波反射式	C
其他类型	Q

2. 工作条件要求

条件	要求
环境温度/℃	$1 \sim 55$
适用水温/℃	45
环境相对湿度/%	$\leqslant 93^{+2}_{-3}$
工作水压/MPa	$0.05 \sim 0.6$

741

3. 性能要求

（1）洗手器

项目			要求
控制距离误差/%			±15
开启时间/s			≤1
关闭时间/s			≤2
动态水压 0.1±0.01MPa 时的水流量/(L/s)			≤1.5
通水使用次数/万次			≥15
整机能耗	交流/(V·A)	待机	≤3
		工作	≤5
	直流/(m·W)	待机	≤0.5
强度试验(水压为 0.9MPa)			阀体及各连接处无变形、无渗漏
密封试验(水压分别为 0.05 MPa、0.6MPa)			给水器出水口处无渗漏
电源适应性(改变额定电压值的±10%)			±15%
相邻两机间隔距离/cm			≥50

（2）淋浴器

项目			要求
控制距离误差/%			±15
开启时间/s			≤1
关闭时间/s			≤2
动态水压 0.1±0.01MPa 时的水流量/(L/s)			≤1.5
通水使用次数/万次			≥15
整机能耗	交流/(V·A)	待机	≤3
		工作	≤5
	直流/m·W	待机	≤0.5
强度试验(水压为 0.9MPa)			阀体及各连接处无变形、无渗漏
密封试验(水压分别为 0.05MPa、0.6MPa)			给水器出水口处无渗漏
电源适应性(改变额定电压值的±10%)			±15%
相邻两机间隔距离/cm			≥80

(3) 沟槽小便池冲水器

项目			要求
控制距离误差/%			±15
动态水压 0.1±0.01MPa 时的 水流量/(L/m)			2~4
通水使用次数/万次			≥15
整机 能耗	交流/(V·A)	待机	≤3
		工作	≤5
	直流/(m·W)	待机	≤0.5
强度试验(水压为 0.9MPa)			阀体及各连接处 无变形、无渗漏
密封试验(水压分别为 0.05 MPa、0.6MPa)			给水器出水口 处无渗漏
电源适应性(改变额定 电压值的±10%)			±15%

(4) 单体小便池冲水器

项目	要求
控制距离误差/%	±15
动态水压 0.1±0.01MPa 时的水流 量/(L/工作周期)	2~5
通水使用次数/万次	≥15

项目			要求
整机能耗	交流/(V·A)	待机	≤3
		工作	≤5
	直流/(m·W)	待机	≤0.5
强度试验(水压为0.9MPa)			阀体及各连接处无变形、无渗漏
密封试验(水压分别为0.05MPa、0.6MPa)			给水器出水口处无渗漏
电源适应性(改变额定电压值的±10%)			±15%
相邻两机间隔距离/cm			≥50

(5) 坐(蹲)便器冲水器

项目			要求
控制距离误差/%			±15
动态水压0.1±0.01MPa时的水流量/(L/s)			≥1.2
通水使用次数/万次			≥15
整机能耗	交流/(V·A)	待机	≤3
		工作	≤5
	直流/(m·W)	待机	≤0.5

项目	要求
强度试验（水压为 0.9MPa）	阀体及各连接处无变形、无渗漏
密封试验（水压分别为 0.05 MPa、0.6MPa）	给水器出水口处无渗漏
电源适应性（改变额定电压值的±10%）	±15%
相邻两机间隔距离/cm	≥80

注：峰值水流量为 6～9L/次。

四、喷泉喷头（CJ/T 209—2005）

1. **喷头水形** 如图 6-32 所示。

固定单嘴　　可调单嘴　　层花　　蒲公英

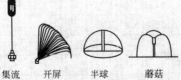

集流　　开屏　　半球　　蘑菇

图 6-32　喷头水形（一）

扇形　　　玉柱　　　扇形水雾　　　玉柱水雾

图 6-32　喷头水形（二）

2. 型号

组		型	
名称	代号	名称	代号
纯射流	C	固定单嘴	D
		可调单嘴	W
		层花	C
		集流	J
		开屏	K
水膜射流	M	半球	H
		喇叭花	L
		蘑菇	M
		扇形	S
		锥形	Z
泡沫射流	P	冰塔	T
		玉柱	U
		涌泉	Y

组		型	
名称	代号	名称	代号
雾状射流	W	扇形水雾	S
		玉柱水雾	U
		锥形水雾	Z
旋转	X	旋转水晶球	Q
		盘龙玉柱	X
复合	F	扶桑	F
		蒲公英	P
		半球蒲公英	H

注：喷泉喷头型号由组＋型＋主参数 1＋主参数 2＋改进代
号等几部分组成。

3. 工作环境

环境条件	要求
温度/℃	5～50
风速/级	≤2
NaCl 浓度/％	≤3

4. 纯射流喷头的圆形喷嘴直径

喷嘴直径/mm	3，5，6，8，10，12，14，16，18，20，24，30，40

5. 性能要求

项目	要求
水压密封性能	喷头装配后在 1.5 倍额定工作压力下保持 15min 时，不应有明显渗漏
耐水压强度	水压从 0.5 倍额定工作压力急速增至 5.0 倍额定工作压力时保持 15min，喷头及其零件不应出现残余变形或机械损伤
喷头流量偏差	喷头在额定工作压力下，不得超过规定值的 ±5%
喷射水形效果参数	喷头在额定工作压力下，不得超过规定值的 ±8%
喷头质量	数值误差不得超过规定值的 ±5%
旋转喷头	在推荐的最大工作压力和最小工作压力范围之间，喷头应能正常地旋转

第七章　卫浴五金

第一节　洗面池及配件

一、洗面池

1. 结构外形　如图 7-1 所示。

立柱式　　　　　台式　　　　　托架式

图 7-1　洗面池

2. 规格及用途

种类	长/cm	宽/cm	高/cm	总高度/cm
托架式	35	26	20	—
	40	31	21	—
	45	31	20	—
	51	30	25	—
	56	41	27	—

种类	长/cm	宽/cm	高/cm	总高度/cm
台式	51	44	17	—
	59	50	20	—
立柱式	52	43	22	78
	60	53	24	83
	63	53	25	83
用途	适用于安装在卫生间内，安上水嘴等配件，用于洗手和洗脸			

二、洗面器水嘴（QB/T 1334—2004）

1. 结构外形　如图 7-2 所示。

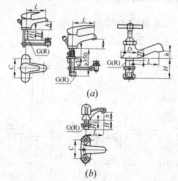

图 7-2　洗面器水嘴

(a)台式明装单控洗面器水嘴；(b)台式明装双控洗面器水嘴

751

2. 规格及用途

最大 H/mm	最小 H_1/mm	最小 D/mm	最小 L/mm	最小 h/mm	C /mm
48	8	40	65	25	100， 150， 200
公称直径/mm	15		管螺纹代号		G½
公称压力/kPa			适用水温/℃		
600			≤100		
用途	适用于安装在洗面器上，启闭冷热水				

三、洗面器进水阀

1. 结构外形　如图 7-3 所示。

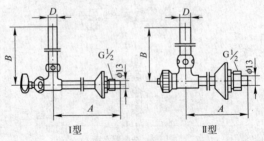

图 7-3　洗面器进水阀

2. 用途 适用于安装在水流管和洗面器阀门之间，调节洗面器阀门的流量。

3. 规格

I 型洗面器进水阀

代号	A/cm	B/cm	D/cm
J1 301	13.3	31.5	
J1 302	31.3	17.5	$\phi 1.3$
J1 303	12.0	5.0	
J1 001	13.3	—	
J1 002	31.3	—	$\phi 1.0$

II 型洗面器进水阀

代号	A/cm	B/cm	D/cm
J1 304	13.3	31.5	
J1 305	31.3	17.5	$\phi 1.3$
J1 306	12.0	5.0	
J1 003	13.3	—	
J1 004	31.3	—	$\phi 1.0$

四、洗面器排水阀

1. 结构外形 如图 7-4 所示。

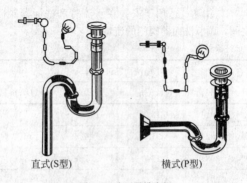

直式(S型)　　　　　　　横式(P型)

图 7-4　洗面器排水阀

2. 规格及用途

排水阀形式	直式	横式
公称直径/cm	$\phi3.2$	
橡皮塞直径/cm	$\phi2.9$	
用途	适用于洗面器内水的排放，还有阻止臭气回升的作用	

五、卫生洁具直角式截止阀（QB 2759—2006）

1. 结构外形　如图 7-5 所示。

图 7-5 卫生洁具直角式
截止阀

2. 规格及用途

截止阀材质		铜	可锻铸铁
公称直径/kPa		600	600
公称通径/mm		15	15
传动螺纹	外	Tr18×3-8C	Tr18×3-8H
	内	Tr12×3-8C	Tr12×3-8H
管螺纹		G½	
用途		适用于安装在水流管和洗面器进水阀之间，在洗面器水嘴需要维修时使用	

第二节　浴缸、淋浴器及配件

一、浴缸

1. 结构外形　如图 7-6 所示。

裙板浴缸　　　　扶手浴缸　　　　普通浴缸

图 7-6　浴缸

2. 规格及用途

长/cm	宽/cm	高/cm
100		
110	65	30.5
120		
130		31.5
140	70	
150		33
160	75	35
170		
180	80	37
152	78	35
152		38

注：如需定做其他尺寸，由供需双方协商确定。

二、浴缸水嘴(QB/T 1334—2004)

1. 结构外形　如图 7-7 所示。

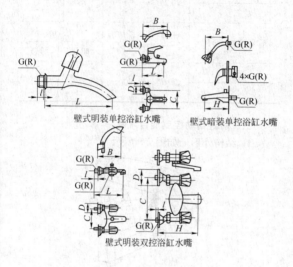

壁式明装单控浴缸水嘴

壁式暗装单控浴缸水嘴

壁式明装双控浴缸水嘴

图 7-7　浴缸水嘴

2. 用途　适用于安装在浴缸上，开启和关闭冷水及热水。

3. 规格

公称直径/cm	L/cm	D/cm	C/cm	H/cm
1.5	12	≥4.5	15	≥11
2.0		≥5		

管螺纹(G 或 R)	水温/℃	公称压力/kPa	B/cm	
			明装	暗装
1/2	≤100	600	≥12	≥15
3/4				

三、浴缸自动控制混合水嘴

1. 结构外形　如图 7-8 所示。

图 7-8　浴缸自动控制混合水嘴

2. 规格及用途

公称直径/mm	15
用途	适用于控制和调节浴缸所用水的温度

四、浴缸长落水

1. 结构外形　如图 7-9 所示。

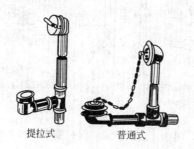

提拉式　　　　　普通式

图 7-9　浴缸长落水

2. 规格

类型	公称直径/mm
普通式	32，40
提拉式	40

3. 用途　适用于安装在浴缸下面，便于排放存水。

五、淋浴水嘴（QB/T 1334—2004）

1. 结构外形　如图 7-10 所示。

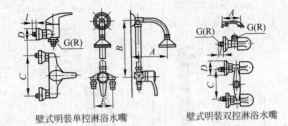

壁式明装单控淋浴水嘴　　　　壁式明装双控淋浴水嘴

图 7-10　淋浴水嘴

2. 用途　适用于淋浴时控制水流量的大小和开启及关闭。

3. 规格

管螺纹（G 或 R）		1/2
A/cm	移动喷头	≥12
	非移动喷头	≥39.5
B/cm		101.5
C/cm		10，15，20
D/cm		≥4.5
E/cm		≥9.5
公称直径/cm		1.5

760

适用水温/℃	≤100
公称压力/kPa	600

六、淋浴器用脚踏阀

1. 结构外形　如图 7-11 所示。

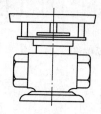

图 7-11　淋浴器用
TF-1 型脚踏阀

2. 规格及用途

公称直径/mm	15，20
用途	适用于开启和关闭淋浴时所用的水

七、脚踏阀门（CJ/T 319—2010）

1. 结构外形　如图 7-12 所示。

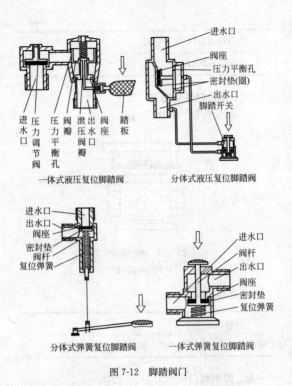

一体式液压复位脚踏阀

分体式液压复位脚踏阀

进水口
压力调节阀
压力平衡孔
阀瓣
泄压阀瓣
出水口
阀座
踏板

进水口
阀座
压力平衡孔
密封垫(圈)
出水口
脚踏开关

进水口
出水口
阀座
密封垫
阀杆
复位弹簧

分体式弹簧复位脚踏阀

进水口
阀杆
出水口
阀座
密封垫
复位弹簧

一体式弹簧复位脚踏阀

图 7-12　脚踏阀门

2. 规格及用途

种类	小便冲洗脚踏阀	大便冲洗脚踏阀	洗脸盆脚踏阀
公称直径/mm	15	15 或 20	15
工作压力/kPa	50	100～150	50
额定流量/(mL/s)	100	1200	150

种类	洗涤用脚踏阀		脚踏淋浴阀	
			单	双
公称直径/mm	20	15	15	
工作压力/kPa	50		50～100	
额定流量/(mL/s)	300～400	150～200	150	100×2
适用水温/℃	0～75			
用途	适用于安装在供水管道终端，调节和控制供水			

注：在进水压力为 350kPa，脚踏阀全开时，最大流量≤额定流量的一半。

八、双管淋浴器

1. 结构外形　如图 7-13 所示。

2. 规格及用途

图 7-13　双管淋浴器

公称直径/mm	15
用途	适用于安装在公共浴室

九、桑拿浴设备

1. 结构外形　如图 7-14 所示。

图 7-14　桑拿浴设备

2. 特点　自动恒温、自动定时、自动加水和停水，座椅高度任意调节，具备自动清洗和杀菌的功能。

3. 规格及用途

种类	长/m	宽/m	高/m
单人躺式	1.95	0.8	1.0
单人半躺式	1.62	0.72	1.22
单人座式	1.90	0.76	1.22
双人躺式	1.98	1.15	0.92
用途	适用于健身美容、消除疲劳时使用		

第三节 大便器及配件

一、座便器

1. 结构外形　如图 7-15 所示。

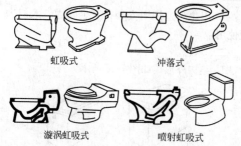

虹吸式　　　　　冲落式

漩涡虹吸式　　　　喷射虹吸式

图 7-15　座便器

2. 规格

种类	长/cm	宽/cm	高/cm	总高/cm
坐箱虹吸式	74	36.5	38	83
坐箱喷射虹吸式	73	51	35.5	73.5
连体漩涡虹吸式	74	52	40	53
挂箱冲落式	46	35	39	—

注：① 总高度是指包括低水箱的高度。

② 需要其他尺寸，由供需双方协商确定。

3. 分类

按原理分类	按低水箱配用结构分类
冲落式	挂箱式
虹吸式	坐箱式
喷射虹吸式	连体式
漩涡虹吸式	—

4. 用途　适用于安装在卫生间内，人们大小便使用。

二、水箱

1. 结构外形　如图 7-16 所示。

壁挂式低水箱

高水箱

图 7-16　水箱

766

2. 用途　适用于冲洗蹲便器或座便器内的污物。

3. 规格

种类	高水箱	壁挂式低水箱	坐箱式低水箱
长/cm	42	48	51
宽/cm	24	21.5	25
高/cm	28	33	36

三、座便器低水箱配件

1. 结构外形　如图 7-17 所示。

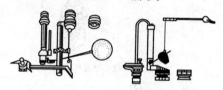

直通式　　　　水压翻板式

图 7-17　座便器低水箱配件

2. 规格及用途

公称压力/kPa		公称直径/cm
600		5.0
用途	适用于控制水箱进水、停水及放水(手动)	

四、低水箱进水阀

1. 结构外形　如图 7-18 所示。

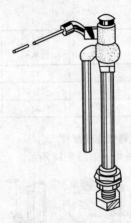

图 7-18　低水箱进水阀

2. 规格及用途

公称压力/kPa	公称直径/cm
600	1.5
用途	适用于控制低水箱的自动进水和停水

五、低水箱排水阀

1. 结构外形　如图 7-19 所示。

768

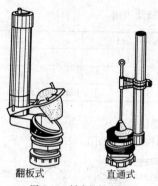

翻板式　　　　直通式

图 7-19　低水箱排水阀

2. 规格及用途

公称直径/cm	5.0
用途	适用于控制低水箱的自动放水和停水

六、大便冲洗阀

1. 结构外形　如图 7-20 所示。

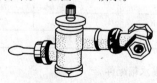

图 7-20　大便冲洗阀

2. 规格及用途

公称直径/cm	2.5
公称压力/kPa	600
适用介质	冷水
用途	适用于放水冲洗蹲便器

七、蹲便器

1. 结构外形　如图 7-21 所示。

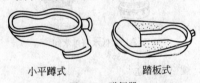

小平蹲式　　　　　　　踏板式

图 7-21　蹲便器

2. 规格及用途

种类	小平蹲式	踏板式
长/cm	55	60
宽/cm	32	43
高/cm	27.5	28.5
用途	适用于人们蹲着大小便	

八、高水箱配件

1. 结构外形　如图 7-22 所示。

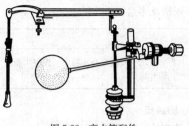

图 7-22　高水箱配件

2. 规格及用途

公称直径/cm	3.2
用途	适用于安装在蹲便器高水箱中，控制水箱进水和放水

九、高水箱排水阀

1. 结构外形　如图 7-23 所示。

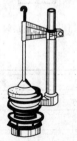

图 7-23　高水箱排水阀

2. 规格及用途

公称直径/cm	3.2
用途	适用于安装在高水箱中，控制水箱放水通路的开启和关闭

十、脚踏阀

1. 结构外形　如图 7-24 所示。

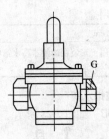

图 7-24　脚踏阀

2. 规格

公称直径/cm	1.5
公称压力/kPa	600
适用温度/℃	≤50
管螺纹代号	G½

3. 用途　适用于给水管路上，冲洗便器或洗手时开启和关闭水。

十一、自动冲洗器

1. 结构外形　如图 7-25 所示。

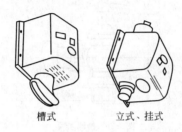

　　槽式　　　　　立式、挂式

图 7-25　自动冲洗器

2. 规格

种类	立式、挂式自动冲洗器	槽式自动冲洗器
进水口外径	G¾	
灵敏度/s	0.25	0.10
控制距离/cm	35～40	50～55
公称压力/kPa	20～800	

3. 用途　适用于自动冲洗便器。

十二、便池水嘴(QB/T 1334—2004)

1. 结构外形　如图 7-26 所示。

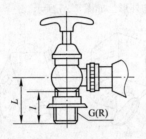

图 7-26　便池水嘴

2. 规格及用途

公称直径/mm	1.5
公称压力/kPa	600
适用水质	冷水
管螺纹代号	G ½
L/cm	4.8～10.8
l/cm	≥2.5
用途	适用于安装在便池上启闭冲洗便池用的水

第四节　小便器及配件

一、小便器

1. 结构外形　如图 7-27 所示。

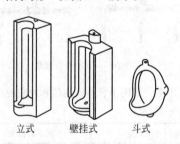

立式　　　壁挂式　　　斗式

图 7-27　小便器

2. 规格及用途

种类	立式	壁挂式	斗式
高/cm	85 或 100	61.5	49
宽/cm	41	30	34
深/cm	36	31	27
用途	适用于男用卫生间小便用		

二、立式小便器铜器

1. 结构外形　如图 7-28 所示。

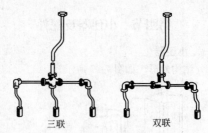

三联　　　　　　　　双联

图 7-28　立式小便器铜器

2. 用途　适用于管路的连接和冲洗便斗。

3. 分类

按连接便斗的数量分类	单联、双联和三联

三、小便器配件

1. 结构外形　如图 7-29 所示。

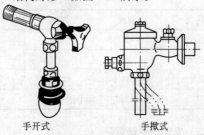

手开式　　　　　　　　手揿式

图 7-29　小便器配件

2. 规格及用途

公称直径/cm		1.5
公称压力/kPa		600
用途	适用于冲洗小便池	

四、小便器自动冲洗阀

1. 结构外形　如图 7-30 所示。

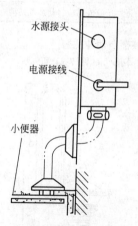

水源接头

电源接线

小便器

图 7-30　小便器自动冲洗阀

2. 规格及用途

型号		G-7021
放水阀	管螺纹代号	G1½
	公称直径/cm	1.5
排水口公称直径/cm		5.0
公称压力/kPa		500
工作距离/cm		60
适用介质		冷水
用途	适用于红外感应自动冲洗便池	

五、小便器自动冲洗器

1. 结构外形　如图 7-31 所示。

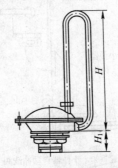

图 7-31　小便器自动冲洗器

2. 规格及用途

型号	0201-32	0201-50
管螺纹代号	G1½	G2
H/cm	20.5	29.4
H_1/cm	4.0	5.0
用途	适用于安装在冲洗管和冲洗水箱内，对便器进行自动定时放水冲洗	

六、卫生洁具排水配件

（一）分类

按材质分类	按用途分类
不锈钢卫生洁具排水配件	洗面器排水配件
铜质卫生洁具排水配件	普通洗涤槽排水配件
塑料卫生洁具排水配件	浴盆排水配件
—	小便器排水配件
—	净身器排水配件

（二）面盆排水配件

1. 结构外形　如图 7-32 所示。

2. 尺寸规格

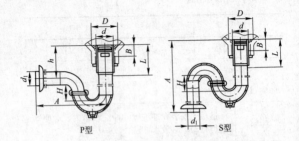

图 7-32　面盆排水配件

A/cm	P 型	15～25
	S 型	≥55
B/cm		≤3.5
D/cm		$\phi 5.8 \sim \phi 6.5$
d/cm		$\phi 3.2 \sim \phi 4.5$
L/cm		≥6.5
H/cm		≥5.0
d_1/cm		$\phi 3.0 \sim \phi 3.3$
h/cm		12～20

（三）斗式小便器排水配件

1. 结构外形　如图 7-33 所示。

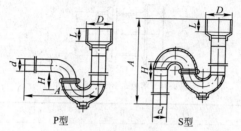

P型　　　　　　　　　S型

图 7-33　小便器排水配件

2. 尺寸规格

A/cm	P 型	≥12
	S 型	≥50
B/cm		≥12
D/cm		≥φ5.5
d/cm		φ3.0～φ3.3
L/cm		2.8～4.5
H/cm		≥5.0

（四）落地式小便器排水配件

1. 结构外形　如图 7-34 所示。

2. 尺寸规格

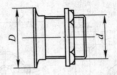

图 7-34　落地式小便器排水配件

D	G2
d/cm	≤φ10.0

（五）壁挂式小便器排水配件

1. 结构外形　如图 7-35 所示。

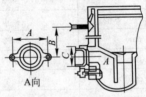

A向

图 7-35　壁挂式小便器排水配件

2. 尺寸规格

A/cm	≥10.0
B/cm	≥43.5
C	G2

（六）洗涤槽排水配件

1. 结构外形　如图 7-36 所示。

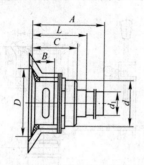

图 7-36　洗涤槽排水配件

2. 尺寸规格

A/cm	≥18
B/cm	≥3.5
C/cm	≥5.5
D/cm	$\phi8.0\sim\phi9.5$
d/cm	$\phi5.2\sim\phi6.4$
L/cm	≥7.0
d_1/cm	$\phi3.0\sim\phi3.8$

（七）净身器排水配件

1. 结构外形　如图 7-37 所示。

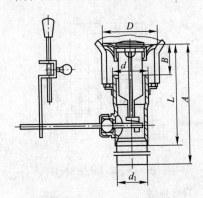

图 7-37　净身器排水配件

2. 尺寸规格

A/cm	$\geqslant 20$
B/cm	$\geqslant 3.5$
D/cm	$\phi 5.8 \sim \phi 6.5$
d/cm	$\phi 3.2 \sim \phi 4.5$
L/cm	$\geqslant 9.0$
d_1/cm	$\phi 3.0 \sim \phi 3.3$

第五节　其他卫浴五金

一、水槽

1. 结构外形　如图 7-38 所示。

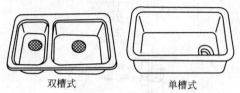

双槽式　　　　　　　　　单槽式

图 7-38　水槽

2. 规格及用途

代号	长度/cm	宽度/cm	高度/cm
1#	61	46	
2#	61	41	20
3#	51	36	
4#	61	41	15
5#	41	31	20
6#	61	46	
7#	51	36	15
8#	41	31	
用途	适用于洗涤蔬菜、衣物、食物及其他物品		

二、普通水嘴(QB/T 1334—2004)

1. 结构外形　如图 7-39 所示。

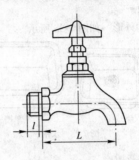

图 7-39　普通水嘴

2. 规格及用途

公称直径/cm		1.5	2.0	2.5
L/cm		≥5.5	≥7.0	≥8.0
管螺纹代号		G½	G¾	G1
螺纹有效 长度/cm	圆柱	≥1.0	≥1.2	≥1.4
	圆锥	≥1.14	≥1.27	≥1.45
公称压力/kPa		600		
适用水温/℃		≤50		
用途		适用于安装在自来水管路上，放水和关水		

三、回转式水嘴

1. 结构外形　如图 7-40 所示。

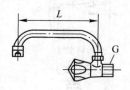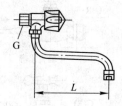

图 7-40　回转式水嘴

2. 规格及用途

公称直径/cm	1.5, 2.0
L/cm	16, 18
管螺纹代号	G½
公称压力/kPa	600
适用水温/℃	≤50
用途	适用于安装在水槽等处，放水和关水

四、化验水嘴（QB/T 1334—2004）

1. 结构外形　如图 7-41 所示。

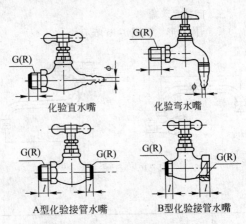

化验直水嘴　　　　化验弯水嘴

A型化验接管水嘴　　　B型化验接管水嘴

图 7-41　化验水嘴

2. 规格及用途

公称直径/cm		1.5
ϕ/cm		1.2
管螺纹代号 G(R)		1/2
螺纹有效 长度/cm	圆柱管螺纹	1.0
	圆锥管螺纹	1.14
用途	适用于安装在化验水槽等处，放水和关水	

五、单联、双联、三联化验水嘴

1. 结构外形　如图 7-42 所示。

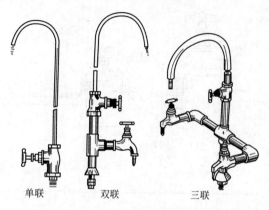

单联　　　双联　　　　三联

图 7-42　单联、双联、三联化验水嘴

2. 规格及用途

种类	单联	双联、三联
总高度/cm	>45	65
公称直径/cm	1.5	
公称压力/kPa	600	
用途	适用于安装在化验水盆等处，放水和关水	

六、接管水嘴

1. 结构外形　如图 7-43 所示。

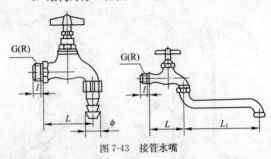

图 7-43　接管水嘴

2. 规格及用途

公称直径/cm		1.5	2.0	2.5
L/cm		≥5.5	≥7.0	≥8.0
L_1/cm		≥17.0		
ϕ/cm		1.5	2.1	2.8
L/cm		≥5.5	≥7.0	≥8.0
管螺纹代号 G(R)		1/2	3/4	1
螺纹有效长度/cm	圆柱	≥1.0	≥1.2	≥1.4
	圆锥	≥1.14	≥1.27	≥1.45
公称压力/kPa		600		
适用水温/℃		≤50		
用途		适用于安装在自来水管路上，放水和关水；也可接上输水胶管，远距离输水		

七、洗涤水嘴

1. 结构外形　如图 7-44 所示。

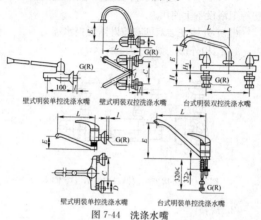

壁式明装单控洗涤水嘴　壁式明装双控洗涤水嘴　台式明装双控洗涤水嘴

壁式明装单控洗涤水嘴　　台式明装单控洗涤水嘴

图 7-44　洗涤水嘴

2. 用途　适用于洗涤水源开关。

3. 规格

C/cm	L/cm	D/cm	H/cm	H_1/cm	E/cm
≥10 ≥15 ≥20	≥17	≥4.5	≥4.8	≥0.8	≥2.5

螺纹尺寸 代号 G(R)	公称直径 /cm	适用水温 /℃	公称压力 /kPa
1/2	1.5	≤100	600

八、温控水嘴(QB 2806—2006)

（一）用途　适用于按安装洗手间、浴室及厨房等卫浴设备上使用。

（二）外墙安装双柄双控淋浴温控水嘴

1. 结构外形　如图 7-45 所示。

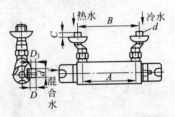

图 7-45　外墙安装双柄双控淋浴温控水嘴

2. 规格

公称直径/cm	1.5
管螺纹尺寸代号	$G\frac{1}{2}B$
A/cm	(15)
B/cm	12～18
C/cm	≥1.4
D/cm	≥0.95
D_1/cm	≥0.75

（三）外墙安装双柄双控浴缸、淋浴温控水嘴

1. 结构外形　如图 7-46 所示。

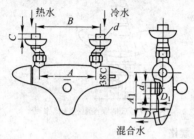

图 7-46　外墙安装双柄双控浴缸、淋浴温控水嘴

2. 规格

公称直径/cm	1.5
管螺纹尺寸代号	G½B
A/cm	(15)
A_1/cm	≥11.0
B/cm	12～18
C/cm	≥1.4
D/cm	≥0.95
D_1/cm	≥0.75

（四）双柄双控温控洗涤水嘴

1. 结构外形　如图 7-47 所示。

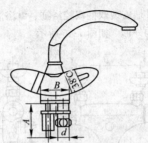

图 7-47　双柄双控温控洗涤水嘴

2. 规格

公称直径/cm	1.5
管螺纹尺寸代号	$G\frac{1}{2}B$
A/cm	≥4.5
B/cm	ϕ≥5.0

（五）单柄双控温控面盆水嘴

1. 结构外形　如图 7-48 所示。

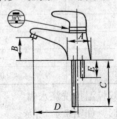

图 7-48　单柄双控温控面盆水嘴

2. 规格

A/cm	≥10.0
B/cm	≥2.5
C/cm	≥35.0
D/cm	φ≥4.5
E/cm	≥1.8

（六）单柄双控温控浴盆水嘴

1. 结构外形　如图 7-49 所示。

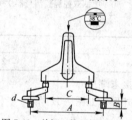

图 7-49　单柄双控温控浴盆水嘴

2. 规格

公称直径/cm	1.5	2.0
管螺纹尺寸代号	G½B	G¾B
A/cm	15.0±3.0	
B/cm	≥1.6	≥2.0
C/cm	(15)	

（七）单柄双控温控洁身器水嘴

1. 结构外形　如图 7-50 所示。

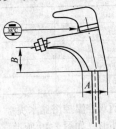

图 7-50　单柄双控温控洁身器水嘴

2. 规格

A/cm	$\phi \geqslant 4.5$
B/cm	$\geqslant 2.5$

（八）连接末端尺寸

1. 结构外形　如图 7-51 所示。

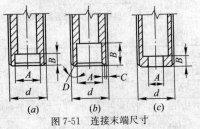

图 7-51　连接末端尺寸

2. 规格

图代号	(a)		(b)	(c)
螺纹尺寸代号	G½B	G¾B	G½B	G½B
A/cm	1.99	1.47	1.52	1.25
B/cm	≥0.64		≥1.3	≥0.5
C/cm	—		≥0.03	—

（九）有外螺纹的起泡器喷嘴出水口尺寸

1. 结构外形　如图 7-52 所示。

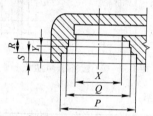

图 7-52　有外螺纹的起泡器喷嘴出水口尺寸

2. 规格

管螺纹尺寸代号	G½	G¾
P/cm	ϕ≥2.42	ϕ≥2.43
X/cm	ϕ1.7	ϕ1.9
Y/cm	0.30	0.45
S/cm	0.45	0.95
R/cm	0.45	0.60

（十）带有喷洒附件的温控水嘴

1. 结构外形　如图 7-53 所示。

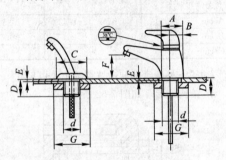

图 7-53　带有喷洒附件的温控水嘴

2. 规格

公称直径/cm	1.5
管螺纹尺寸代号	G½B
A/cm	$\phi \geqslant 4.5$
B/cm	2.5
C/cm	$\phi \geqslant 4.2$
D/cm	1.8
E/cm	0.6
F/cm	$\geqslant 2.5$

（十一）带有整体喷洒附件的温控水嘴

1. 结构外形　如图 7-54 所示。

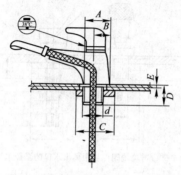

图 7-54　带有整体喷洒附件的温控水嘴

2. 规格

公称直径/cm	1.5
管螺纹尺寸代号	$G\frac{1}{2}B$
A/cm	$\phi \geqslant 4.5$
B/cm	2.5
C/cm	$\phi \geqslant 5.0$
D/cm	1.8
E/cm	0.6

（十二）带喷枪附件长距离出水口的温控水嘴

1. 结构外形　如图 7-55 所示。

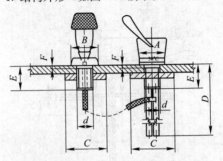

图 7-55　带喷枪附件长距离出水口的温控水嘴

2. 规格

公称直径/cm	1.5
管螺纹尺寸代号	G½B
A/cm	$\phi \geqslant 4.5$
B/cm	$\phi \geqslant 4.2$
C/cm	$\phi \geqslant 5.0$
D/cm	35
E/cm	1.8
F/cm	0.6

（十三）分离式长距离出水口的温控水嘴

1. 结构外形　如图 7-56 所示。

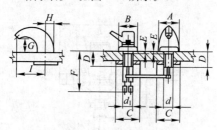

图 7-56　分离式长距离出水口的温控水嘴

2. 规格

公称直径/cm	1.5
管螺纹尺寸代号	G½B
A/cm	$\phi \geqslant 4.5$
B/cm	$\phi \geqslant 4.5$
C/cm	$\phi \geqslant 5.0$
D/cm	1.8
E/cm	0.6
F/cm	35.0
G/cm	3.2
H/cm	$\geqslant 2.5$
I/cm	3.3

（十四）没有流量控制装置的管路安装温控阀

1. 结构外形 如图 7-57 所示。

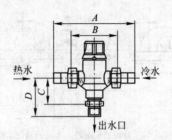

图 7-57 没有流量控制装置的管路安装温控阀

2. 规格

公称直径/cm	1.5	2.0
A/cm	16.0	18.0
B/cm	7.7	
C/cm	5.1	
D/cm	6.9	8.0

（十五）墙内安装淋浴温控水嘴

1. 结构外形 如图 7-58 所示。

2. 规格

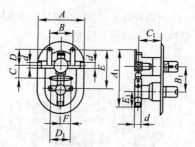

图 7-58　墙内安装淋浴温控水嘴

公称直径/cm	1.5
管螺纹尺寸代号	G½B
A/cm	15.0
B/cm	7.0
C/cm	4.0
D/cm	3.2
E/cm	10.0
F/cm	2.5
A_1/cm	16.5
B_1/cm	7.6
C_1/cm	7.5
D_1 和 E_1/cm	5.0

(十六) 墙内安装淋浴、浴缸两用温控水嘴

1. 结构外形 如图 7-59 所示。

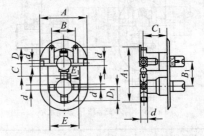

图 7-59 墙内安装淋浴、浴缸两用温控水嘴

2. 规格

公称直径/cm	1.5
管螺纹尺寸代号	G½B
A/cm	15.6
B/cm	7.0
C/cm	5.0
D/cm	3.2
E/cm	8.8
A₁/cm	15.8
B₁/cm	7.6
C₁/cm	7.5

804

D_1/cm	4.4
E_1/cm	1.9

（十七）暗装集温控和流量调节于一体的温控水嘴

1. 结构外形　如图 7-60 所示。

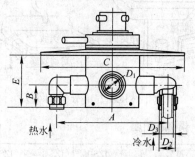

图 7-60　暗装集温控和流量调节于一体的温控水嘴

2. 规格

公称直径/cm	1.5
管螺纹尺寸代号	$G\frac{1}{2}B$
A/cm	15.0
B/cm	2.9
C/cm	$\Phi15.0$

九、人体感应晶体管自动水龙头

1. 结构外形　如图 7-61 所示。

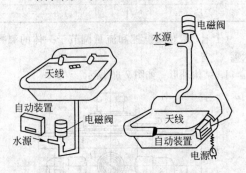

图 7-61　人体感应晶体管自动水龙头

2. 规格及用途

型号	JZS-1	JZS-3/4	JZS-1/2
水管直径/in	1	3/4	1/2
电磁阀吸力/N	≥50	≥40	
静态耗电量/W	1.5		
电源电压/V	220		
用途	适用于安装在宾馆、医院、高铁车辆等各类公共场所的盥洗间		

十、感应温控水嘴(QB/T 4000—2010)

1. 结构外形　如图 7-62 所示。

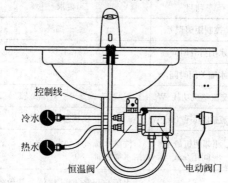

控制线

冷水

热水

恒温阀

电动阀门

图 7-62　感应温控水嘴安装示意图

2. 用途　适用于安装在宾馆、医院等场所的盥洗间、洗手间、浴室等处。

3. 分类

按控温类型分类	按使用场合分类	按结构形式分类	按使用压力分类
恒温式	淋浴	分体式	普通水源
恒压式	洗涤	一体式	低水压
恒温恒压式	面盆净身器	—	—
—	其他		

4. 使用性能要求

项目	要求
控制距离误差	≤±15%
水嘴打开时间/s	≤1.0
水嘴关闭时间/s	≤2.0
交流整机功耗/W	待机状态：≤3.0；工作状态：≤5.0
直流整机功耗/(m·W)	待机状态：≤0.3
相邻两机最小间距/cm	洗涤水嘴和面盆水嘴之间：50；淋浴水嘴之间：80
强度试验	水压900kPa时，阀体及其他各部位无变形、无渗漏
密封性试验	水压在500kPa和600kPa时出水口和其他各部位无渗漏
流量(L/min) (不带附件)	(1) 普通供水水压的水嘴在动态压力300±5kPa，出水温度38±2℃时，淋浴器、洗涤、面盆等水嘴7.2~38； (2) 低水压供水的水嘴在动态压力10±5kPa，出水温度38±2℃时，面盆水嘴4.8~16；淋浴器和洗涤水嘴6.0~16
出水温度稳定性/℃	出水温度与设定温度偏差应≤2.0

项目	要求
安全性	（1）水嘴出水温度≤49℃； （2）冷水关闭后的前 5±0.5s 内，水嘴出水量≤0.2L，出水温度≤49℃； （3）冷水关闭后的前 5±0.5s 内，水嘴出水量>0.2L，出水温度≤42℃，随后 30s 内的出水量≤0.3L； （4）冷水恢复供应后，混合水出水温度与设定温度偏差应≤2.0℃

十一、全自动洗手器

1. 结构外形　如图 7-63 所示。

图 7-63　全自动洗手器

2. 规格及用途

进水口外径/in	G¾
控制距离/cm	≤12.0
工作水压/kPa	20~800

灵敏度/s	0.10
工作电压/V	170~253
用途	适用于安装在学校、医院、宾馆、公厕等场所

十二、电热烘手器

1. 结构外形　如图7-64所示。

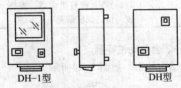

DH-1型　　　　　　　　　　　DH型

图7-64　电热烘手器

2. 规格及用途

出风口温度/℃	50~70
功率/kW	0.2
电压/V	220
用途	适用于安装在盥洗间、卫生间等处，烘干洗后的手，无交叉感染

十三、喷水按摩浴缸(QB 2585—2007)

1. 用途　适用于同时洗浴人数在3人以下进行按摩和洗浴。

2. 外观要求

序号	要求
1	表面应平整光滑，无划痕，无裂痕、变形等缺陷
2	人体容易接触到的表面不应有毛刺及飞边
3	金属配件表面无裂纹、伤痕及气孔等缺陷，容易生锈部位应作防锈处理

3. 使用性能要求

项目	要求
水流喷射距离/mm	>150
密封性	将室温水注入按摩浴缸内至溢水口，启动水泵，循环系统运行时间≥10min时，各密封面及管道连接处应无渗漏
	60^{+5}_{0}℃水注入按摩浴缸内至溢水口，启动水泵，循环系统运行时间≥10min时，各密封面及管道连接处应无渗漏
	在室温水注入按摩浴缸内至溢水口，堵塞所有浴缸喷头出口，启动水泵，各管道连接处应无渗漏
	从进水口注入室温水后，用手关闭浴缸上给水管的终端阀门，将试压泵压力升至600kPa，保持2min，各密封面及管道连接处应无渗漏

项目	要求	
配置普通水泵的按摩浴缸的噪声	额定功率 P/kW	噪声值/dB
	$P \leqslant 0.75$	$\leqslant 68$
	$0.75 < P < 1.2$	$\leqslant 70$
	$P \geqslant 1200$	$\leqslant 72$
配置加热水泵的按摩浴缸噪声	额定功率 P/kW	噪声值/dB
	$P \leqslant 2.2$	$\leqslant 68$
	$2.2 < P < 2.7$	$\leqslant 70$
	$P \geqslant 2.7$	$\leqslant 72$
滞留水	总质量 $\leqslant 500$g 或浴缸容量的 0.2%，两者取较小值	
配置气泵的按摩浴缸噪声	额定功率 P/kW	噪声值/dB
	$P \leqslant 1.0$	$\leqslant 72$
	$1.0 < P < 1.5$	$\leqslant 73$
	$P \geqslant 1.5$	$\leqslant 75$
电气安全	按摩浴缸属于I类器具，应符合GB/T 4706.73—2004 的规定	

十四、金属晾衣架（QB/T 2821—2006）

1. 用途　适用于安装在室内或室外晾晒衣服。

2. 分类及代号

（1）**按类型分类**

类型	代号
落地式	L
挂式	G

（2）**按结构分类**

类型	代号
固定式	D
升降式	S
推拉式	T
移动式	Y

注：带有伸缩功能的金属晾衣架归入"推拉式"类型。

3. 外观要求

序号	要求
1	抛光件表面应光洁，无明显凹凸、裂缝，无尖刺或毛边
2	塑料件表面无明显的填料斑、溢料、缩痕、气孔、翘曲和熔接痕及明显的擦伤、划伤和污垢

序号	要求
3	电镀表面光泽应均匀，不能有脱皮、龟裂、烧焦、露底、剥落、黑斑及明显的麻点等缺陷
4	喷涂表面组织应细密、光滑均匀，不得有流挂、露底等缺陷
5	镀层结合牢固，漆膜涂层附着力为1级
6	喷塑层附着力为0级
7	涂层厚度≥0.06mm
8	在4.9N·m扭矩的冲击下，涂层无断裂

4. 使用性能要求

项目	要求
承重性能	晾衣架单杆承受49N的静载荷，保持1min后，卸载后，变形量≤被测杆件总长度的1%
稳定性	处于使用状态时应平稳，各构件和连接部位不能有损坏
自锁性	晾衣架承受196N的静载荷，保持1min后，杆件不滑落，能正常使用
弯曲度	≤杆件总长度的1%

项目	要求
平行度	≤杆件间距的1%

	杆数/根	承压/N	时间/h	要求
安全性	1	49		
	2	98	6	无掉落，能正常使用
	3	147		
	4	196		
注：每根晾衣杆承重49N为使用载荷				

5. **杆件材质**　不锈钢管、不锈钢复合管、涂塑管、铝合金管及其他金属材料。

第八章 龙骨、吊顶及隔墙

第一节 龙 骨

一、建筑用轻钢龙骨（GB/T11981—2008）

（一）特点 自重轻、刚度大、防火、防震以及加工安装简便等。

（二）分类

按适用场合分类	按断面形状分类
墙体龙骨	U型、C型、CH型
吊顶龙骨	T型、H型、V型、L型

（三）用途 适用于做工业建筑和民用住宅等室内隔墙和吊顶的骨架。

（四）墙体龙骨

1. CH型竖龙骨

（1）断面形状 如图8-1所示。

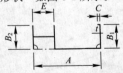

图8-1 CH型竖龙骨断面形状

（2）规格

A/mm	B_1/mm	B_2/mm	t/mm
75(73.5)			
100(98.5)	≥35	≥35	0.8
150(148.5)			

注：龙骨规格以 $A \times B_1 \times B_2 \times t$ 表示，当 $B_1 = B_2$ 时，则以 $A \times B \times t$ 表示。以下相同。

2. C 型竖龙骨

（1）断面形状　如图 8-2 所示。

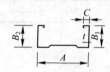

图 8-2　C 型竖龙骨断面形状

（2）规格

A/mm	B_1/mm	B_2/mm	t/mm
50(48.5)			
75(73.5)			0.6
100(98.5)	≥45	≥45	
150(148.5)			0.7

3. U型横龙骨

(1) 断面形状　如图 8-3 所示。

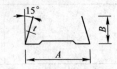

图 8-3　U型横龙骨断面形状

(2) 规格

A/mm	B/mm	t/mm
52(50)	≥35	0.6
77(75)		
102(100)		0.7
152(150)		

4. U型通贯龙骨

(1) 断面形状　如图 8-4 所示。

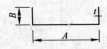

图 8-4　U型通贯龙骨断面形状

（2）规格

A/mm	B/mm	t/mm
38	12	1.0

（五）吊顶龙骨

1. U型承载龙骨

（1）断面形状　如图 8-5 所示。

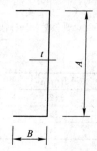

图 8-5　U型承载龙骨断面形状

（2）规格

A/mm	B/mm	t/mm
38	12	1.0
50	15	1.2
60	—	

2. C型承载龙骨

(1) 断面形状　如图 8-6 所示。

图 8-6　C型承载龙骨断面形状

(2) 规格

A/mm	B/mm	t/mm
38	12	1.0
50	15	1.2
60	—	

3. C型覆面龙骨

(1) 断面形状　如图 8-7 所示。

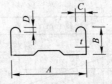

图 8-7　C型覆面龙骨断面形状

（2）规格

A/mm	B/mm	t/mm
50	19	0.5
60	27	0.6

4. T型主龙骨

（1）断面形状　如图 8-8 所示。

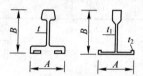

图 8-8　T 型主龙骨断面形状

（2）规格

A/mm	t_1/mm	t_2/mm	B/mm
24			38
24	0.27	0.27	32
14			32

5. T型次龙骨

（1）断面形状　如图 8-9 所示。

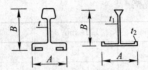

图 8-9 T 型次龙骨断面形状

(2) 规格

A/mm	t_1/mm	t_2/mm	B/mm
24			38
24	0.27	0.27	25
14			25

注：① 中型承载龙骨 $B \geqslant 38$mm，轻型承载龙骨 $B < 38$mm。
    ② 龙骨由一整片钢板（带）成型时，规格以 $A \times B \times t$
      表示。

6. H 型龙骨

(1) 断面形状 如图 8-10 所示。

图 8-10 H 型龙骨断面形状

（2）规格

A/mm	B/mm	t/mm
20	20	0.3

7. V 型承载龙骨

（1）断面形状　如图 8-11 所示。

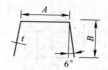

图 8-11　V 型承载龙骨断面形状

（2）规格

A/mm	B/mm	t/mm
20	37	0.8

注：造型用龙骨规格用 20mm×20mm×1.0mm。

8. V 型覆面龙骨

（1）断面形状　如图 8-12 所示。

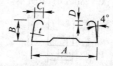

图 8-12　V 型覆面龙骨断面形状

(2) 规格

A/mm	B/mm	t/mm
49	19	0.5

9. L 型承载龙骨

(1) 断面形状　如图 8-13 所示。

图 8-13　L 型承载龙骨断面形状

(2) 规格

A/mm	B/mm	t/mm
20	43	0.8

10. L 型收边龙骨

(1) 断面形状　如图 8-14 所示。

图 8-14　L 型收边龙骨断面形状

(2) 规格

A/mm	B_1/mm	B_2/mm	t/mm
≥20	≥25	≥20	0.4

11. L型边龙骨

(1) 断面形状　如图 8-15 所示。

图 8-15　L型边龙骨断面形状

(2) 规格

A/mm	B/mm	t/mm
≥14	≥20	0.4

二、建筑用轻钢龙骨配件(JC/T 558—2007)

（一）定义　建筑用轻钢龙骨配件是以热镀锌钢板(带)、彩色涂层钢板(带)、弹簧钢等材料为原料冲压成形，经表面防锈处理(如镀锌)而制成。

（二）用途　适用于建筑用轻钢龙骨在组合墙体、吊顶骨架时使用。

（三）配件名称及作用

配件名称	作用
支撑卡	支撑覆面板材和龙骨的固定
卡托	连接竖龙骨开口面和横撑龙骨
角托	连接竖龙骨背面和横撑龙骨
通贯龙骨连接件	连接通贯龙骨，使之加长
吊件	连接龙骨和吊杆
挂件	连接承载龙骨和其他龙骨的挂接
承载龙骨连接件	连接承载龙骨，使之加长
覆面龙骨连接件	连接覆面龙骨，使之加长
挂插件	覆面龙骨垂直方向的连接配件

（四）墙体龙骨配件

1. 支撑卡

（1）结构外形　如图 8-16 所示。

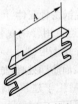

图 8-16　支撑卡

(2) 规格

代号	公称厚度/mm	允许偏差/mm
ZC	≥0.7	$A_{-0.5}^{0}$

2. 卡托

(1) 结构外形 如图 8-17 所示。

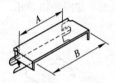

图 8-17 卡托

(2) 规格

代号	公称厚度/mm	允许偏差/mm	
KT	≥0.7	$A_{-0.5}^{0}$	$B_{-0.5}^{0}$

3. 角托

(1) 结构外形 如图 8-18 所示。

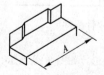

图 8-18 角托

（2）规格

代号	公称厚度/mm	允许偏差/mm
JT	≥0.8	$A_{-0.5}^{\ 0}$

4. 通贯龙骨连接件

（1）结构外形　如图 8-19 所示。

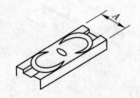

图 8-19　通贯龙骨连接件

（2）规格

代号	公称厚度/mm	允许偏差/mm
TL	≥1.0	$A_{-0.5}^{\ 0}$

（五）吊顶龙骨配件

1. 普通吊件

（1）结构外形　如图 8-20 所示。

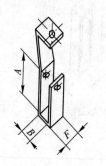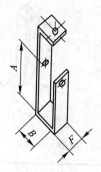

图 8-20　普通吊件

（2）规格

代号	公称厚度/mm	宽度 F/mm	允许偏差/mm	
PD/D 38	≥2.0	≥18.0	$A^{+2.0}_{0}$	$B^{+2.0}_{+1.0}$
PD/D 50	≥2.0	≥18.0		
PD/D 60	≥2.5	≥20.0		

2. 框式吊件

（1）结构外形　如图 8-21 所示。

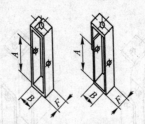

图 8-21 框式吊件

（2）规格

代号	公称厚度/mm	宽度 F/mm	允许偏差/mm	
KD/D 60	≥2.0	≥18.0	$A_0^{+2.0}$	$B_{+1.0}^{+2.0}$

3. 弹簧卡吊件

（1）结构外形 如图 8-22 所示。

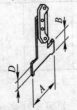

图 8-22 弹簧卡吊件

(2) 规格

代号	公称厚度/mm	允许偏差/mm	
TD	≥1.5	$A_{-0.4}^{\ 0}$	$B_{-0.3}^{\ 0}$

4. T型龙骨吊件

(1) 结构外形　如图 8-23 所示。

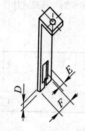

图 8-23　T 型龙骨吊件

(2) 规格

代号	公称厚度/mm	宽度 F/mm
TTD	≥1.0	≥22.0

5. 压筋式挂件

(1) 结构外形　如图 8-24 所示。

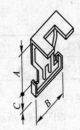

图 8-24 压筋式挂件

(2) 规格

代号	公称厚度 /mm	允许偏差 /mm		
YG	≥0.7	$A^{+0.5}_{0}$	$B^{0}_{-0.5}$	$C^{0}_{-0.3}$

6. 平板式挂件

(1) 结构外形　如图 8-25 所示。

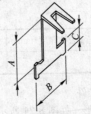

图 8-25　平板式挂件

（2）规格

代号	公称厚度/mm	允许偏差/mm		
PG	≥1.0	$A^{+0.5}_{0}$	$B^{0}_{-0.5}$	$C^{0}_{-0.3}$

7. T型龙骨挂件

（1）结构外形　如图 8-26 所示。

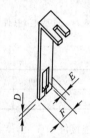

图 8-26　T型龙骨挂件

（2）规格

代号	公称厚度/mm	宽度 F/mm
TG	≥0.75	≥18.0

8. H型龙骨挂件

（1）结构外形　如图 8-27 所示。

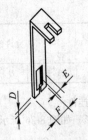

图 8-27 H 型龙骨挂件

(2) 规格

代号	公称厚度/mm	宽度 F/mm
HG	≥0.8	≥29.0

9. 承载龙骨连接件

(1) 结构外形 如图 8-28 所示。

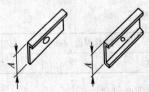

图 8-28 承载龙骨连接件

834

(2) 规格

代号	公称厚度/mm	允许偏差/mm
CL	≥1.2	$A_{-0.5}^{0}$
CL	≥1.5	$A_{-0.5}^{0}$

10. 覆面龙骨连接件

(1) 结构外形　如图 8-29 所示。

图 8-29　覆面龙骨连接件

(2) 规格

代号	公称厚度/mm	允许偏差/mm	
FL	≥0.5	$A_{-0.5}^{0}$	$B_{-0.5}^{0}$

11. 挂插件

(1) 结构外形　如图 8-30 所示。

图 8-30　挂插件

（2）规格

代号	公称厚度/mm	允许偏差/mm	
GC	≥0.5	$A_{-0.5}^{0}$	$B_{-0.5}^{0}$

三、墙体轻钢龙骨配件

1. 支撑卡

（1）结构外形　如图 8-31 所示。

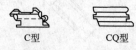

C型　　　　　　CQ型

图 8-31　支撑卡

（2）规格及用途

代号	质量/g	用途
C50-4	41	
C75-4	21	
C100-4	26	辅助支撑竖龙骨 加强卡覆面板材和 龙骨的固定
CQ50-1	13	
CQ70-1	13	

2. 卡托

（1）结构外形　如图 8-32 所示。

图 8-32　卡托

（2）规格及用途

代号	质量/g	用途
C50-5	24	
C75-5	35	连接竖龙骨开口面和横撑
C100-5	48	

3. 角托

（1）结构外形　如图 8-33 所示。

图 8-33　角托

（2）规格及用途

代号	质量/g	用途
C50-6	17	连接竖龙骨背
C75-6	31	面和横撑
C100-6	48	

4. 通贯横撑连接件

(1) 结构外形　如图 8-34 所示。

图 8-34　通贯横撑连接件

(2) 规格及用途

代号	质量/g	用途
C50-7	16	连接通贯横撑
C75-7	—	
C100-7	49	
QC-2	25	

5. 加强龙骨固定件

(1) 结构外形　如图 8-35 所示。

图 8-35　加强龙骨固定件

(2) 规格及用途

代号	质量/g	用途
C50-8	17	连接加强龙 骨和主体结构
C75-8	106	
C100-8		

6. 金属护角

(1) 结构外形　如图 8-36 所示。

图 8-36　金属护角

(2) 规格及用途

代号	质量/g	用途
QC-4	12	防护石膏板墙柱易磨损的边角

7. 金属包边

(1) 结构外形　如图 8-37 所示。

图 8-37　金属包边

(2) 规格及用途

代号	质量/g	用途
QC-5	25	固定在墙体边角石膏板的侧边和端部

8. 减振条

（1）结构外形　如图 8-38 所示。

图 8-38　减振条

（2）规格及用途

代号	质量/g	用途
QC-3	5	起减振作用

四、轻钢吊顶龙骨配件

1. 主龙骨吊件

（1）结构外形　如图 8-39 所示。

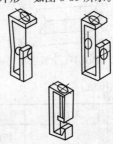

图 8-39　主龙骨吊件

（2）规格

代号	厚度/mm	质量/g
D38（UC38）	2	62
D50（UC50）	3	138
D60（UC60）	2	91
	3	169

2. 挂件

（1）结构外形　如图 8-40 所示。

图 8-40　挂件

（2）规格

代号	厚度/mm	质量/g
D38（UC38）		13
		20
D50（UC50）	0.75	15
		24
D60（UC60）		25
		40

3. 挂插件

(1) 结构外形 如图 8-41 所示。

图 8-41 挂插件

(2) 规格

适用规格	质量/g	厚度/mm
通用	9	0.75
	13.5	

4. 覆面龙骨连接件

(1) 结构外形 如图 8-42 所示。

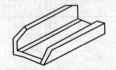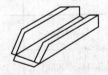

图 8-42 覆面龙骨连接件

(2) 规格

适用规格	质量/g	厚度/mm
通用	20	0.5
	80	

5. 承载龙骨连接件

(1) 结构外形　如图 8-43 所示。

图 8-43　承载龙骨连接件

(2) 规格

尺寸/mm		质量/g	厚度/mm
L	H		
100	60	19	1.2
	50	60	
	56	101	
	47	67	
82	35.6	41	
	39	30	

五、T型吊顶铝合金龙骨

（一）T型吊顶铝合金龙骨

1. T型纵向龙骨

（1）形式　如图 8-44 所示。

图 8-44　T 形纵向龙骨形式

（2）规格及用途

质量/g	厚度/mm	用途
200	1.2	适用于搭装或嵌装吊顶板，纵向通长使用

2. T型横向龙骨

（1）形式　如图 8-45 所示。

图 8-45　T 形横向龙骨形式

（2）规格及用途

质量/g	厚度/mm	用途
135	1.2	适用于搭装或嵌装吊顶板

3. L 型边龙骨

（1）形式　如图 8-46 所示。

图 8-46　L 型边龙骨形式

（2）规格及用途

质量/g	厚度/mm	用途
150	1.2	适用于搭装或嵌装吊顶板，安装在吊顶的四周外援和墙壁接触处

4. T 型异形龙骨

（1）形式　如图 8-47 所示。

图 8-47　T 型异形龙骨

(2) 规格

质量/g	厚度/mm
250	1.2

(3) 用途 适用于搭装或嵌装吊顶板,安装在吊顶有变标高处。

(二) T 型吊顶铝合金龙骨配件

1. 连接件

(1) 形式 如图 8-48 所示。

(a)　　　　　(b)

图 8-48　连接件

(2) 用途 图 8-48(a)适用于 T 型龙骨之间或 T 型异形龙骨之间的连接。图 8-48(b)适用于轻钢承载龙骨(U 型)之间的连接。

2. 挂钩

(1) 形式 如图 8-49 所示。

图 8-49　挂钩

（2）用途　适用于连接固定 T 型龙骨和承载龙骨（U 型）。

3. 吊挂件

（1）形式　如图 8-50 所示。

图 8-50　吊挂件

（2）用途　只适用于无承载龙骨的无附加载荷吊顶当中 TT 型龙骨和吊杆的连接。

（三）LT 铝合金吊顶龙骨配件

1. 主龙骨吊件

（1）结构外形　如图 8-51 所示。

图 8-51　主龙骨吊件

（2）规格

代号	厚度/mm	质量/g
TC38	2	62
TC50	3	169
TC60		138

2. 主龙骨连接件

(1) 结构外形　如图 8-52 所示。

图 8-52　主龙骨连接件

(2) 规格

代号	L/mm	H/mm
TC38	82	39
TC50	100	50
TC60		60

3. LT 异形龙骨吊钩

(1) 结构外形　如图 8-53 所示。

图 8-53　LT 异形龙骨

（2）规格

代号	A/mm	B/mm
TC38	13	48
TC50	16	65
TC60	31	75

4. LT异形龙骨吊挂钩

（1）结构外形　如图8-54所示。

图8-54　LT异形龙骨吊挂钩

（2）规格

代号	A/mm	B/mm
TC38	13	55
TC50	16	65
TC60	31	75

第二节 吊 顶

一、金属吊顶（QB/T 1561—1992）

1. 分类

按形状分类	代号
条板形	T
块板形	K
格栅形	G

2. 条板形面板

(1) 结构外形　如图 8-55 所示。

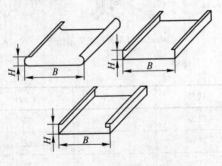

图 8-55　条板形面板

(2) 规格

长度 L/m	H/mm	B/mm		
	允许偏差	基本尺寸	允许偏差	
			一级品	合格品
≤6.0	±0.9	80	±0.7	±1.1
		82		
		84		
		86		

3. 块板形面板

(1) 结构外形　如图 8-56 所示。

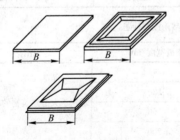

图 8-56　块板形面板

(2) 规格

宽度/mm	长度/mm	极限偏差/mm
400	400	
500	500	上偏差 0 下偏差 −3
	1000	
600	600	
	1200	

二、条板吊顶

1. 材质及特点

材质	特点
铝板、冷轧 钢板、不锈钢板	新颖别致、美观 大方、立体感强

2. 规格及用途

条板宽度/mm	用途
90	
120	
150	适用于大型建筑物的吊顶装饰
200	

三、格栅吊顶

1. 组成及特点

852

组成	由铝格栅元件和 U 型龙骨组成
特点	质轻、组装和拆卸方便、通风采光效果好

2. 规格及用途

小方格边长/mm	用途
50	
90	
110	适用于大型建筑物，是一种高档金属顶棚
150	
183	

四、挂片吊顶

1. 金属挂片外形　如图 8-57 所示。

图 8-57　金属挂片外形

2. 表面处理方式及特点

(1) 表面处理方式　喷塑、阳极氧化。

(2) 特点　重量轻，拆卸方便。挂片可任意组合，自由旋转。

3. 用途　适用于装饰公共建筑物的吊顶。

第三节　吊顶天花板

一、格子天花板

1. 特点　外观简洁，组装方便，吸声功能较高。

2. 规格

方格边长/cm	5.0	7.5	10.0	12.5
高度/cm	4.0/5.0		4.0/5.0/6.0	
宽度/cm	1.1			
厚度/cm	0.05			
组件尺寸/cm	60×60			
方格边长/cm	15.0	20.0		30.0
高度/cm	4.0/5.0/6.0			
宽度/cm	1.1			
厚度/cm	0.05			
组件尺寸/cm	60×60			

配件尺寸/cm

名称	长度	高度	宽度	厚度
龙骨	300	4/5/6	1.1	0.05
副龙骨	120			
墙身角 L 型	300	2.5	2.5	
墙身角 W 型	300	2/2	2/2	0.12

注：格子天花板由多个金属格子天花板片组成。

二、圆边式条形天花板

1. **特点**　外观美观，线条流畅，不易变形和生锈，组装方便，吸声功能较高。

2. **规格**

标准长度/cm	100～600		
高度/cm	1.3		
宽度/cm	8.5	18.5	28.5
缝隙宽度/cm	1.5		
厚度/cm	0.05	0.06	0.07

配件尺寸/cm

名称	长度	高度	宽度	厚度
龙骨		0.45	0.55	0.07
墙身角 L 型	300	2.5	2.5	0.05
墙身角 W 型		2.0/2.0		0.12
龙骨	300	4.5	2.9	0.07
接缝件 R 型	100～600	0.5	1.5	0.05
接缝件 U 型		1.3		

注：天花板片有平面板孔面板两种形式。

三、直条密闭式条形天花板

1. **特点**　设计独特，线条和谐流畅，吸声功能较高。

2. **规格及用途**

标准长度/cm	100～600		
高度/cm	1.5		
宽度/cm	10.0	15.0	20.0
厚度/cm	0.05		

配件尺寸/cm

名称	长度	高度	宽度	厚度
龙骨		3.6	2.15	0.06
墙身角 L 型	300	2.5	2.5	
墙身角 W 型		2.0/2.0		0.12
用途	适用于对卫生条件要求严格的场合(如医院、实验室等)			

四、直条明骨天花板

1. **特点**　装拆方便，吸声功能较高。

2. **规格及用途**

组件尺寸/cm	30～120×30～230			
高度/cm	3.0～4.0			
厚度/cm	0.05～0.2			

810 型配件尺寸/cm

名称	长度	高度	宽度	厚度
A 型主龙骨	300	3.0	5～30	0.12
孔角		2.3	2.53	0.2

810 型配件尺寸/cm

名称	长度	高度	宽度	厚度
墙身角 L 型		2.5		0.1
墙身角 W 型		2.0/2.0		0.12

820 型配件尺寸/cm

名称	长度	高度	宽度	厚度
B 型主龙骨	300	3.0	10.0	0.12
孔角		2.3	2.53	0.2
墙身角 L 型		2.5		0.1
墙身角 W 型		2.0/2.0		0.12
用途	适用于空间很大的建筑物			

五、铝格十字明骨顶棚板

1. 规格

顶棚板片/cm	
组件尺寸	30～140×30～230
高度	3.0～4.0
厚度	0.08～0.2

顶棚板片加配件/cm			
长度	高度	宽度	厚度
90×90	45×45	3.0	0.12～0.2
120×120	60×60	4.0	

十字连接盒/cm	
组件尺寸	10～30×10～30
高度	8.0
厚度	0.12

配件尺寸/cm				
名称	长度	高度	宽度	厚度
C槽	300	3.0	10～30	0.12
孔角		2.3	2.53	0.2
墙身角 L 型		2.5		0.1
墙身角 W 型		2.0/2.0		0.12

2. 特点　安装容易，灵活度大，可随时重新隔断，吸声功能较高。

六、走廊顶棚板

1. 规格

长度/cm	厚度/cm	高度/cm	宽度/cm
100~230	0.07~0.08	3.0	
	0.07~0.1		20~40
>230	0.07~0.1	4.0	

配件尺寸/cm

名称	长度	高度	宽度	厚度
墙身角 L 型	300	2.5		0.1
墙身角 W 型		2.0/2.0		0.12

2. 特点　安装容易，清扫及维修简便，吸声功能较高。

3. 用途　适用于狭窄空间如走廊、通道等。

第九章　焊接器材

第一节　焊条、焊丝和焊剂

一、电焊条的牌号

1. 焊条牌号的表示方法及含义

表示方法	含义
拼音字母＋三位数字＋"字母＋数字"	拼音字母——电焊条大类； 三位数字——第 1、2 位数字焊条类别不同，第 3 位数字表示药皮类型及适用电源； 字母＋数字——电焊条性能补充说明

2. 电焊条大类名称

字母	大类名称
J	结构钢焊条
R	钼和铬钼耐热钢焊条
G	铬不锈钢焊条
A	奥氏体不锈钢焊条
W	低温钢焊条

字母	大类名称
D	堆焊焊条
Z	铸铁焊条
Ni	镍及镍合金焊条
T	铜及铜合金焊条
L	铝及铝合金焊条
TS	特殊用途焊条

3. 第1、2位数字的具体含义

电焊条大类名称	第1、2位数字的含义
结构钢焊条	熔敷金属抗拉强度的 $\frac{1}{10}$，单位为MPa
钼和铬钼耐热钢焊条	第1位数字表示熔敷金属主要化学成分组成，第2位数字表示同一熔敷金属主要化学成分
钼和铬钼耐热钢焊条	成分组成中的不同牌号，具体化学成分含义如下： R1×—Mo≈0.5%； R2×—Cr≈0.5%，Mo≈0.5%； R3×—Cr≈1.2%，Mo≈0.5%~1.0%； R4×—Cr≈2.5%，Mo≈1.0%； R5×—Cr≈5%，Mo≈0.5%； R6×—Cr≈7%，Mo≈1.0%； R7×—Cr≈9%，Mo≈1.0%； R8×—Cr≈11%，Mo≈1.0%；

电焊条大类名称	第 1、2 位数字的含义
不锈钢焊条	与钼和铬钼耐热钢焊条相同，具体化学成分含义如下： G2×—Cr≈13%；G3×—Cr≈17%； A0×—C≤0.04%、Cr≈19%； A1×—Cr≈19%、Ni≈10%； A2×—Cr≈18%、Ni≈12%； A3×—Cr≈23%、Ni≈13%； A4×—Cr≈26%、Ni≈21%； A5×—Cr≈16%、Ni≈25%； A6×—Cr≈16%、Ni≈35%； A7×—Cr≈17%、Ni≈13%； A8×—Cr≈19%、Ni≈18%； A9×—Cr≈20%、Ni≈34%；

低温钢焊条 表示熔敷金属的工作温度，具体工作温度如下：

牌号	工作温度/℃
W60	−60
W70	−70
W80	−80
W90	−90
W100	−100

| 铸铁焊条 | 与耐热钢焊条相同，具体含义如下：
Z1×—碳钢或高钒钢型；
Z2×—铸铁型；Z3×—纯镍型；
Z4×—镍型；Z5×—镍铜型；
Z6×—铜铁型 |

电焊条大类名称	第 1、2 位数字的含义
镍及镍合金焊条	与耐热钢焊条相同，具体含义如下： Ni1×—纯镍型；Ni2×—镍铜型； Ni3×—镍铬型
铜及铜合金焊条	T1×—纯铜型；T2×—青铜型； T3×—白铜型
铝及铝合金焊条	L1×—纯铝型；L2×—铝硅型； L3×—铝锰型；L4×—铝镁型

4. 第 3 位数字的具体含义

数字	药皮类型	适用电源
1	氧化钛型	
2	氧化钛钙型	
3	钛铁矿型	
4	氧化钛型	交、直流
5	纤维素型	
6	低氢钾型	
7	低氢钠型	直流
8	石墨型	交、直流
9	盐基型	直流
0	特殊型	不作规定

5. 字母＋数字的具体含义

字母＋数字	含义
Z	重力焊条
X	向下立焊专用焊条
D	底层焊专用焊条
R	高韧性焊条
H	超低氢焊条

二、焊条的型号(GB/T 5117—1995)

1. 碳钢焊条型号表示方法及含义

型号表示方法	含义
E＋四位数字	E—表示焊条; 左起第 1、2 位数字—熔敷金属最低抗拉强度,单位 kgf/mm^2; 左起第 3 位数字—焊条适用焊接位置,0、1 表示全位置焊接,2 表示平焊和平角焊,4 表示向下立焊; 左起第 3、4 位数字组合—药皮类型和适用电源

注: ① 熔敷金属抗拉强度的国际单位是 MPa，1MPa＝
9.801kgf/mm^2。

② 全位置焊接包括平焊、立焊、横焊和仰焊。

2. 碳钢焊条型号中第 3、4 位数字组合的具体含义

焊条型号	药皮类型	适用电源
E××00	特殊型	交流或直流正、反接
E××01	钛铁矿型	
E××03	钛钙型	
E××10	高纤维素钠型	直流反接
E××11	高纤维素钾型	交流或直流反接
E××12	高钛钠型	交流或直流正接
E××13	高钛钾型	交流或直流正、反接
E××14	铁粉钛钙型	
E××15	低氢钠型	直流反接
E××16	低氢钾型	交流或直流反接
E××18	铁粉低氢型	
E××20	氧化铁型	交流或直流正接
E××23	铁粉钛钙型	交流或直流正、反接
E××24	铁粉钛型	
E××48	铁粉低氢型	交流或直流反接

三、结构钢焊条

型号	牌号	主要用途
E4313	J421	焊接一般低碳钢，特别适用于薄板焊接
E4303	J422	适用于较重要低碳钢等强度低合金结构钢的焊接
E4323	J422Fe13	高效率焊接较重要低碳钢
E4301	J423	用于较重要低碳钢的焊接
E4320	J424	适用于中、厚板组成的较重要低碳钢构件的焊接
E4311	J425	焊接低碳钢和补焊铸钢件
E4316	J426	适用于较重要低碳钢等强度低合金结构钢的焊接
E5003	J502	适用于低合金结构钢的焊接，如Q345 等
E5016	J506	适用于中碳钢和重要低合金结构钢的焊接
E5018	J506Fe	和 E5016 相同

866

型号	牌号	主要用途
E5016	J506X	适用于船体上层结构角焊缝向下焊接
E5015	J507	适用于中碳钢和重要低合金结构钢的焊接
E5015-G	J507CuP	适用于焊接低合金耐候钢
E5015-G	J507Mo	焊接抗硫化氢腐蚀的低合金结构钢和耐高温钢
E5501	J553	适用于相应强度低合金结构钢的焊接
E5515-G	J557	适用于中碳钢和低合金结构钢的焊接，如 Q390
E6016-D$_1$	J606	适用于中碳钢和低合金结构钢的焊接，如 Q420
E6015-D$_1$	J607	同上
E7015-D$_2$	J707	适用于 15MnMoV 等低合金高强度结构钢的焊接

四、不锈钢焊条(GB/T 983—1995)

型号	牌号	主要用途
E410-16	G202	适用于 0Cr13、1Cr13 的焊接和耐磨耐腐蚀表面堆焊
E410-15	G207	
E430-16	G302	适用于耐腐蚀、耐热的不锈钢构件的焊接
E430-15	G307	
E308L-16	A002	适用于 0Cr18Ni9 和 0Cr18Ni9Ti 不锈钢焊接
E308-16	A102	适用于工作温度≤300℃、同类型不锈钢构件的焊接
E308-15	A107	
E347-16	A132	适用于重要的、耐腐蚀的 0Cr18Ni9Ti 不锈钢焊接
E347-15	A137	
E318V-16	A232	适用于具有一般耐热性和一定耐腐蚀性不锈钢焊接
E318V-15	A237	
E309-16	A302	焊接同类型不锈钢、异种钢、高铬钢、高锰钢
E309-15	A307	
E310-16	A402	焊接同类型不锈耐热钢或硬化性大的铬钢和异种钢
E310-15	A407	

五、耐热钢焊条

型号	牌号	主要用途
E5015-A1	R107	焊接工作温度不高于 510℃ 的珠光体耐热钢，如 15Mo
E5515-B1	R207	焊接工作温度不高于 540℃ 的珠光体耐热钢，如 12CrMo
E5515-B2	R307	焊接工作温度不高于 540℃ 的珠光体耐热钢，如 15CrMo
E5515-B2-V	R317	焊接工作温度不高于 540℃、CrMoV 珠光体耐热钢
E5515-B2-VW	R327	焊接工作温度不高于 570℃ 的 15CrMoV 耐热钢
E5515-B2-VNb	R337	
E5515-B3-VWB	R347	焊接工作温度不高于 620℃、相应的珠光体耐热钢
E6015-B3	R407	焊接工作温度不高于 550℃ 的珠光体耐热钢，如 Cr2.5Mo 类

六、铸铁焊条

型号	牌号	主要用途
EZFe-2	Z100	适用于一般灰铸铁非加工面及旧干钢锭模焊补
EZFe-2	Z122Fe	适用于焊补一般灰铸铁非加工面焊补
EZC	Z208	适用于一般灰铸铁件焊补

869

型号	牌号	主要用途
EZCQ	Z238	适用于球墨铸铁件焊补
EZC	Z248	适用于较大灰铸铁件焊补
EZNi-1	Z308	适用于铸铁加工面及薄壁件焊补
EZNiFe-1	Z408	适用于球墨铸铁件及重要的高强度灰铸铁件焊补
EZNiFeCu	Z408A	同上
EZNiCu-1	Z508	适用于灰铸铁件焊补

七、实芯焊丝

（一）CO_2 气体保护焊焊丝（GB/T 8110—1995）

1. 型号的表示方法及含义

表示方法	含义
	ER-表示焊丝
ER××-×	××—表示熔敷金属最低抗拉强度的十分之一，单位 MPa
	×—表示焊丝化学成分分类代号

注：① ××为两位数字；×为数字或字母；

② 如还附加其他元素时，直接用元素符号表示，并以短划与前面数字分开。

2. 化学成分分类代号具体内容

序号	内容
1	碳钢焊丝用一位数字表示, 从 1~7 共 7 个型号
2	镍钢焊丝用字母 "C" 表示
3	锰钼钢焊丝用字母 "D" 表示
4	其他低合金钢焊丝以在 "ER" 后面直接加两位数字表示, 两位数字后缀表示编号的一位数字, 用短线与前两位数字分开, 如 ER69-1、ER76-1 等
5	型号最后加字母 "L", 表示含碳低的焊丝 ($\omega_c \leqslant 0.05\%$)

3. 常见型号及用途

型号	用途
ER50-4	适用于碳钢的焊接, 也适用于高速焊接薄板、管子
ER50-6	适用于焊接碳钢及强度为 500MPa 等级的钢, 也适用于高速焊接薄板、管子

4. 规格

焊丝直径/mm	0.8, 1.0, 1.2, 1.6, 2.0

注：焊丝供货形式为焊丝盘、焊丝卷及焊丝筒等。

（二）埋弧焊焊丝

1. 规格

焊丝直径/mm	2.0, 3.0, 4.0, 5.0, 6.0

注：焊丝供货形式为成卷供应。

2. 常用牌号、配用焊剂及用途

焊丝牌号	配用焊剂	用途
H08A	HJ430、HJ431、HJ433	适用于低碳钢及某些低合金结构钢的焊接
H08MnA	HJ431	适用于低碳钢及某些低合金结构钢的焊接，如锅炉、压力容器
H10Mn2	HJ130、HJ330、HJ350、HJ360	适用于碳钢及低合金结构钢的焊接

八、气焊熔剂

1. 牌号表示方法及含义

表示方法	含义
CJ+三位数字	CJ 表示气焊熔剂
	左起第 1 位数字表示熔剂用途(类型)
	左起第 2、3 位数字表示 同一类型的不同牌号

2. 气焊熔剂的牌号及用途

牌号	用途
CJ101	适用于不锈钢及耐热钢气焊用熔剂
CJ201	适用于铸铁气焊用熔剂
CJ301	适用于铜及铜合金气焊用熔剂
CJ401	适用于铝及铝合金气焊用熔剂

第二节　电焊设备与器材

一、交流弧焊机

（一）BX6 系列交流弧焊机

1. 结构外形　如图 9-1 所示。

2. 规格及用途

图 9-1 BX6 系列交流弧焊机

型号	BX6-160	BX6-200	BX6-300
初级电压/V	220/380		
相数	1		
额定焊接电流/A	160	200	300
额定负载持续率/%	20		
调节挡数	6		
长度 L/mm	555	565	610
宽度 B/mm	290	310	380
高度 H/mm	470	480	596
用途	适用于各种不同的机械结构或钢板结构的焊接，属于便携式焊机		

874

（二）BX3 系列交流弧焊机

1. 结构外形　如图 9-2 所示。

图 9-2　BX3 系列交流弧焊机

2. 规格及用途

型号		BX3-300-2	BX3-500-2
电流调节范围/A	接法 I	36～115	60～190
	接法 II	120～330	185～530
初级电压/V		380	380
空载电压/V	接法 I	78	70
	接法 II	70	75

875

型号	BX3-300-2	BX3-500-2
额定负载持续率/%	35	
长度/mm	593	670
宽度/mm	425	465
高度/mm	810	830
用途	适用于各种规格的低碳钢、低合金钢结构的焊接	

（三）BX1 系列交流弧焊机

1. 结构外形　如图 9-3 所示。

图 9-3　BX1 系列交流弧焊机

2. 规格及用途

型号	BX1-300	BX1-400
额定焊接电流/A	300	400
初级电压/V	380	380
电流调节范围/A	62.5~300	80~400
空载电压/V	78	77
额定负载持续率/%	40/60	60
用途	适用于中等厚度低碳钢板的焊接	

二、ZX7 系列弧焊逆变器

1. 结构外形　如图 9-4 所示。

图 9-4　ZX7 系列弧焊逆变器

2. 规格

型号	ZX7-250	ZX7-400
初级电压/V	380	380
相数	3	3
额定电流/A	250	400
电流调节范围/A	50～250	80～400
额定负载持续率/%	60	60
额定容量/kVA	9	21.3

3. 用途　适用于焊条电弧焊和氩弧焊。

三、二氧化碳气体保护焊焊机

1. 结构外形　如图 9-5 所示。

图 9-5　二氧化碳气体保护焊焊机

2. 规格

878

型号	NBC-250	NBC-400
初级电压/V	380	380
相数	3	3
额定电流/A	250	400
电流调节范围/A	60～250	80～400
额定负载持续率/%	60	60
额定容量/kVA	9.2	18.8
焊丝直径/mm	0.8～1.2	1.0～1.6

3. 用途　NBC-250 适用于厚度 1～8mm 板材的全位置焊接；NBC-400 适用于厚度 2～19mm 板材的焊接。

四、电焊钳（QB/T 1518—1992）

1. 结构外形　如图 9-6 所示。

图 9-6　电焊钳

2. 规格及用途

规格/A	额定焊接电流/A	工作电压/V	适用焊条直径/mm	适用电缆截面积/mm²	温升/℃	负载持续率/%
160(150)	160(150)	26	2.0～4.0	≥25	≤35	60
250	250	30	2.5～5.0	≥35	≤40	
315(300)	315(300)	32	3.2～5.0	≥35	≤40	
400	400	36	3.2～6.0	≥50	≤45	60
500	500	40	4.0～(8.0)	≥70	≤45	
用途	适用于夹持焊条进行焊条电弧焊操作					

注：括号内的数值为非推荐数值。

五、焊接滤光片

1. 结构外形　如图 9-7 所示。

图 9-7　焊接滤光片

2. 规格

880

遮光号	红外线透射比		紫外线透射比	
	$\lambda=780\sim$ 1300nm	$\lambda=1300\sim$ 2000nm	λ: 313nm	λ: 365nm
1.2	0.37	0.37	3.0×10^{-6}	0.5
1.4	0.33	0.33	3.0×10^{-6}	0.35
1.7	0.26	0.26		0.22
2	0.21	0.13		0.14
2.5	0.15	0.096		0.64
3	0.12	0.085		0.028
4	0.064	0.054		0.095
5	0.032	0.032	3.0×10^{-6}	0.0030
6	0.017	0.019		0.0010
7	0.0081	0.012		3.7×10^{-4}
8	0.0043	0.0068		1.3×10^{-4}
9	0.0020	0.0039		4.5×10^{-5}
10	0.0010	0.0025		1.6×10^{-5}
11	0.0005	0.0015		6.0×10^{-6}
12	2.7×10^{-4}	9.7×10^{-4}	2.0×10^{-6}	2.0×10^{-6}
13	1.4×10^{-4}	6.0×10^{-4}	7.6×10^{-7}	
14	7.0×10^{-5}	4.0×10^{-4}	2.7×10^{-7}	
15	3.0×10^{-5}	2.0×10^{-4}	9.4×10^{-8}	
16			3.4×10^{-8}	

3. 焊接滤光片的选择

滤光片号	适用电流/A
5、6	≤30
7、8	30～75
9、10、11	75～200
12、13	200～400
14	≥400

4. 用途　适用于安装在焊接面罩上保护焊工的眼睛。

六、焊接面罩

1. 结构外形　如图 9-8 所示。

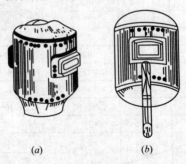

(a) (b)

图 9-8　焊接面罩

(a)头盔式；(b)手持式

882

2. 规格及用途

种类	手持式	头盔式
型号	HM-1	MM-2-A
长度/cm	32.0	34.0
宽度/cm	21.0	21.0
深度/cm	10.0	12.0
观察窗长×宽/cm	9.0×4.0	
质量/kg	0.5	
用途	适用于对焊工眼睛及头部进行保护	

注：质量不包括遮光片。

七、焊工锤

1. 结构外形　如图 9-9 所示。

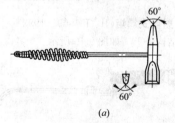

(a)

图 9-9　焊工锤(一)

(a) a 型焊工锤

883

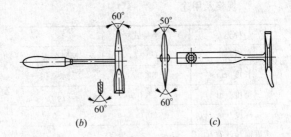

图 9-9　焊工锤(二)

(b) b 型焊工锤；(c) c 型焊工锤

2. 用途　适用于焊接过程中，焊工进行除锈、清除焊渣等。

第三节　气焊和气割器材

一、射吸式焊炬(JB/T 6969—1993)

1. 结构外形　如图 9-10 所示。

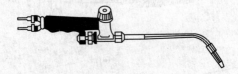

图 9-10　射吸式焊炬

2. 规格及用途

型号	H01-2A	H01-6A	H01-12A
焊接厚度/mm	0.5～2	1～6	6～12
焊嘴孔径/mm	0.5, 0.6, 0.7, 0.8, 0.9	0.9, 1.0, 1.1, 1.2, 1.3	1.4, 1.6, 1.8, 2.0, 2.2
氧气压力/MPa	0.1～0.25	0.2～0.4	0.4～0.7
乙炔压力/ MPa	0.001～0.10		
总长/mm	300	400	500

型号	H01-20A	H01-40
焊接厚度/mm	12～20	20～40
焊嘴孔径/mm	2.4, 2.6, 2.8, 3.0, 3.2	3.2, 3.3, 3.4, 3.5, 3.6
氧气压力/MPa	0.6～0.8	0.8～1.0
乙炔压力/ MPa	0.001～0.10	0.001～0.12
总长/mm	600	1130
用途	适用于利用氧乙炔火焰作热源，进行焊接	

二、射吸式割炬(JB/T 6970—1993)

1. 结构外形　如图 9-11 所示。

2. 规格及用途

图 9-11　射吸式割炬

型号	G01-30	G01-100	H01-300
切割厚度/mm	2～30	10～100	100～300
氧气压力/MPa	0.2～0.3	0.3～0.5	0.5～1.0
乙炔压力/MPa	0.001～0.10		
割嘴切割 氧孔径/mm	0.7，0.9， 1.1	1.0，1.3， 1.6	1.8，2.2， 2.6，3.0
总长/mm	500	550	650
用途	适用于对低碳钢材进行切割		

三、等压式焊炬（JB/T 7947—1999）

1. 结构外形　如图 9-12 所示。

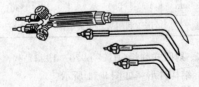

图 9-12　等压式焊炬

2. 规格及用途

型号	焊嘴孔径/mm	焊接厚度/mm	总长/mm
H02-12	0.6, 1.0, 1.4, 1.8, 2.2	0.5~12	500
H02-20	0.6, 1.0, 1.4, 1.8, 2.2, 2.6, 3.0	0.5~20	600
用途	适用于对金属进行焊接或预热		

四、等压式割炬(JB/T 7947-1999)

1. 结构外形　如图 9-13 所示。

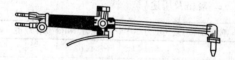

图 9-13　等压式割炬

2. 规格及用途

型号	G02-100	G02-300
切割氧孔径/mm	0.7, 0.9, 1.1, 1.3, 1.6	0.7, 0.9, 1.1, 1.3, 1.6, 1.8, 2.2, 2.6, 3.0
切割厚度/mm	3~100	3~300

型号	G02-100	G02-300
总长/mm	550	650
用途	适用于对金属进行切割或预热	

五、等压式割嘴

1. 结构外形　如图 9-14 所示。

图 9-14　等压式割嘴

2. 规格及用途

割嘴号	氧气压力/MPa	乙炔压力/MPa	切割厚度/mm
1	≥0.3	>0.03	5~15
2	≥0.35	>0.03	15~30
3	≥0.45	>0.03	30~50
4	≥0.60	>0.05	50~100
5	≥0.70		100~150
6	≥0.8		150~200
7	≥0.9		200~250
8	≥1.0		250~300

割嘴号	氧气压力/MPa	乙炔压力/MPa	切割厚度/mm
9	≥1.1		300~350
10	≥1.3		350~400
11	≥1.5		400~450
用途	适用于半自动或自动切割机		

六、等压式快速割嘴(JB/T 7950—1999)

1. 结构外形　如图 9-15 所示。

图 9-15　等压式快速割嘴

2. 型号

加工方法	切割氧压力/MPa	助燃气体	品种代号	割嘴型号
电铸法	0.7	乙炔	1	GK1-1；GK1-2；GK1-3；GK1-4；GK1-5；GK1-6；GK1-7
			2	GK2-1；GK2-2；GK2-3；GK2-4；GK2-5；GK2-6；GK2-7
		液化石油气	3	GK3-1；GK3-2；GK3-3；GK3-4；GK3-5；GK3-6；GK3-7
			4	GK4-1；GK4-2；GK4-3；GK4-4；GK4-5；GK4-6；GK4-7

加工方法	切割氧压力/MPa	助燃气体	品种代号	割嘴型号
电铸法	0.5	乙炔	1	GK1-1A；GK1-2A；GK1-3A；GK1-4A；GK1-5A；GK1-6A；GK1-7A
			2	GK2-1A；GK2-2A；GK2-3A；GK2-4A；GK2-5A；GK2-6A；GK2-7A
		液化石油气	3	GK3-1A；GK3-2A；GK3-3A；GK3-4A；GK3-5A；GK3-6A；GK3-7A
			4	GK4-1A；GK4-2A；GK4-3A；GK4-4A；GK4-5A；GK4-6A；GK4-7A
机械加工	0.7	乙炔	1	GKJ1-1；GKJ1-2；GKJ1-3；GKJ1-4；GKJ1-5；GKJ1-6；GKJ1-7
			2	GKJ2-6；GKJ2-7
		液化石油气	3	GKJ3-1；GKJ3-2；GKJ3-3；GKJ3-4；GKJ3-5；GKJ3-6；GKJ3-7
			4	GKJ4-1；GKJ4-2；GKJ4-3；GKJ4-4；GKJ4-5；GKJ4-6；GKJ4-7
	0.5	乙炔	1	GKJ1-1A；GKJ1-2A；GKJ1-3A；GKJ1-4A；GKJ1-5A；GKJ1-6A；GKJ1-7A
			2	GKJ2-1A；GKJ2-2A；GKJ2-3A；GKJ2-4A；GKJ2-5A；GKJ2-6A；GKJ2-7A
		液化石油气	3	GKJ3-1A；GKJ3-2A；GKJ3-3A；GKJ3-4A；GKJ3-5A；GKJ3-6A；GKJ3-7A
			4	GKJ4-1A；GKJ4-2A；GKJ4-3A；GKJ4-4A；GKJ4-5A；GKJ4-6A；GKJ4-7A

3. 用途　适用于机械化火焰切割及普通手工割炬。

4. 切割性能要求

规格号	割嘴喉部直径/mm	切口宽度/mm	切割厚度/cm	速度/(cm/min)
1	0.6	≤1.0	0.5~1.0	75~60
2	0.8	≤1.5	1.0~2.0	60~45
3	1.0	≤2.0	2.0~4.0	45~38
4	1.25	≤2.3	4.0~6.0	38~32
5	1.5	≤3.4	6.0~10	32~25
6	1.75	≤4.0	10~15	25~16
7	2.0	≤4.5	15~18	16~13
1A	0.6	≤1.0	0.5~1.0	56~45
2A	0.8	≤1.5	1.0~2.0	45~34
3A	1.0	≤2.0	2.0~4.0	34~25
4A	1.25	≤2.3	4.0~6.0	25~21
5A	1.5	≤3.4	6.0~10	21~18

七、便携式微型焊炬

1. 结构外形　如图 9-16 所示。

2. 规格及用途

图 9-16　便携式微型焊炬

型号	H03-BC-3
焊嘴号	1，2，3
氧气压力/MPa	0.1～0.3
丁烷气压力/MPa	0.02～0.35
焊接厚度/mm	0.5～3.0
一次充气连续工作时间/min	240
总质量/kg	3.9

八、减压器

1. 结构外形　如图 9-17 所示。

2. 规格

氧气减压器　　　　乙炔减压器

图 9-17　减压器

(1) 氧气减压器

型号		QD-1	QD-2A	QD-3A
输入压力/MPa		≤15	≤15	≤15
工作压力/MPa		≤2.5	≤1.0	≤0.2
工作压力调节范围/MPa		0.1~2.5	0.1~1.0	0.01~0.2
出气口孔径/mm		6.0	5.0	3.0
压力表规格/MPa	高压	0~25	0~25	0~25
	低压	0~4	0~1.6	0~0.4
进气口连接螺纹		G⅝	G⅝	G⅝

(2) 乙炔减压器

型号	QD-20
输入压力/MPa	≤2.0
工作压力/MPa	≤0.15
工作压力调节范围/MPa	0.01~0.15
出气口孔径/mm	4.0

型号		QD-20
压力表 规格/MPa	高压表	0～2.5
	低压表	0～0.25
进气口连接螺纹		夹环连接

3. 用途　氧气减压器安装在氧气瓶阀上，乙炔减压器安装在乙炔瓶阀上。

九、氧气瓶

1. 结构外形　如图 9-18 所示。

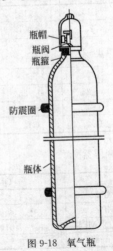

瓶帽

瓶阀

瓶箍

防震圈

瓶体

图 9-18　氧气瓶

2. 规格及用途

材质	公称容积/L	外径/mm	瓶体高度/m	壁厚/mm	质量/kg
锰钢	40	219	1.36	5.8	58
		232	1.235	6.1	
	45	219	1.515	5.8	63
	45	232	1.37	6.1	64
	50	232	1.505	6.1	69
铬钼钢	40	229	1.25		54
		232	1.215		52
	45	229	1.39	5.4	59
		232	1.35		57
	50	232	1.48		62
铬钼钢★	40	229	1.275		62
		232	1.24		60
	45	232	1.375	6.4	66
	50	232	1.51		72
用途	贮存压缩氧气，供焊割作业使用				

注：① ★表示氧气瓶的公称工作压力为 20MPa，其余公称
工作压力为 15MPa。

② 氧气瓶外表为天蓝色，标有黑色"氧"字。

③ 壁厚为最小设计壁厚，瓶体高度不包括阀门，公称
质量不包括阀门和瓶帽。

十、乙炔瓶

1. 结构外形　如图 9-19 所示。

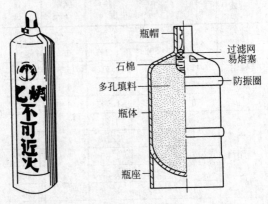

图 9-19　乙炔瓶

2. 规格及用途

公称容积/L	贮气量/kg	公称内径/mm	瓶体总高度/m	最小壁厚/mm	公称质量/kg
2	0.35	102	0.38	1.3	7.1
24	4.0	250	0.705	3.9	36.2
32	5.7	228	1.02	3.1	48.5
35	6.3	250	0.947	3.9	51.7

公称容积/L	贮气量/kg	公称内径/mm	瓶体总高度/m	最小壁厚/mm	公称质量/kg
41	7.0	250	1.03	3.9	58.2
用途	贮存溶解乙炔，供焊割作业使用				

注：① 气瓶外表为白色，标有红色"乙炔不可近火"字样。

② 气瓶在基准温度15℃时限定压力值为1.52MPa。

③ 公称质量包括瓶阀、瓶帽和丙酮。

十一、焊接绝热气瓶（GB 24159—2009）

1. 结构外形　如图 9-20 所示。

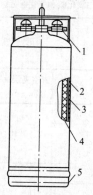

图 9-20　焊接绝热气瓶

1—阀门等组合部件；2—外壳；3—绝热层；4—内胆；5—附件

2. 规格及用途

公称容积/L	内胆公称 直径/mm	工作温度/℃	工作压力/MPa
10～25	220～300		
25～50	300～350		
50～150	350～400	−60～−40	0.2～3.5
150～200	400～460		
200～450	460～800		

用途	适用于贮存低温液态气体，如液氧、液氮、液氩、二氧化碳和氧化亚氮。

注：设计温度不低于−196℃。

3. 性能要求

公称容积/L	η/(%/d)	真空夹层漏率 /(Pa·m³/s)	漏放气速率 /(Pa·m³/s)
10	5.45		
25	4.2	≤2×10⁻⁸	≤2×10⁻⁷
50	3.0		
100	2.8		
150	2.5	≤6×10⁻⁸	≤6×10⁻⁷
175	2.1		

公称容积/L	η/(%/d)	真空夹层漏率 /(Pa·m³/s)	漏放气速率 /(Pa·m³/s)
200	2.0		
300	1.9	$\leqslant 6 \times 10^{-8}$	$\leqslant 6 \times 10^{-7}$
450	1.8		

注：① 公称容积为推荐参考值。

② η—液氮静态蒸发率。

第十章　给排水管材及管件

第一节　给排水管材

一、连续铸铁管(GB/T 3422—2008)

公称通径/mm		75	100	150	200	250	300	350
外径/mm		93	118	169	220	271	322	374
壁厚/mm	LA级	9	9	9	9.2	10	10.8	11.7
	A级	9	9	9.2	10.1	11	11.9	12.8
	B级	9	9	10	11	12	13	14
直部质量/(kg/m)	LA级	17.1	22.2	32.6	43.9	59.2	76.2	95.9
	A级	17	22.2	33.3	48	64.8	83.7	104.6
	B级	17.1	22.2	36	52	70.5	91.1	114
公称通径/mm		400	450	500	600	700	800	900
外径/mm		425.6	476.8	528	630.8	733	836	939
壁厚/mm	LA级	12.5	13.3	14.2	15.8	17.5	19.2	20.8
	A级	13.8	14.7	15.6	17.4	19.3	21.1	22.9
	B级	15	16	17	19	21	23	25

公称通径/mm		400	450	500	600	700	800	900
直部质量 /(kg/m)	LA级	116.8	139.4	165	219.8	283.2	354.7	432
	A级	128.5	153.7	180.8	241.4	311.6	388.9	474.5
	B级	139.3	166.8	196.5	262.9	338.2	423	516.9

公称通径/mm		1000	1100	1200	—	—	—	—
外径/mm		1041	1144	1246	—	—	—	—
壁厚/mm	LA级	22.5	24.2	25.8	—	—	—	—
	A级	24.8	26.6	28.4	—	—	—	—
	B级	27	29	31	—	—	—	—
直部质量 /(kg/m)	LA级	518.4	570	619.3	—	—	—	—
	A级	613	672.3	731.4	—	—	—	—
	B级	712	782.2	852	—	—	—	—

注：连续铸铁管按壁厚可分为 LA 级、A 级和 B 级三个
级别。

二、水及燃气管道用球墨铸铁管（GB/T 13295—2008）

1. 用途　适用于输送饮用水等水类；输送煤气、天然气及液化石油气（设计压力为中压 A 级及以下级别）。

2. 分类

901

(1) 按公称直径分类

分类方法	名称
公称直径	DN40、50、60、65、80、100、125、150、200、250、300、350、400、450、500、600、700、800、900、1000、1100、1200、1400、1500、1600、1800、2000、2200、2400、2600

注：用于输送气体的球墨铸铁管的公称直径≤DN700。

(2) 按接口形式分类

分类方法	名称
接口形式	滑入式柔性接口（T 型）
	机械柔性接口（K 型、N_1 型、S 型）
	法兰接口

注：① N_1 型和 S 型常用于燃气管道。
② 法兰接口球墨铸铁管根据壁厚级别系数、公称直径、和公称压力又可分为离心铸造焊接法兰管、离心铸造螺纹连接法兰管及整体铸造法兰管。

3. 球墨铸铁管及管件符号含义

符号/单位	含义
DN/mm	球铁管及带支管管件主管公称直径
d_n/mm	带支管管件支管公称直径

符号/单位	含义
PN/MPa	公称压力
DE/mm	插口外径
L_{u}/mm	承插直管及承插管件主管有效长度
l_{u}/mm	带支管承接管件支管有效长度
L'_{u}/mm	承接管件插口长度
L/mm	法兰管及盘接管件主管有效长度
l/mm	盘接管件支管有效长度
e/mm	壁厚
e_{1}/mm	管件主管壁厚或减缩管件大端壁厚
e_{2}/mm	管件支管壁厚或减缩管件小端壁厚
$d_{1}\sim d_{7}/\mathrm{mm}$	T 型承口直径
$l_{1}\sim l_{10}/\mathrm{mm}$	T 型承口长度
r、$r_{1}\sim r_{4}/\mathrm{mm}$	承口及管件圆弧半径
R/mm	承口及管件固定值圆弧半径
R'/mm	承插乙字管和双承乙字管圆弧半径
x/mm	T 型接口球墨铸铁管倒角长度
y/mm	球墨铸铁管倒角宽度
c'/mm	承口对应部位壁厚
f/mm	T 型接口承口突起高度
D_{1}、$D_{3}\sim$ D_{6}/mm	K 型、N_{1} 型及 S 型承口各对应直径或法兰盘直径

符号/单位	含义
D_2/mm	K 型、N_1 型及 S 型承口或法兰盘的螺栓孔间距
P_1、P_2、P/mm	K 型、N_1 型及 S 型承口对应长度
A/mm	K 型、N_1 型及 S 型承口法兰盘厚度
F/mm	K 型、N_1 型及 S 型承口过渡段长度
V/mm	S 型接口球墨铸铁管凹槽深度
W/mm	S 型接口球墨铸铁管凹槽宽度
X/mm	S 型接口球铁管凹槽距插口端距离
a、b、c、c_1、c_2/mm	法兰厚度
D/mm	法兰外径
n/mm	法兰螺栓孔数量
d/mm	法兰螺栓孔直径
G/mm	双承一丝管件螺纹内径
ϕ/mm	双承一丝管件丝扣宽度
h/mm	双承一丝管件丝扣高度
S/mm	法兰盘对应部位厚度
s/mm	盘承套管和承套内径
F/mm	K 型、N_1 型及 S 型承口过渡段长度

符号/单位	含义
d'/mm	鸭掌弯管掌宽度
h'/mm	鸭掌弯管掌高度
h_1、h_2/mm	安装块高度
l_1、l_2/mm	安装块长度
B/mm	安装块宽度

4. T型接口球墨铸铁管（$DN40\sim1200$mm）

（1）结构外形　如图 10-1 所示。

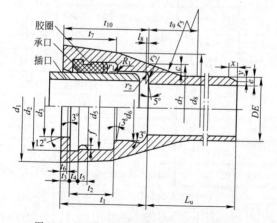

图 10-1　T型接口球墨铸铁管（$DN40\sim1200$mm）

（2）规格

DN	DE	d_1	d_2	d_3	d_5	d_6
40	56^{+1}_{-2}	103	83 ± 1	60.5 ± 1	77 ± 1	63.5 ± 2
50	66^{+1}_{-2}	113	93 ± 1	70.5 ± 1	87 ± 1	73.5 ± 2
60	77^{+1}_{-2}	123	103 ± 1	80.5 ± 1	98 ± 1	83.5 ± 2
65	82^{+1}_{-2}	128	108 ± 1	85.5 ± 1	103 ± 1	88.5 ± 2
80	$98^{+1}_{-2.8}$	140	123 ± 1	100.5 ± 1	119.1 ± 1	103.2 ± 2
100	$118^{+1}_{-2.8}$	163	143 ± 1	120.5 ± 1	138.9 ± 1	123.4 ± 2
125	$144^{+1}_{-2.8}$	190	169 ± 1	146.5 ± 1	164.8 ± 1	150 ± 2
150	$170^{+1}_{-2.9}$	217	195 ± 1	172.5 ± 1	190.6 ± 1	175.3 ± 2
200	222^{+1}_{-3}	278	$250^{+1}_{-1.5}$	$224^{+1}_{-1.5}$	$245.2^{+1}_{-1.5}$	227.8 ± 2
250	$274^{+1}_{-3.1}$	336	$301.5^{+1}_{-1.5}$	$276.5^{+1}_{-1.5}$	$296.9^{+1}_{-1.5}$	279.7 ± 2
300	$326^{+1}_{-3.3}$	393	$356.5^{+1}_{-1.8}$	$328.5^{+1}_{-1.8}$	$351.7^{+1}_{-1.8}$	332.1 ± 2
350	$378^{+1}_{-3.4}$	448	$408^{+1}_{-1.8}$	$380.5^{+1}_{-1.8}$	$403.4^{+1}_{-1.8}$	383.8 ± 2
400	$429^{+1}_{-3.5}$	500	$462^{+2}_{-2.1}$	$431.5^{+2}_{-2.1}$	$457.2^{+2}_{-2.1}$	435.8 ± 2.5
450	$480^{+1}_{-3.6}$	540	$514^{+2}_{-2.2}$	$482.5^{+2}_{-2.2}$	$509^{+2}_{-2.2}$	487 ± 2.5
500	$532^{+1}_{-3.8}$	604	$568^{+2}_{-2.4}$	$534.5^{+2}_{-2.4}$	$562.6^{+2}_{-2.4}$	539.4 ± 3
600	635^{+1}_{-4}	713	$673.4^{+2}_{-2.7}$	$637.5^{+2}_{-2.7}$	$668^{+2}_{-2.7}$	642.6 ± 3

DN	DE	d_1	d_2	d_3	d_5	d_6
700	$738^{+1}_{-4.2}$	824	$788^{+3.5}_{-1}$	$740.5^{+3.5}_{-1}$	$779.3^{+3.5}_{-1}$	745.8 ± 3.5
800	$842^{+1}_{-4.5}$	943	$894^{+3.8}_{-1}$	$844.5^{+3.8}_{-1}$	$885.9^{+3.8}_{-1}$	850 ± 3.8
900	$945^{+1}_{-4.8}$	1052	$1000^{+4.1}_{-1}$	$947.5^{+4.1}_{-1}$	$991.3^{+4.1}_{-1}$	953.2 ± 4.1
1000	1048^{+1}_{-5}	1158	$1105^{+4.4}_{-1}$	$1050^{+4.4}_{-1}$	$10597^{+4.4}_{-1}$	1056.4 ± 4.4
1100	$1152^{+1}_{-5.2}$	1267	$1211^{+4.7}_{-1}$	$1155^{+4.7}_{-1}$	$1202.5^{+4.7}_{-1}$	1160.2 ± 4.7
1200	$1255^{+1}_{-5.5}$	1377	1317^{+5}_{-1}	1258^{+5}_{-1}	1308^{+5}_{-1}	1264 ± 5
1400	1462^{+1}_{-6}	1610	$1529^{+5.6}_{-1}$	$1465^{+5.6}_{-1}$	$1509^{+5.6}_{-1}$	1471 ± 5.6

DN	d_7	d_8	C'	f	t_1	t_2	t_3	t_4	t_5	t_6
40	82	94	8	$3^{0}_{-0.8}$	78	38	12	$6^{0}_{-0.5}$	4	8
50	92	104								
60	102	115.7			80					
65	107	120.7								
80	122	135			85	40				
100	142	155.7	8.4	$3.5^{0}_{-0.8}$	88				5	
125	170.7	183	8.8		91					
150	195.6	209	9.1		94					
200	251	265	9.8	$4^{0}_{-0.8}$	100	45	15	$7^{0}_{-0.5}$	6	10
250	305	323	10.5	$4.5^{0}_{-0.8}$	105	47				

DN	d_7	d_8	C'	f	t_1	t_2	t_3	t_4	t_5	t_6
300	368.5	384	11.2	4.5_{-1}^{0}	110	50	17	$8.5_{-0.5}^{0}$	7	12
350	410.3	433	11.9	4.5_{-1}^{0}	110	50	17	$8.5_{-0.5}^{0}$	7	12
400	463	482.4	12.6	5_{-1}^{0}	120	55	19	$9.5_{-0.5}^{0}$	8	14
450	518.4	533	13.3	5_{-1}^{0}	120	55	19	$9.5_{-0.5}^{0}$	8	15
500	569.7	590.6	14	5.5_{-1}^{0}	120	60	21	$11_{-0.5}^{0}$	9	16
600	676.7	698.8	15.4	6_{-1}^{0}	120	65	21	$12_{-0.5}^{0}$	10	16
700	789	813	16.8	$7_{-1.2}^{0}$	150	80	21	$18_{-0.5}^{0}$	12	16
800	892.2	922.3	18.2	$8_{-1.2}^{0}$	160	85	21	$18_{-0.8}^{0}$	14	16
900	999.2	1030.5	19.6	$9_{-1.2}^{0}$	175	90	21	$18_{-0.8}^{0}$	16	16
1000	1106	1139	21	$9_{-1.2}^{0}$	185	95	22	$20_{-0.8}^{0}$	16	16
1100	1213.5	1247.3	22.4	$10_{-1.2}^{0}$	200	100	24	$20_{-0.8}^{0}$	18	16
1200	1321	1355.6	23.8	$10_{-1.2}^{0}$	215	105	25	$23_{-0.8}^{0}$	18	17
1400	1535	1584.5	26.6	—	239	115	27	$25_{-0.8}^{0}$	—	18

DN	t_7	t_8	t_9	t_{10}	r_1	r_2	r_3	r_4	x	y
40	48	2	34	78	3	3	18	50	6	2
50	48	2	35	78	3	3	18	50	6	2
60	48	3	35	80	4	4	23	55	6	2

DN	t_7	t_8	t_9	t_{10}	r_1	r_2	r_3	r_4	x	y
65		3		80		4	23	55	6	2
80			39				22	62		
100	48			88	4	5	17	68		
125		5	41	91			19	61	9	3
150			43	94			18.5	74		
200	56	6.2	48	100	4	6	35	70		
250	58	6.8		105			36	72		
300	61	7.2	56	110		7	37	74		
350		5.1	55	113			24.5	98		
400	68		58	116	6	8	26	104	9	3
450		6	66				28	105		
500	75	7	63	120		10	29	116		
600	80	9.2	62				32	128		
700	90	10.6	77	150		10	35	140		
800	96.5	12.4	86.5	160	8		38	160		
900	103	14.2	92.5	175			42	175	15	5
1000	110	16	103	185			45	200		
1100	116	17	107.5	200	10	12	46.5	207.5		
1200	122	17.8	112	215			48	205		

DN	t_7	t_8	t_9	t_{10}	r_1	r_2	r_3	r_4	x	y
1400	125	—	129	239	10	12	100	205	20	7

注：表中带有偏差的尺寸是验收尺寸，其余尺寸仅供参考。

5. K 型接口球墨铸铁管

(1) 结构外形　如图 10-2 所示。

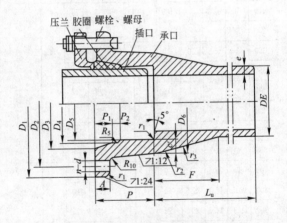

图 10-2　K 型接口球墨铸铁管

(2) 规格

DN	DE	D_1	D_2	D_3	D_4	D_5	D_6	Λ
100	118^{+1}_{-3}	234	188	148	130 ± 1	121^{+2}_{-1}	140	19
150	170^{+1}_{-3}	288	242	200	182 ± 1	173^{+2}_{-1}	194	20
200	222^{+1}_{-3}	341	295	252	234 ± 1	225^{+2}_{-1}	247	20
250	274^{+1}_{-3}	395	349	304	286 ± 1	277^{+2}_{-1}	301	21
300	326^{+1}_{-3}	455	409	360	342 ± 1	329^{+2}_{-2}	358	22
350	378^{+1}_{-3}	508	462	412	394 ± 1.5	382^{+3}_{-1}	140	23
400	429^{+1}_{-3}	561	515	463	445 ± 1.5	433^{+3}_{-1}	194	23
450	480^{+1}_{-3}	614	568	514	496 ± 1.5	484^{+3}_{-1}	247	24
500	532^{+1}_{-3}	667	621	566	548 ± 1.5	536^{+3}_{-1}	301	25
600	635^{+1}_{-3}	773	727	669	651 ± 1.5	639^{+3}_{-1}	358	26
700	738^{+1}_{-4}	892	838	780	758 ± 1.5	$743^{+3.5}_{-2}$		28
800	842^{+1}_{-4}	999	945	884	862 ± 1.5	$847^{+3.5}_{-2}$		29
900	945^{+1}_{-4}	1123	1057	987	965 ± 2	$950^{+3.5}_{-2}$	994	31

DN	c'	P	F	r_1	r_2	r_3	P1	P2	d	n
100	8.4	80	50	8	28	100	33	9	23	4
150	9.1		53		18	110				6
200	9.8		57		32	115				
250	10.5		60		20	125				8
300	11.2		68		35	135				
350	11.9	110	72	10	45	145		13		10
400	12.6		75		40	150				
450	13.3		78		50					12

DN	c'	P	F	r_1	r_2	r_3	P1	P2	d	n
500	14	110	82		55	160	33	13	23	14
600	15.4		89			170				
700	16.8	120	96	10	50	190	43	14	27	16
800	18.2		103		52	208				
900	19.6		110		50	225			33	20

注：表中带有偏差的尺寸是验收尺寸，其余尺寸仅供参考。

6. N_1 型接口球墨铸铁管

（1）结构外形　如图 10-3 所示。

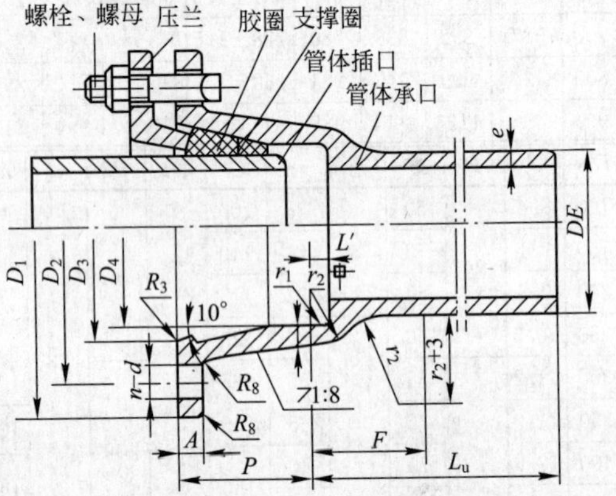

图 10-3　N_1 型接口球墨铸铁管

（2）规格

DN	D_1	D_2	D_3	D_4	DE	A	c'	P	F	r_1	r_2	d	n
100	262	210	152	136	$118\pm\frac{1}{2}$			105					4
150	313	262	204	186	$169\pm\frac{1}{2}$	18	12	110	65	8			
200	366	312	256	238	$220\pm\frac{1}{2}$			111	66				6
250	418	366	310	292	272_{-3}^{+1}		13	112	71	10			
300	471	420	362	344	323_{-3}^{+1}	21	14	112	72		40	23	8
350	524	474	414	396	375.5_{-3}^{+1}			113	74				10
400	578	526	465	446.5	426_{-3}^{+1}	24	15	114	75	15			
500	686	632	571	551.5	528_{-4}^{+1}		16	115	82				14

7. S型接口球墨铸铁管

（1）结构外形　如图 10-4 所示。

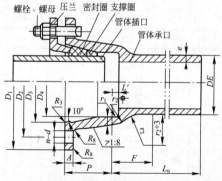

图 10-4　S型接口球墨铸铁管

（2）规格

DN	D_1	D_2	D_3	D_4	A	c'	P	F
100	252	210	150^{+2}_{-1}	122^{+2}_{-1}	18	12	90	65
150	297	254	201^{+2}_{-1}	173^{+2}_{-1}			95	
200	365	320	254^{+2}_{-1}	226^{+2}_{-1}	21	13	100	70
250	418	366	306^{+2}_{-1}	278^{+2}_{-1}				75
300	465	416	359^{+2}_{-1}	330^{+2}_{-1}		14	105	80
350	517	475	411^{+3}_{-1}	382^{+3}_{-1}				
400	577	530	463^{+3}_{-1}	434^{+3}_{-1}	24	15	110	85
500	678	630	567^{+3}_{-1}	536^{+3}_{-1}		16	115	
600	792	740	671^{+3}_{-1}	639^{+3}_{-1}	26			
750	910	854	775^{+3}_{-1}	741^{+3}_{-1}		17	120	85

DN	r_1	r_2	r_3	DE	V	W	X	d	n
100	5	23	45	118^{+1}_{-3}					4
150	6	24		169^{+1}_{-3}	$1.5^{0}_{-1.2}$	20			6
200	10	25	55	220^{+1}_{-3}			10	23	
250				272^{+1}_{-3}					
300				323^{+1}_{-3}					8
350	15	26		374^{+1}_{-4}	$2^{0}_{-1.5}$	25	15		
400				426^{+1}_{-4}					12

DN	r_1	r_2	r_3	DE	V	W	X	d	n
500		28	55	528^{+1}_{-4}				23	12
600	18	29	66	631^{+1}_{-4}	$2^{0}_{-1.5}$	25	15	24	14
700		30		733^{+1}_{-4}					16

注：表中带有偏差的尺寸是验收尺寸，其余尺寸仅供参考。

8. 球墨铸铁管的质量

（1）T型接口球墨铸铁管

DN /mm	e /mm	承口凸部 质量/kg	直管质量/ （kg/m）	标准工作长度 L_u/m				
				3	4	5	5.5	6
				总质量/kg				
40	6	1.8	6.6	22	—	—	—	—
50		2.1	8.0	26	—	—	—	—
60		2.4	9.4	—	40	49	54	59
65		2.5	10.1	—	43	53	58	63
80		3.4	12.2	—	52	64	71	77
100		4.3	14.9	—	64	79	86	95
125		5.7	18.3	—	79	97	106	119
150		7.1	21.8	—	94	116	127	144
200	6.3	10.3	30.1	—	131	161	176	194

DN /mm	e /mm	承口凸部 质量/kg	直管质量/ (kg/m)	标准工作长度 L_u/m				
				3	4	5	5.5	6
				总质量/kg				
250	6.8	14.2	40.2	—	175	215	235	255
300	7.2	18.6	50.8	—	222	273	298	323

DN /mm	e /mm	承口凸部 质量/kg	直管质量/ (kg/m)	标准工作长度 L_u/m				
				4	5	5.5	6	7
				总质量/kg				
350	7.7	23.7	63.2	276	340	371	403	—
400	8.1	5.7	18.3	331	407	445	482	—
450	8.6	7.1	21.8	397	487	532	575	—
500	9.0	10.3	30.1	460	564	616	669	—
600	9.9	14.2	40.2	608	746	814	882	—
700	10.8	18.6	50.8	775	949	1036	1123	1296

(2) K 型接口球墨铸铁管

DN /mm	e /mm	承口凸部 质量/kg	直管质量/ (kg/m)	标准工作长度 L_u/m				
				4	5	5.5	6	7
				总质量/kg				
100	6	5.9	14.9	66	80	88	95	—
150		8.4	21.8	96	117	128	139	—

DN /mm	e /mm	承口凸部 质量/kg	直管质量/ (kg/m)	标准工作长度 L_u/m				
				4	5	5.5	6	7
				总质量/kg				
200	6.3	11.0	30.1	131	162	177	192	—
250	6.8	14.1	40.2	175	215	235	255	—
300	7.2	22.4	50.8	226	276	302	327	—
350	7.7	27.2	63.2	280	343	375	406	—
400	8.1	31.5	75.5	334	409	447	485	—
450	8.6	37.3	89.7	396	486	531	576	—
500	9.0	42.8	104.3	460	564	616	669	—
600	9.9	55.4	137.3	605	742	811	879	—
700	10.8	73.9	173.9	770	943	1030	1117	1291
800	11.7	90.2	215.2	951	1166	1274	1381	1597

（3）N₁ 型接口球墨铸铁管

DN /mm	e /mm	承口凸部 质量/kg	直管质量/ (kg/m)	标准工作长度 L_u/m			
				4	5	5.5	6
				总质量/kg			
100	6	10.3	14.9	70	85	92	100
150		13.9	21.8	101	123	134	145

DN /mm	e /mm	承口凸部质量/kg	直管质量/ (kg/m)	标准工作长度 L_u/m			
				4	5	5.5	6
				总质量/kg			
200	6.3	17.9	30.1	138	168	183	199
250	6.8	22.6	40.2	183	224	244	264
300	7.2	27.3	50.8	231	281	307	332
350	7.7	32.3	63.2	285	348	380	412

（4）S 型接口球墨铸铁管

DN /mm	e /mm	承口凸部质量/kg	直管质量/ (kg/m)	标准工作长度 L_u/m			
				4	5	5.5	6
				总质量/kg			
100	6	9.0	14.9	69	84	91	98
150		11.7	21.8	99	121	132	143
200	6.3	17.8	30.1	138	168	183	198
250	6.8	21.8	40.2	183	223	243	263
300	7.2	27.5	50.8	231	282	307	332
350	7.7	33.5	63.2	286	350	381	413

三、柔性机械接口灰口铸铁管（GN/T 6483—2008）

1. 用途　适用于输送水和煤气。

918

2. N 型胶圈机械接口灰口铸铁管

(1) 结构外形 如图 10-5 所示。

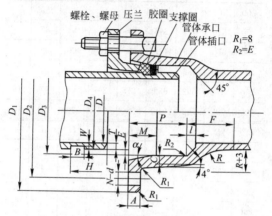

图 10-5 N 型胶圈机械接口灰口铸铁管

(2) 规格

DN	D_1	D_2	D_3	A	C	P	F	l
100	250	210	138	19	12	95	75	10
150	300	262	189	20				
200	350	312	240	21	13	100	77	11
250	408	366	293.6	22	15		85	12

DN	D_1	D_2	D_3	A	C	P	F	l
300	466	420	344.8	23	16		85	13
350	516	474	396	24	17		87	
400	570	526	447.6	25	18	100	89	14
450	624	586	498.8	26	19		91	
500	674	632	552	27	21		97	15
600	792	740	654.8	28	23	110	101	16

DN	R	a	M	B	W	H	d	n
100	32							4
150	32							
200	33							6
250	37						23	
300	38	10°	45	20	3	57		8
350	39							
400	40							10
450	41							12
500	45						24	14
600	47							4

3. N₁ 型胶圈机械接口灰口铸铁管

(1) 结构外形　如图 10-6 所示。

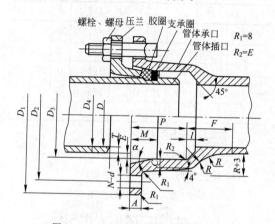

图 10-6　N₁ 型胶圈机械接口灰口铸铁管

(2) 规格

DN	D_1	D_2	D_3	A	C	P	F	l	R	a	M
100	262	209	126	19	14	95	75	10	32		
150	313	260	177	20							
200	366	313	228	21	15	100	77	11	33	15°	50
250	418	365	279.6	22			83	12	37		
300	471	418	330.8	23	16		85		38		

DN	D_1	D_2	D_3	A	C	P	F	l	R	a	M
350	524	471	382	24	17	100	87	13	39	15°	50
400	578	525	433.6	25	18		89		40		
450	638	586	484.8	26	19		91	14	41		
500	682	629	536	27	21		97	15	45		55
600	792	740	638.8	28	23	110	101	16	47		

注：螺栓孔直径和个数与 N 型相同。

4. X 型胶圈机械接口灰口铸铁管

(1) 结构外形　如图 10-7 所示。

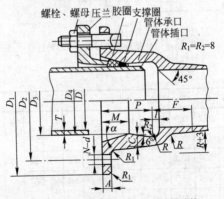

图 10-7　X 型胶圈机械接口灰口铸铁管

922

（2）规格

公称直径 /mm	外径 /mm	壁厚/mm		
		LA 级	A 级	B 级
75	93		9	9
100	118	9		
150	169		9.2	10
200	220	9.2	10.1	11
250	271.6	10	11	12
300	322.8	10.8	11.9	13
400	425.6	12.5	13.8	15
500	528	14.2	15.6	17
600	630.8	15.8	17.4	19

（3）质量

公称直径 /mm	承口凸部质量 /kg	质量/(kg/m)		
		LA 级	A 级	B 级
75	6.69		17.1	
100	8.28		22.2	
150	11.4	32.6	33.3	36.0
200	15.5	43.9	48.0	52.0
250	19.9	59.2	64.8	70.5

公称直径 /mm	承口凸部质量 /kg	质量/(kg/m)		
		LA 级	A 级	B 级
300	24.4	76.2	83.7	91.1
400	36.5	116.8	128.5	139.5
500	50.1	165.0	180.8	196.5
600	65.0	219.8	241.4	262.9

有效长度 5m 的总质量/kg

公称直径 /mm	橡胶圈工作 直径/mm	LA 级	A 级	B 级
75	116		92	
100	141		119	
150	193	174	178	191
200	244.5	235	255	275
250	297	316	344	372
300	348.5	405	443	480
400	452	620	679	733
500	556	875	954	1033
600	659.5	1165	1273	1380

注：① 铸铁密度采用 7.20g/cm³。

② 总质量＝直部质量(kg/m)×有效长度＋承口凸部质量，保留整数。

四、建筑排水用硬聚氯乙烯管材(GB/T 5836.1—2006)

1. 用途 适用于建筑物内排水用管材。在考虑材料的耐化学性和耐热性的条件下，也可用于工业排水用管材。

2. 规格

公称外径 /mm	平均外径和极限 偏差/mm	壁厚和极限 偏差/mm
32	$32^{+0.2}_{0}$	$2^{+0.4}_{0}$
40	$40^{+0.2}_{0}$	
50	$50^{+0.2}_{0}$	$2^{+0.4}_{0}$
75	$75^{+0.3}_{0}$	$2.3^{+0.4}_{0}$
90	$90^{+0.3}_{0}$	$3.0^{+0.5}_{0}$
110	$110^{+0.3}_{0}$	$3.2^{+0.6}_{0}$
125	$125^{+0.3}_{0}$	
160	$160^{+0.4}_{0}$	$4.0^{+0.6}_{0}$
200	$200^{+0.5}_{0}$	$4.9^{+0.7}_{0}$
250	$250^{+0.5}_{0}$	$6.2^{+0.8}_{0}$
315	$315^{+0.6}_{0}$	$7.8^{+0.8}_{0}$

五、给水用硬聚氯乙烯（PVCU）管材（GB/T 10002.1—2006）

1. 用途　适用于一定压力下输送水温≤45℃的饮用水和一般用途水。

2. 规格

（1）公称壁厚根据设计应力 10MPa 确定（最小壁厚≥2.0mm）。

S、SDR 系列及公称压力/MPa	公称外径 d_n/mm							
	20	25	32	40	50	63	75	90
	公称壁厚 e_n/mm							
S16、SDR33、PN0.63	—	—	—	—	—	2.0	2.3	2.8
S12.5、SDR26、PN0.8	—	—	—	—	2.0	2.5	2.9	3.5
S10、SDR21、PN1.0	—	—	—	2.0	2.4	3.0	3.6	4.3
S8、SDR17、PN1.25	—	—	2.0	2.4	3.0	3.8	4.5	5.4
S6.3、SDR13.6、PN1.6	—	2.0	2.4	3.0	3.7	4.7	5.6	6.7
S5、SDR11、PN2.0	2.0	2.3	2.9	3.7	4.6	5.8	6.9	8.2
S4、SDR9、PN2.5	2.3	2.8	3.6	4.5	5.6	7.1	8.4	10.1

（2）公称壁厚根据设计应力 12.5MPa 确定。

S、SDR 系列及公称压力/MPa	公称外径 d_n/mm							
	110	125	140	160	180	200	225	250
	公称壁厚 e_n/mm							
S20，SDR41，PN0.63	2.7	3.1	3.5	4.0	4.4	4.9	5.5	6.2
S16，SDR33，PN0.8	3.4	3.9	4.3	4.9	5.5	6.2	6.9	7.7
S12.5，SDR26，PN1.0	4.2	4.8	5.4	6.2	6.9	7.7	8.6	9.6
S10，SDR21，PN1.25	5.3	6.0	6.7	7.7	8.6	9.6	10.8	11.9
S8，SDR17，PN1.6	6.6	7.4	8.3	9.5	10.7	11.9	13.4	14.8
S6.3，SDR13.6，PN2.0	8.1	9.2	10.3	11.8	13.3	14.7	16.6	18.4
S5，SDR11，PN2.5	10.0	11.4	12.7	14.6	16.4	18.2	—	—

S、SDR 系列及公称压力/MPa	公称外径 d_n/mm							
	280	315	355	400	450	500	560	630
	公称壁厚 e_n/mm							
S20，SDR41，PN0.63	6.9	7.7	8.7	9.8	11.0	12.3	13.7	15.4
S16，SDR33，PN0.8	8.6	9.7	10.9	12.3	13.8	15.3	17.2	19.3
S12.5，SDR26，PN1.0	10.7	12.1	13.6	15.3	17.2	19.1	21.4	24.1
S10，SDR21，PN1.25	13.4	15.0	16.9	19.1	21.5	23.9	26.7	30.0
S8，SDR17，PN1.6	16.6	18.7	21.1	23.7	26.7	29.7	—	—
S6.3，SDR13.6，PN2.0	20.6	23.2	26.1	29.4	33.1	36.8	—	—

S、SDR 系列及公称压力/MPa	公称外径 d_n/mm							
	710	800	900	1000	—	—	—	—
	公称壁厚 e_n/mm							
S20, SDR41, PN0.63	17.4	19.6	22.0	24.5	—	—	—	—
S16, SDR33, PN0.8	21.8	24.5	27.6	30.6	—	—	—	—
S12.5, SDR26, PN1.0	27.2	30.6	—	—	—	—	—	—

六、给水用抗冲改性聚氯乙烯（PVCM）管材

（CJ/T 272—2008）

1. 用途　适用于一定压力下输送水温≤45℃的饮用水和一般用途水。

2. 规格

S、SDR 系列及公称压力/MPa	公称外径 d_n/mm								
	20	25	32	40	50	63	75	90	110
	公称壁厚 e_n/mm								
S25, SDR51, PN0.63	—	—	—	—	—	—	—	2.0	2.2
S20, SDR41, PN0.8	—	—	—	—	—	—	2.0	2.2	2.7
S16, SDR33, PN1.0	—	—	—	—	2.0	2.3	2.8	3.4
S12.5, SDR26, PN1.25	—	—	—	2.0	2.5	2.9	3.5	4.2
S10, SDR21, PN1.6	2.0	2.0	2.0	2.0	2.4	3.0	3.6	4.3	5.3
S8, SDR17, PN2.0				2.4	3.0	3.8	4.5	5.4	6.6

続表

S、SDR 系列及公称压力/MPa	公称外径 d_n/mm								
	125	140	160	180	200	225	250	280	315
	公称壁厚 e_n/mm								
S25，SDR51，PN0.63	2.5	2.8	3.2	3.6	3.9	4.4	4.9	5.5	6.2
S20，SDR41，PN0.8	3.1	3.5	4.0	4.4	4.9	5.5	6.2	6.9	7.7
S16，SDR33，PN1.0	3.9	4.3	4.9	5.5	6.2	6.9	7.7	8.6	9.7
S12.5，SDR26，PN1.25	4.8	5.4	6.2	6.9	7.7	8.6	9.6	10.7	12.1
S10，SDR21，PN1.6	6.0	6.7	7.7	8.6	9.6	10.8	11.9	13.4	15.0
S8，SDR17，PN2.0	7.4	8.3	9.5	10.7	11.9	13.4	14.8	16.6	18.7

S、SDR 系列及公称压力/MPa	公称外径 d_n/mm							
	355	400	450	500	560	630	710	800
	公称壁厚 e_n/mm							
S25，SDR51，PN0.63	7.0	7.9	8.8	9.8	11.0	12.3	13.9	15.7
S20，SDR41，PN0.8	8.7	9.8	11.0	12.3	13.7	15.4	17.4	19.6
S16，SDR33，PN1.0	10.9	12.3	13.8	15.3	17.2	19.3	21.8	24.5
S12.5，SDR26，PN1.25	13.6	15.3	17.2	19.1	21.4	24.1	27.2	30.6
S10，SDR21，PN1.6	16.9	19.1	21.5	23.9	26.7	30.0	33.9	38.1
S8，SDR17，PN2.0	21.1	23.7	26.7	29.7	33.2	37.4	42.1	47.4

注：公称壁厚的确定依据是最小要求强度（MRS）24.5MPa、设计应力 16 MPa。

929

七、给水用丙烯酸共聚聚氯乙烯管材（CJ/T 218—2010）

1. 用途　适用于长期输送水温≤45℃的水。

2. 规格

S、SDR系列及公称压力/MPa	公称外径 d_n/mm								
	20	25	32	40	50	63	75	90	110
	公称壁厚 e_n/mm								
S16、SDR33、PN0.63	—	—	—	—	—	2.0	2.3	2.8	2.7
S12.5、SDR26、PN0.8	—	—	—	—	2.0	2.5	2.9	3.5	3.4
S10、SDR21、PN1.0	—	—	—	2.0	2.4	3.0	3.6	4.3	4.2
S8、SDR17、PN2.0	—	—	2.0	2.4	3.0	3.8	4.5	5.4	5.3
S6.3、SDR13.6、PN1.6	—	2.0	2.4	3.0	3.7	4.7	5.3	6.7	6.6
S5、SDR11、PN2.0	2.0	2.3	2.9	3.7	4.6	5.8	6.9	8.2	8.1
S4、SDR9、PN2.5	2.3	2.8	3.6	4.5	5.6	7.1	8.4	10.1	10.0

S、SDR系列及公称压力/MPa	公称外径 d_n/mm						
	125	160	200	250	315	355	400
	公称壁厚 e_n/mm						
S16、SDR33、PN0.63	3.1	4.0	4.9	6.2	7.7	8.7	9.8
S12.5、SDR26、PN0.8	3.9	4.9	6.2	7.7	9.7	10.9	12.3
S10、SDR21、PN1.0	4.8	6.2	7.7	9.6	12.1	13.6	15.3
S8、SDR17、PN2.0	6.0	7.7	9.6	11.9	15.0	16.9	19.1
S6.3、SDR13.6、PN1.6	7.4	9.5	11.9	14.8	18.7	21.1	23.7

S、SDR 系列及公称压力/MPa	公称外径 d_n/mm						
	125	160	200	250	315	355	400
	公称壁厚 e_n/mm						
S5、SDR11、PN2.0	9.2	11.8	14.7	18.4	23.2	26.1	29.4
S4、SDR9、PN2.5	11.4	14.6	18.2	—	—	—	—

注：管材最小壁厚≥2.0mm。

八、建筑物内污、废水（高、低温）用氯化聚氯乙烯（PVC-C）管材（GB/T 24452—2009）

1. 用途　适用于安装在建筑物内排高温或低温污水和废水，不适用于埋地管网。

2. 规格

公称外径/mm	平均外径和极限偏差/mm	壁厚和极限偏差/mm
32	$32^{+0.2}_{0}$	
40	$40^{+0.2}_{0}$	
50	$50^{+0.2}_{0}$	$1.8^{+0.4}_{0}$
75	$75^{+0.3}_{0}$	
90	$90^{+0.3}_{0}$	
110	$110^{+0.3}_{0}$	$2.2^{+0.5}_{0}$
125	$125^{+0.3}_{0}$	$2.5^{+0.5}_{0}$
160	$160^{+0.4}_{0}$	$3.2^{+0.6}_{0}$

九、埋地用硬聚氯乙烯(PVCU)加筋管材(QB/T 2782—2006)

1. 结构外形和连接方式　如图 10-8 所示。

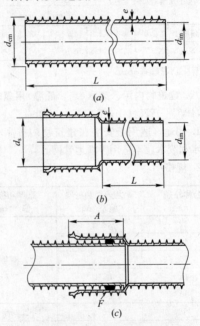

图 10-8　埋地用硬聚氯乙烯(PVCU)加筋管材

(a)直管管材；(b)承口管材；(c)连接方式示意图

2. 用途　适用于埋在室外地下(市政工程、公共建筑室外、住宅小区)用作排污、排水及排气，通信线缆穿线管材；还可用于低压输水灌溉(系统工作压力≤200kPa，公称直径≤300mm)。在符合材料的耐化学性和耐温性的情况下，也适用于工业排水排污工程。

3. 规格

公称内径/mm	平均内径/mm	壁厚/mm	承口深度/mm
150	≥145	≥1.3	≥85
225	≥220	≥1.7	≥115
300	≥294	≥2.0	≥145
400	≥392	≥2.5	≥175
500	≥490	≥3.0	≥185
600	≥588	≥3.5	≥220
800	≥785	≥4.5	≥290
1000	≥982	≥5.0	≥330

4. 分级

级别	环刚度/(kN/m²)
SN4	≥4.0
(SN6.3)	(≥6.3)

级别	环刚度/(kN/m²)
SN8	≥8.0
(SN12.5)	(≥12.5)
SN16	≥16.0

注：括号内为非首选。

第二节　金属和塑料管件

一、管路元件常见公称通径系列（GB/T 1047—2005）

公称通径系列/mm	1, 2, 3(1/8), 4, 5, 6, 8, 10(3/8), 15(1/2), 20(3/4), 25(1), 32(1¼), 40(1½), 50(2), 65(2½), 80(3), 100(4), 125(5), 150(6), 175(7), 200(8), 225(9), 250(10), 300(12), 350, 400, 450, 500, 600, 700 800, 1000, 1100, 1200, 1300, 1400, 1600, 1800, 2000, 2200, 2400, 2600, 2800, 3000, 3200, 3400, 3600, 3800, 4000

注：括号内为内螺纹尺寸代号。

二、管路元件的公称压力（GB/T 1048—2005）

公称压力/MPa	0.05, 0.1, 0.25, 0.4, 0.6, 0.8, 1.0, 1.6, 2, 2.5, 4, 5, 6.3, 10, 15, 16, 20, 25, 28, 32, 42, 50, 63, 80, 100, 125, 160, 200, 250, 335

三、管法兰及管法兰盘

（一）板式及带颈平焊钢制法兰

1. 结构外形　如图 10-9 所示。

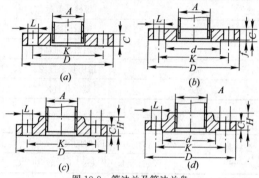

图 10-9　管法兰及管法兰盘

(a)平面板式；(b)凸面板式；(c)平面带颈；(d)凸面带颈

2. 用途　适用于连接其他带法兰的钢管、阀门或管件。

3. 尺寸符号及含义

尺寸符号	含义
D	法兰外径
C	法兰厚度
K	螺栓孔中心圆直径

尺寸符号	含义
H	法兰高度
n	螺栓孔数量
f	密封面高度
d	突出密封面直径
A	适用管子直径
L	螺栓孔直径

4. 板式平焊钢制管法兰连接及密封面规格

公称通径 /mm	公称压力≤0.6MPa 时的尺寸/mm					
	D	K	L	n	d	C
10	75	55	11	4	33	12
15	80	55	11	4	38	12
20	90	65	11	4	48	14
25	100	75	11	4	68	14
32	120	90	14	4	69	16
40	130	100	14	4	78	16
50	140	110	14	4	83	16
65	160	130	14	4	108	16
80	190	150	18	4	124	18

公称通径 /mm	公称压力≤0.6MPa 时的尺寸/mm					
	D	K	L	n	d	C
100	210	170	18	4	144	18
125	240	200	18	8	174	20
150	265	225	18	8	199	20
200	320	280	18	8	254	22
250	375	335	18	12	309	24
300	440	395	22	12	363	24
350	490	445	22	16	413	26
400	540	495	22	16	463	28
450	595	550	22	16	518	28
500	645	600	22	20	568	30
600	755	705	26	20	667	36

公称通径 /mm	公称压力为 1.0MPa 时的尺寸/mm					
	D	K	H	n	d	C
10	90	60	14	4	41	14
15	95	65	14	4	46	14
20	105	75	14	4	56	16
25	115	85	14	4	65	16
32	140	100	18	4	76	18

公称通径 /mm	公称压力为 1.0MPa 时的尺寸/mm					
	D	K	H	n	d	C
40	150	110	18	4	84	18
50	165	125	18	4	99	20
65	185	145	18	4	118	20
80	200	160	18	8	132	20
100	220	180	18	8	156	22
125	250	210	18	8	184	22
150	285	240	22	8	211	24
200	340	295	22	8	266	24
250	395	350	22	12	319	26
300	445	400	22	12	370	28
350	505	460	22	16	420	30
400	565	515	26	16	480	32
450	615	565	26	20	530	35
500	670	620	26	20	582	38
600	780	725	30	20	682	42

公称通径 /mm	公称压力为 1.6MPa 时的尺寸/mm					
	D	K	L	n	d	C
10	90	60	14	4	41	14
15	95	65	14	4	46	14

公称通径 /mm	公称压力为 1.6MPa 时的尺寸/mm					
	D	K	L	n	d	C
20	105	75	14	4	56	16
25	115	85	14	4	65	16
32	140	100	18	4	76	18
40	150	110	18	4	84	18
50	165	125	18	4	99	20
65	185	145	18	4	118	20
80	200	160	18	8	132	20
100	220	180	18	8	156	22
125	250	210	18	8	184	22
150	285	240	22	8	211	24
200	340	295	22	12	266	26
250	405	355	26	12	319	29
300	470	410	26	12	370	32
350	520	470	26	12	429	35
400	580	525	30	16	480	38
450	640	585	30	20	548	42
500	715	650	33	20	609	46
600	840	770	36	20	720	52

公称通径 /mm	公称压力为 2.5MPa 时的尺寸/mm					
	D	K	L	n	d	C
10	90	60	14	4	41	14
15	95	65	14	4	46	14
20	105	75	14	4	56	16
25	115	85	14	4	65	16
32	140	100	18	4	76	18
40	150	110	18	4	84	18
50	165	125	18	4	99	20
65	185	145	18	8	118	22
80	200	160	18	8	132	24
100	235	190	22	8	156	26
125	270	220	26	8	184	28
150	300	250	26	8	211	30
200	360	310	26	12	274	32
250	425	370	30	12	330	35
300	485	430	30	16	389	38
350	555	490	33	16	448	42
400	620	550	36	16	503	46
450	670	600	36	20	548	50

公称通径 /mm	公称压力为 2.5MPa 时的尺寸/mm					
	D	K	L	n	d	C
500	730	660	36	20	609	56
600	845	770	39	20	720	68

公称通径 /mm	f	A	公称通径 /mm	f	A
10	2	17.2	125	3	139.7
15	2	21.3	150	3	168.3
20	2	26.9	200	3	219.1
25	2	33.7	250	3	273
32	3	42.4	300	4	323
40	3	48.3	350	4	355
50	3	60.3	400	4	406.4
65	3	76.1	450	4	457
80	3	88.9	500	4	508
100	3	114.3	600	4	610

注：① PN0.25MPa 平焊钢制管法兰的连接及密封面尺寸与
　　 PN0.6MPa 相同。

　② 本表规定的 D、K、H、n、d、C、f、A 等尺寸也
　　 适用于相同公称压力的其他钢制管法兰和钢制管法
　　 兰盖。

5. 钢制管法兰的螺栓孔直径 L 与螺栓公称直径

螺栓孔直径 /mm	螺栓公称直径 /mm	螺栓孔直径 /mm	螺栓公称直径 /mm
11	M10	30(31)	M27
14	M12	33(34)	M30
18(19)	M16	36(37)	M33
22(23)	M20	39(40)	M36
26(28)	M24		

注：括号内数字为铸铁管法兰的螺栓孔直径。

6. 带颈平焊钢制管法兰连接及密封面规格

公称通径 /mm	公称压力/MPa					
	1.0		1.6		2.5	
	尺寸/mm					
	C	H	C	H	C	H
10	14	20	14	20	14	22
15	14	20	14	20	14	22
20	16	24	16	24	16	26
25	16	24	16	24	16	28
32	18	26	18	26	18	30

公称通径 /mm	公称压力/MPa					
	1.0		1.6		2.5	
	尺寸/mm					
	C	H	C	H	C	H
40	18	26	18	26	18	32
50	20	28	20	28	20	34
65	20	32	20	32	22	38
80	20	34	20	34	24	40
100	22	40	22	40	24	44
125	22	44	22	44	26	48
150	24	44	24	44	28	52
200	24	44	24	44	30	52
250	26	46	26	46	32	60
300	26	46	28	42	34	67
350	26	53	30	57	38	72
400	26	57	32	63	40	78
450	28	63	34	68	42	84
500	28	67	36	73	44	90
600	30	75	38	83	46	100

注：带颈平焊钢制管法兰的其他尺寸 D、K、L、n、d、f、A 与板式平焊钢制管法兰相同。

943

（二）凸面带颈螺纹钢制管法兰

1. 结构外形　如图 10-10 所示。

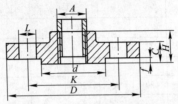

图 10-10　凸面带颈螺纹钢制管法兰

2. 用途　适用于安装在两端带 55°管螺纹的钢管上，连接其他带法兰的钢管或阀门、管件等。

3. 规格

公称通径 /mm	管螺纹尺寸代号	公称压力为 0.6MPa	
		C/mm	H/mm
10	$\frac{3}{8}$	12	20
15	$\frac{1}{2}$	12	20
20	$\frac{3}{4}$	14	24
25	1	14	24
32	$1\frac{1}{4}$	16	26
40	$1\frac{1}{2}$	16	26
50	2	16	28
65	$2\frac{1}{2}$	16	28

公称通径 /mm	管螺纹尺寸 代号	公称压力为 0.6MPa	
		C/mm	H/mm
80	3	18	32
100	4	18	34
125	5	20	44
150	6	20	44

注：① 其他尺寸 D、K、L、n、d、f、A 参见板式平焊钢制管法兰的连接及密封面尺寸。

② 公称压力为 1.0～2.5MPa 的尺寸 C 和 H，参见带颈平焊钢制管法兰的连接及密封面尺寸。

（三）带颈螺纹铸铁管法兰(GB/T 17241.3—1998)

1. **结构外形** 如图 10-11 所示。

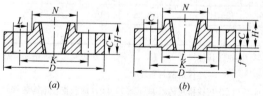

图 10-11　带颈螺纹铸铁管法兰

(a)A 型(平面)；(b)B 型(凸面)

2. **规格**

945

公称通径 /mm	公称压力为 1.0 和 1.6MPa 时的尺寸/mm				
	L	C			H
		灰铁	球铁	可铁	
10	14	14	—	14	20
15	14	14	—	14	22
20	14	16	—	16	26
25	14	16	—	16	26
32	19	18	—	18	26
40	19	18	19	18	28
50	19	20	19	20	30
65	19	20	19	20	34
80	19	22	19	20	36
100	19	24	19	22	44
125	23	26	19	22	48
150	23	26	19	24	48

注：① 其他尺寸 D、K、n、d、f 参见板式平焊钢制管法
兰连接及密封面尺寸。

② 灰铁指灰铸铁牌号≥HT200；球铁指球墨铸铁牌号
≥QT400-15；可铁指可锻铸铁牌号≥KTH300-06。

(四) 平面和凸面钢制法兰盖(GB/T 9123—2010)

1. 结构外形 如图 10-12 所示。

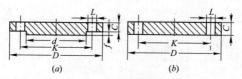

图 10-12　平面和凸面钢制法兰盖

(a)凸面管法兰盘；(b)平面管法兰盘

2. 规格

公称通径 /mm	公称压力/MPa			
	≤0.6	1.0	1.6	2.5
	法兰厚度 C/mm			
10	12	14	14	14
15	12	14	14	14
20	14	16	16	16
25	14	16	16	16
32	16	18	18	18
40	16	18	18	18
50	16	20	20	20
65	16	20	20	20
80	18	20	20	24
100	18	22	22	26
125	20	22	22	28
150	20	24	24	30

公称通径 /mm	公称压力/MPa			
	≤0.6	1.0	1.6	2.5
	法兰厚度 C/mm			
200	22	24	26	32
250	24	26	26	32
300	24	26	28	34
350	26	26	30	38
400	28	28	32	40
450	30	28	36	44
500	32	30	40	48
600	36	34	44	54

注：其他尺寸 D、K、L、n、d、f 参见板式平焊钢制管法
兰的连接及密封面尺寸。

（五）铸铁管法兰盖（GB/T 17241.2—1998）

1. 规格

公称通径 /mm	公称压力/MPa				
	0.25		0.6		
	L/mm	C/mm	L	C/mm	
		灰铁		灰铁	可铁
10	11	12	11	12	12
15	11	12	11	12	12

公称通径 /mm	公称压力/MPa				
	0.25		0.6		
	L/mm	C/mm	L	C/mm	
		灰铁		灰铁	可铁
20	11	14	11	14	14
25	11	14	11	14	14
32	14	16	14	16	16
40	14	16	14	16	16
50	14	16	14	16	16
60	14	16	14	16	16
80	19	18	19	18	18
100	19	18	19	18	18
125	19	20	19	20	20
150	19	20	19	20	20
200	19	22	19	22	22
250	19	24	19	24	24
300	23	24	23	24	24
350	23	26	23	26	—
400	23	28	23	28	—
450	23	28	23	28	—
500	23	30	23	30	—
600	26	30	26	30	—

公称通径 /mm	L/mm	公称压力=1.0MPa		
		C/mm		
		灰铁	球铁	可铁
10	14	14	—	14
15	14	14	—	14
20	14	16	—	16
25	14	16	—	16
32	19	18	—	18
40	19	18	19	18
50	19	20	19	20
60	19	20	19	20
80	19	22	19	20
100	19	22	19	20
125	19	26	19	20
150	23	26	19	24
200	23	26	20	26
250	23	28	22	26
300	23	28	24	26
350	23	30	—	—
400	28	32	—	—
450	28	32	—	—

公称通径 /mm	公称压力=1.0MPa			
	L/mm	C/mm		
		灰铁	球铁	可铁
500	28	34	—	—
600	31	36	—	—

公称通径 /mm	公称压力=1.6MPa			
	L/mm	C/mm		
		灰铁	球铁	可铁
10	14	14	—	14
15	14	14	—	14
20	14	16	—	16
25	14	16	—	16
32	19	18	—	18
40	19	18	19	18
50	19	20	19	20
60	19	20	19	20
80	19	22	19	20
100	19	24	19	22
125	19	26	19	22
150	23	26	19	24
200	23	30	20	24
250	28	32	22	26

公称通径 /mm		公称压力＝1.6MPa		
	L/mm	C/mm		
		灰铁	球铁	可铁
300	28	32	24.5	28
350	28	36	26.5	—
400	31	38	28	—
450	31	40	30	—
500	34	42	31.5	—
600	37	48	36	—
—	—	—	—	—
—	—	—	—	—
—	—	—	—	—

公称通径 /mm		公称压力＝2.5MPa		
	L/mm	C/mm		
		灰铁	球铁	可铁
10	14	16	—	16
15	14	16	—	16
20	14	18	—	16
25	14	18	—	16
32	19	20	—	18
40	19	20	19	18

公称通径 /mm	公称压力＝2.5MPa			
	L/mm	C/mm		
		灰铁	球铁	可铁
50	19	22	19	20
60	19	24	19	22
80	19	26	19	24
100	23	28	19	24
125	28	30	19	26
150	28	33	20	28
200	28	34	22	30
250	31	36	24.5	32
300	31	40	27.5	34
350	34	44	30	—
400	37	48	32	—
450	37	50	34.5	—
500	37	52	36.5	—
600	40	56	42	—

注：① 其他尺寸 D、K、n、d、f 参见板式平焊钢制管法兰的连接及密封面尺寸。铸铁管法兰盖 L 的尺寸略大于相同规格的钢管法兰，但配用螺栓规格相同。

② 灰铁指灰铸铁牌号≥HT200；球铁指球墨铸铁牌号≥QT400-15；可铁指可锻铸铁牌号≥KTH300-06。

③ 铸铁管法兰盖可分为平面和凸面两种，其结构外形与平面和凸面钢制法兰盖相同。

2. 用途　适用于对带法兰的钢管或阀门、管件等进行封闭。

四、可锻铸铁管路连接件（GB/T 3287—2011）

（一）外接头和通丝外接头

1. 结构外形　如图 10-13 所示。

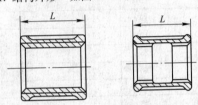

图 10-13　外接头和通丝外接头

2. 规格及用途

公称直径/mm	管螺纹尺寸代号	L/mm
6	1/8	22
8	1/4	26
10	3/8	29
15	1/2	34
20	3/4	38
25	1	44
32	1¼	50

公称直径/mm	管螺纹尺寸代号	L/mm
40	$1\frac{1}{2}$	54
50	2	60
65	$2\frac{1}{2}$	70
80	3	75
90	$3\frac{1}{2}$	80
100	4	85
125	5	95
150	6	105
用途	通丝外接头适用于与锁紧螺母和短管子配合，安装在常常需要装拆的管路上。外接头适用于公称直径相同的管子的连接	

（二）异径外接头

1. 结构外形　如图 10-14 所示。

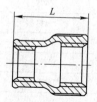

图 10-14　异径外接头

2. 规格及用途

公称直径/mm	管螺纹尺寸代号	L/mm
10×8	⅜×¼	29
15×8	½×¼	35
15×10	½×⅜	
20×8	¾×¼	39
20×10	¾×⅜	
20×15	¾×½	
25×8	1×¼	43
25×10	1×⅜	
25×15	1×½	
25×20	1×¾	
32×8	1¼×¼	49
32×10	1¼×⅜	
32×15	1¼×½	
32×20	1¼×¾	
32×25	1¼×1	
40×8	1½×¼	53
40×10	1½×⅜	
40×15	1½×½	

公称直径/mm	管螺纹尺寸代号	L/mm
40×20	1½×¾	
40×25	1½×1	53
40×32	1½×1¼	
50×8	2×¼	
50×10	2×⅜	
50×15	2×½	
50×20	2×¾	59
50×25	2×1	
50×32	2×1¼	
50×40	2×1½	
65×10	2½×⅜	
65×15	2½×½	
65×20	2½×¾	
65×25	2½×1	65
65×32	2½×1¼	
65×40	2½×1½	
65×50	2½×2	

公称直径/mm	管螺纹尺寸代号	L/mm
80×15	3×½	
80×20	3×¾	
80×25	3×1	
80×32	3×1¼	72
80×40	3×1½	
80×50	3×2	
80×65	3×2½	
90×15	3½×½	
90×20	3½×¾	
90×25	3½×1	
90×32	3½×1¼	78
90×40	3½×1½	
90×50	3½×2	
90×65	3½×2½	
90×80	3½×3	
100×15	4×½	
100×20	4×¾	85
100×25	4×1	
100×32	4×1¼	

公称直径/mm	管螺纹尺寸代号	L/mm
100×40	4×1½	
100×50	4×2	
100×65	4×2½	85
100×80	4×3	
100×90	4×3½	
125×20	5×¾	
125×25	5×1	
125×32	5×1¼	
125×40	5×1½	
125×50	5×2	95
125×65	5×2½	
125×80	5×3	
125×90	5×3½	
125×100	5×4	
150×20	6×¾	
150×25	6×1	
150×32	6×1¼	105
150×40	6×1½	
150×50	6×2	

公称直径/mm	管螺纹尺寸代号	L/mm
150×65	6×2½	
150×80	6×3	
150×90	6×3½	105
150×100	6×4	
150×125	6×5	
用途	适用于公称直径不同的管子的连接	

（三）活接头

1. 结构外形　如图 10-15 所示。

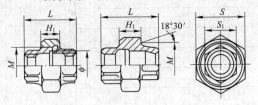

图 10-15　活接头

2. 规格及用途

公称直径 /mm	管螺纹代号	M /mm	ϕ /mm	L /mm	H_1 /mm
6	G⅛	22×1.5	14	40	13
8	G¼	27×1.5	18	40	14

公称直径 /mm	管螺纹代号	M /mm	ϕ /mm	L /mm	H_1 /mm
10	G⅜	33×2	22	44	16
15	G½	39×2	27	48	18
20	G¾	42×2	31	53	19
25	G1	52×2	39	60	21
32	G1¼	62×2	48	65	23
40	G1½	72×2	56	69	24
50	G2	82×2	68	78	26
65	G2½	100×2	84	86	30
80	G3	115×2	97	95	33
90	G3½	130×2	107	107	35
100	G4	145×2	123	116	38
125	G5	175×2	150	132	43
150	G6	205×2	175	146	48

公称直径 /mm	S_1/mm			S/mm		
	六角	八角	十角	六角	八角	十角
6	15	—	—	27	—	—
8	19	—	—	35	—	—
10	23	—	—	39	—	—

公称直径 /mm	S_1/mm			S/mm		
	六角	八角	十角	六角	八角	十角
15	27	—	—	45	—	—
20	33	—	—	52	—	—
25	—	40	—	—	60	—
32	—	50	—	—	70	—
40	—	56	—	—	81	—
50	—	69	—	—	94	—
65	—	—	85	—	—	112
80	—	—	98	—	—	127
90	—	—	112	—	—	143
100	—	—	125	—	—	158
125	—	—	151	—	—	188
150	—	—	178	—	—	219
用途	适用于安装在需要经常装拆的管路上					

（四）内接头

1. 结构外形　如图 10-16 所示。

2. 规格及用途

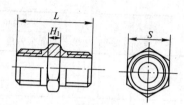

图 10-16 内接头

公称直径 /mm	管螺纹代号	L /mm	H_1 /mm	S/mm		
				六角	八角	十角
6	G⅛	29	5	14	—	—
8	G¼	36	8	17	—	—
10	G⅜	38	8	20	—	—
15	G½	44	8	25	—	—
20	G¾	48	8	30		—
25	G1	54	9	36		
32	G1¼	60	9	46		—
40	G1½	62	9	52	—	—
50	G2	68	9	—	64	
65	G2½	78	10	—	80	
80	G3	84	12	—	92	

公称直径 /mm	管螺纹 代号	L /mm	H_1 /mm	S/mm		
				六角	八角	十角
90	G3½	90	12	—		105
100	G4	99	14	—		117
125	G5	107	16	—		145
150	G6	119	20	—		170
用途	适用于公称直径相同的内螺纹管件或阀门的连接					

（五）内外接头

1. 结构外形 如图 10-17 所示。

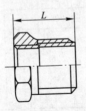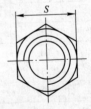

图 10-17 内外接头

2. 规格及用途

公称直径 /mm	管螺纹尺寸 代号	L /mm	S/mm 六角
10×8	⅜×¼	23	20
15×8	½×¼	26	25
15×10	½×⅜	26	25
20×8	¾×¼	28	30
20×10	¾×⅜	28	30
20×15	¾×½	28	30
25×8	1×¼	31	36
25×10	1×⅜	31	36
25×15	1×½	31	36
25×20	1×¾	31	36
32×8	1¼×¼	34	36
32×10	1¼×⅜	34	36
32×15	1¼×½	34	36
32×20	1¼×¾	34	36

公称直径 /mm	管螺纹尺寸 代号	L /mm	S/mm		
			六角	八角	十角
32×25	1¼×1	34	36	—	—
40×8	1½×¼	35	52	—	—

公称直径 /mm	管螺纹尺寸 代号	L /mm	S/mm		
			六角	八角	十角
40×10	1½×⅜	35	52	—	—
40×15	1½×½	35	52	—	—
40×20	1½×¾	35	52	—	—
40×25	1½×1	35	52	—	—
40×32	1½×1¼	35	52	—	—
50×8	2×¼	39	—	64	64
50×10	2×⅜	39	—	64	64
50×15	2×½	39	—	64	64
50×20	2×¾	39	—	64	64
50×25	2×1	39	—	64	64
50×32	2×1¼	39	—	64	64
50×40	2×1½	39	—	64	64

公称直径 /mm	管螺纹尺寸 代号	L /mm	S/mm	
			八角	十角
65×10	2½×⅜	44	80	80
65×15	2½×½	44	80	80
65×20	2½×¾	44	80	80
65×25	2½×1	44	80	80

公称直径 /mm	管螺纹尺寸 代号	L /mm	S/mm	
			八角	十角
65×32	2½×1¼	44	80	80
65×40	2½×1½	44	80	80
65×50	2½×2	44	80	80
80×15	3×½	48	92	92
80×20	3×¾	48	92	92
80×25	3×1	48	92	92
80×32	3×1¼	48	92	92
80×40	3×1½	48	92	92
80×50	3×2	48	92	92
80×65	3×2½	48	92	92
90×15	3½×½	51	105	105
90×20	3½×¾	51	105	105
90×25	3½×1	51	105	105
90×32	3½×1¼	51	105	105
90×40	3½×1½	51	105	105
90×50	3½×2	51	105	105
90×65	3½×2½	51	105	105
90×80	3½×3	51	105	105

公称直径 /mm	管螺纹尺寸 代号	L /mm	S/mm	
			八角	十角
100×15	4×½	56	117	117
100×20	4×¾	56	117	117
100×25	4×1	56	117	117
100×32	4×1¼	56	117	117
100×40	4×1½	56	117	117
100×50	4×2	56	117	117
100×65	4×2½	56	117	117
100×80	4×3	56	117	117
100×90	4×3½	56	117	117
125×20	5×¾	61	145	145
125×25	5×1	61	145	145
125×32	5×1¼	61	145	145
125×40	5×1½	61	145	145
125×50	5×2	61	145	145
125×65	5×2½	61	145	145
125×80	5×3	61	145	145
125×90	5×3½	61	145	145

公称直径 /mm	管螺纹尺寸 代号	L /mm	S/mm	
			八角	十角
125×100	5×4	61	145	145
150×20	6×¾	69	170	170
150×25	6×1	69	170	170
150×32	6×1¼	69	170	170
150×40	6×1½	69	170	170
150×50	6×2	69	170	170
150×65	6×2½	69	170	170
150×80	6×3	69	170	170
150×90	6×3½	69	170	170
150×100	6×4	69	170	170
150×125	6×5	69	170	170
用途	外螺纹一端适用于配合外接头连接大直径管子或内螺纹管件；内螺纹一端直接连接小直径管子			

（六）锁紧螺母

1. 结构外形　如图 10-18 所示。

2. 规格及用途

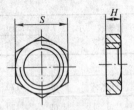

图 10-18　锁紧螺母

公称直径 /mm	管螺纹尺寸 代号	H /mm	S/mm		
			六角	八角	十角
6	G⅛	6	19	—	—
8	G¼	8	24	—	—
10	G⅜	9	27	—	—
15	G½	9	31	—	—
20	G¾	10	38	—	—
25	G1	11	47	—	—
32	G1¼	12	56	56	—
40	G1½	13	63	63	—
50	G2	15	—	77	
65	G2½	17	—	93	
80	G3	18	—	109	

公称直径 /mm	管螺纹尺寸 代号	H /mm	S/mm		
			六角	八角	十角
90	G3½	20	—	121	
100	G4	22	—	137	
125	G5	25	—	163	
150	G6	33	—	191	
用途	适用于安装在通丝外接头或其他管件上				

（七）异径弯头

1. 结构外形　如图 10-19 所示。

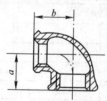

图 10-19　异径弯头

2. 规格及用途

公称直径/mm	a/mm	b/mm
10×8	20	22
15×8	24	24

971

公称直径/mm	a/mm	b/mm
15×10	26	25
20×8	25	27
20×10	28	28
20×15	29	30
25×8	27	31
25×10	30	32
25×15	32	33
25×20	34	35
32×8	30	37
32×10	33	38
32×15	34	38
32×20	38	40
32×25	40	42
40×8	31	38
40×10	34	39
40×15	35	42
40×20	38	43
40×25	41	45
40×32	45	48

公称直径/mm	a/mm	b/mm
50×8	34	45
50×10	37	46
50×15	38	48
50×20	41	49
50×25	45	51
50×32	48	54
50×40	52	55
65×10	41	57
65×20	44	58
65×25	48	60
65×32	52	62
65×40	55	62
65×50	60	65
80×15	43	65
80×20	46	66
80×25	50	68
80×32	55	70
80×40	58	72
80×50	62	72

公称直径/mm	a/mm	b/mm
80×65	72	75
90×15	47	71
90×20	50	73
90×25	54	75
90×32	57	77
90×40	60	78
90×50	65	80
90×65	74	82
90×80	80	85
100×15	50	79
100×20	54	80
100×25	57	83
100×32	61	86
100×40	63	86
100×50	69	87
100×65	78	90
100×80	83	91
100×90	90	95
125×20	55	96

公称直径/mm	a/mm	b/mm
125×25	60	97
125×32	62	100
125×40	66	100
125×50	72	100
125×65	81	103
125×80	87	105
125×90	93	109
125×100	100	111
150×20	60	108
150×25	64	110
150×32	67	113
150×40	70	114
150×50	75	115
150×65	85	118
150×80	92	120
150×90	97	125
150×100	102	125
150×125	116	128
用途	适用于公称直径不同的管子连接	

注：管螺纹尺寸代号与内外接头的管螺纹尺寸代号相同。

（八）弯头

1. 结构外形　如图 10-20 所示。

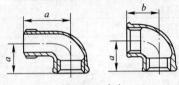

图 10-20　弯头

2. 规格及用途

公称直径/mm	a/mm	b/mm
6	18	27
8	19	30
10	23	35
15	27	40
20	32	47
25	38	54
32	46	62
40	48	68
50	57	79
65	69	92
80	78	104

公称直径/mm	a/mm	b/mm
90	87	115
100	97	126
125	113	148
150	132	170
用途	适用于公称直径相同的管子连接	

注：管螺纹代号与内接头的管螺纹代号相同。

（九）三通

1. 结构外形　如图 10-21 所示。

2. 规格　与弯头的规格相同。

3. 用途　适用于适用于公称直径相同的管子连接。

（十）四通

1. 结构外形　如图 10-22 所示。

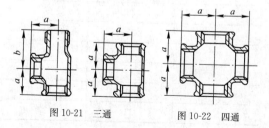

图 10-21　三通　　　　图 10-22　四通

2. 规格　公称直径和 a 的数值与弯头的规格相同。管螺纹尺寸代号与内接头的管螺纹尺寸代号相同。

3. 用途　适用于适用于公称直径相同的管子连接。

图 10-23　管子盖

（十一）管子盖

1. 结构外形　如图 10-23 所示。

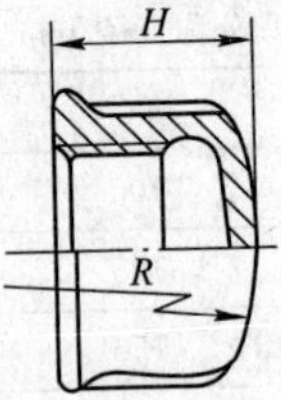

2. 规格及用途

公称直径/mm	H/mm	R/mm
6	14	31
8	15	37
10	17	43
15	19	51
20	22	60
25	25	71
32	28	84
40	31	99
50	35	166
65	38	137

公称直径/mm	H/mm	R/mm
80	40	162
90	44	191
100	50	226
125	55	266
150	62	314
用途	适用于直接旋在管子上堵塞管子	

注：管螺纹尺寸代号与内接头的管螺纹尺寸代号相同。

（十二）外方管堵

1. 结构外形　如图 10-24 所示。

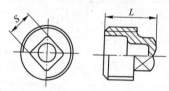

图 10-24　外方管堵

2. 规格及用途

公称直径/mm	L/mm	S/mm
6	15	4.5
8	18	6

公称直径/mm	L/mm	S/mm
10	20	8
15	24	10
20	27	12
25	30	16
32	34	18
40	37	22
50	40	27
65	46	30
80	48	34
90	54	40
100	57	44
125	62	50
150	71	65
用途	适用于对管路进行堵塞，防止泄漏	

注：管螺纹尺寸代号与内接头的管螺纹尺寸代号相同。

五、建筑排水用硬聚氯乙烯管件（GB/T 5836.2—2006）

（一）用途 适用于连接建筑排水用硬聚氯乙

烯（PVC-U）管材，在符合材料的耐化学性和耐热性时，也适用于工业排水管材连接。

（二）90°弯头

1. 结构外形　如图 10-25 所示。

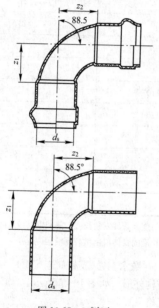

图 10-25　90°弯头

2. 规格

公称外径 d_n/mm	90°弯头 z_1 和 z_2/mm
32	≥23
40	≥27
50	≥40
75	≥50
90	≥52
110	≥70
125	≥72
160	≥90
200	≥116
250	≥145
315	≥183

注：z_1—长度为管件安装长度，仅在模具设计时使用。

z_2—长度的具体值由生产商给定。

（三）90°顺水三通（胶粘剂连接型）

1. 结构外形　如图 10-26 所示。

2. 规格

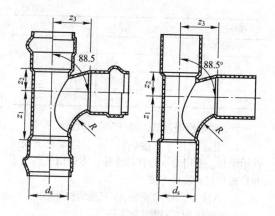

图 10-26　90°顺水三通

公称外径 d_n/mm	z_1/mm	z_2/mm	z_3/mm	R/mm
32×32	≥20	≥17	≥23	≥25
40×40	≥26	≥21	≥29	≥30
50×50	≥30	≥26	≥35	≥31
75×75	≥47	≥39	≥54	≥49
90×90	≥56	≥47	≥64	≥59
110×110	≥68	≥55	≥77	≥63
125×125	≥77	≥65	≥88	≥72

公称外径 d_n/mm	z_1/mm	z_2/mm	z_3/mm	R/mm
160×160	≥97	≥83	≥110	≥82
200×200	≥119	≥103	≥138	≥92
250×250	≥144	≥129	≥173	≥104
315×315	≥177	≥162	≥217	≥118

六、给水用硬聚氯乙烯(PVC-U)管件

1. 用途 适用于水温≤45℃，一定压力下输送饮用水和一般用途水的管材连接。不适用于热气焊和热板焊接的管材连接。

2. 直接头、90°弯头和90°三通结构外形

(1) 直接头 如图 10-27 所示。

(2) 90°长弯头 如图 10-28 所示。

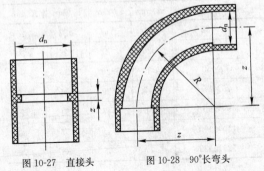

图 10-27　直接头　　　　图 10-28　90°长弯头

（3）90°弯头　如图 10-29 所示。

（4）90°三通　如图 10-30 所示。

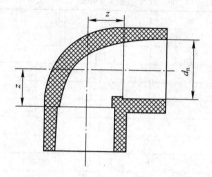

图 10-29　90°弯头

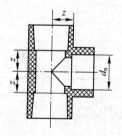

图 10-30　90°三通

985

3. 直接头、90°弯头和90°三通规格

公称外径/mm	直接头 z/mm	90°长弯头 z/mm
20	3^{+1}_{-1}	40^{+1}_{-1}
25	$3^{+1.2}_{-1}$	$50^{+1.2}_{-1}$
32	$3^{+1.6}_{-1}$	$64^{+1.6}_{-1}$
40	3^{+2}_{-1}	80^{+2}_{-1}
50	3^{+2}_{-1}	$100^{+2.5}_{-1}$
63	3^{+2}_{-1}	$126^{+3.2}_{-1}$
75	4^{+2}_{-1}	150^{+4}_{-1}
90	5^{+2}_{-1}	180^{+5}_{-1}
110	6^{+3}_{-1}	220^{+6}_{-1}
125	6^{+3}_{-1}	250^{+6}_{-1}
140	8^{+3}_{-1}	280^{+7}_{-1}
160	8^{+4}_{-1}	320^{+8}_{-1}
200	8^{+5}_{-1}	—
225	10^{+5}_{-1}	—

公称外径/mm	90°三通 z/mm	90°弯头 z/mm
20	11^{+1}_{-1}	
25	$13.5^{+1.2}_{-1}$	
32	$17^{+1.6}_{-1}$	
40	21^{+2}_{-1}	
50	$26^{+2.5}_{-1}$	

公称外径/mm	90°三通 z/mm	90°长弯头 z/mm
63	$32.5^{+3.2}_{-1}$	
75	38.5^{+4}_{-1}	
90	46^{+5}_{-1}	
110	56^{+6}_{-1}	
125	63.5^{+6}_{-1}	
140	71^{+7}_{-1}	
160	81^{+8}_{-1}	
200	101^{+9}_{-1}	
225	114^{+10}_{-1}	

4. 变径接头

(1) 结构外形　如图 10-31 所示。

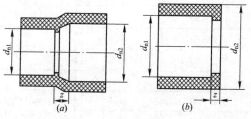

图 10-31　变径接头

(a)长型；(b)短型

（2）规格

长型变径接头		
公称外径/mm	z/mm	允许偏差/mm
20×25	6.5	±1.0
20×32	8	
20×40	10	
20×50	13	±1.5
25×32	8	±1.0
25×40	10	
25×50	12	±1.5
25×63	16.5	
32×40	10	±1.0
32×50	13	
32×63	16.5	±1.5
32×75	18.5	
40×50	13	±1.0
40×63	16.5	
40×75	18.5	±1.5
40×90	23	

长型变径接头

公称外径/mm	z/mm	允许偏差/mm
50×63	16.5	±1.5
50×75	18.5	
50×90	23	
50×110	27	±2.0
63×75	18.5	±1.5
63×90	23	
63×110	27	±2.0
63×125	31.5	
75×90	23	±1.5
75×110	27	±2.0
75×125	31.5	
75×140	35	
90×110	27	
90×125	31.5	
90×140	35	
90×160	40	
110×125	31.5	

长型变径接头		
公称外径/mm	z/mm	允许偏差/mm
110×140	35	
110×160	40	
125×140	35	±2.0
125×160	40	
140×160	40	

短型变径接头		
公称外径/mm	z/mm	允许偏差/mm
20×25	2.5	
20×32	6	
20×40	10	
20×50	15	
25×32	3.5	
25×40	7.5	
25×50	12.5	±1.0
25×63	10	
32×40	4	
32×50	9	
32×63	15.5	
32×75	21.5	

短型变径接头		
公称外径/mm	z/mm	允许偏差/mm
40×50	5	
40×63	11.5	
40×75	17.5	
40×90	25	
50×63	6.5	
50×75	12.5	
50×90	20	
50×110	30	
63×75	6	±1.0
63×90	13.5	
63×110	23.5	
63×125	31	
75×90	7.5	
75×110	17.5	
75×125	25	
75×140	32.5	

短型变径接头

公称外径/mm	z/mm	允许偏差/mm
90×110	10	
90×125	17.5	
90×140	25	
90×160	35	
110×125	7.5	±1.0
110×140	15	
110×160	25	
125×140	7.5	
125×160	17.5	
140×160	10	

第三节　其他管材和管件

一、无缝铜水管和铜气管(GB/T 18033—2007)

1. 用途　适用于对饮用水、生活冷热水、民用煤气、天然气及无腐蚀性的其他介质的进行输送。

2. 牌号和规格

牌号	TP2、TU2			
状态	硬	平硬	软	软
类型	直管			盘管
外径/mm	6～325	6～159	6～108	≤28
壁厚/mm	0.6～8			
长度/m	≤6			≥15

3. 与管件连接方式　一般采用焊接、扩管或压接等三种方式。

二、建筑用铜管管件

1. 常见种类和用途

种类	用途
套管接头	适用于公称通径相同的轴管连接
异径接头	适用于公称通径不同的轴管连接
90°弯头	适用于公称通径相同的铜管连接；B 型一端为铜管，另一端为承口式管件
45°弯头	同上
180°弯头	A 型、B 型的连接对象与 90°弯头相同，C 型适用于连接两个承口式管件
三通接头	适用于三根公称通径相同的铜管连接，从主管路一侧接出一条支管路

种类	用途
异径三通接头	与三通接头相似
管帽	适用于封闭管路

2. 规格

(1) 套管接头、45°弯头、90°弯头、180°弯头及管帽的规格

公称通径/mm	配用铜管外径/mm	PN1.0MPa 壁厚/mm	PN2.0MPa 壁厚/mm	承口长度/mm	插口长度/mm
		t	t	l	L_0
6	8	0.75	0.75	8	10
8	10	0.75	0.75	9	11
10	12	0.75	0.75	10	12
15	16	0.75	0.75	12	14
20	22	0.75	0.75	17	19
25	28	1.0	1.0	20	22
32	35	1.0	1.0	24	26
40	45	1.0	1.5	30	32
50	55	1.0	1.5	34	36
65	70	1.5	2.0	34	36

公称通径/mm	配用铜管外径/mm	PN1.0MPa 壁厚/mm t	PN2.0MPa 壁厚/mm t	承口长度/mm l	插口长度/mm L_0
80	85	1.5	2.5	38	40
100	106	2.0	3.0	48	50
100	(108)	2.0	3.0	48	50
125	133	2.5	4.0	68	70
150	159	3.0	4.5	80	83
200	211	4.0	6.0	105	108

公称通径/mm	套管接头 L	45°弯头 L_1	45°弯头 L_0	90°弯头 L_1	90°弯头 L_0
6	20	12	14	16	18
8	22	15	17	17	19
10	24	17	19	18	20
15	28	22	24	22	24
20	38	31	33	31	33
25	44	37	39	38	40
32	52	46	48	46	48
40	64	57	59	58	60

公称通 径/mm	套管接头 L	45°弯头 L_1	45°弯头 L_0	90°弯头 L_1	90°弯头 L_0
50	74	67	69	72	74
65	74	75	77	84	86
80	82	84	86	98	100
100	102	102	104	128	130
100	102	102	104	128	130
125	142	134	136	168	170
150	166	159	162	200	203
200	216	209	212	255	258

公称通 径/mm	三通接头 L	180°弯头 L_1	180°弯头 L_0	180°弯头 R	管帽 L
6	15	25.5	13.5	13.5	10
8	17	28.5	14.5	14.5	12
10	19	34	18	18	13
15	24	39	19	19	16
20	32	62	34	34	22
25	37	79	45	45	24
32	43	93.5	52	52	28
40	55	120	68	68	34

公称通径/mm	三通接头	180°弯头				管帽
	L	L_1	L_0	R		L
50	63	143.5	82	82		38
65	71	—	—	—		—
80	88	—	—	—		—
100	111	—	—	—		—
100	111	—	—	—		—
125	139	—	—	—		—
150	171	—	—	—		—
200	218	—	—	—		—

注：① 表中 180°弯头和配用铜管外径 108mm 的铜管管件
尺寸摘自(浙江)天力管件有限公司企业标准。

② 表中尺寸符号含义：L—全长，L_1、L_0—端面至轴
线(交点)距离，R—中心线半径(弯曲半径)。

(2) 异径接头及异径三通接头的规格

公称通径/mm	配用铜管外径/mm	PN1.0/MPa		PN2.0/MPa		承口长度/mm		异径接头/mm	异径三通接头/mm	
		壁厚/mm								
		t_1	t_2	t_1	t_2	L_1	L_2	L	L_1	L_2
8/6	10/8	0.75	0.75	0.75	0.75	9	8	25	17	13
10/6	12/8	0.75	0.75	0.75	0.75	10	8	—	19	15

公称通径/mm	配用铜管外径/mm	PN1.0/MPa		PN2.0/MPa		承口长度/mm		异径接头/mm	异径三通接头/mm	
		壁厚/mm								
		t_1	t_2	t_1	t_2	L_1	L_2	L	L_1	L_2
10/8	12/10	0.75	0.75	0.75	0.75	10	9	25	—	—
15/8	16/10	0.75	0.75	0.75	0.75	12	9	30	24	19
15/10	16/12	0.75	0.75	0.75	0.75	12	10	36	24	20
20/10	22/12	0.75	0.75	0.75	0.75	17	10	40	—	—
20/15	22/16	0.75	0.75	0.75	0.75	17	12	48	32	25
25/15	28/16	1.0	0.75	1.0	0.75	20	12	48	37	28
25/20	28/22	1.0	0.75	1.0	0.75	20	17	48	37	34
32/15	35/16	1.0	0.75	1.0	0.75	24	12	52	39	32
32/20	35/22	1.0	0.75	1.0	0.75	24	17	56	39	38
32/25	35/28	1.0	1.0	1.0	1.0	24	20	56	39	39
40/15	44/16	1.0	0.75	1.5	0.75	30	12	—	55	37
40/20	44/22	1.0	0.75	1.5	0.75	30	17	64	55	40
40/25	44/28	1.0	1.0	1.5	1.0	30	20	66	55	42
40/32	44/35	1.1	1.0	1.5	1.0	30	24	66	55	44
50/20	55/22	1.0	0.75	1.5	0.75	34	17	—	63	48
50/25	55/28	1.0	1.0	1.5	1.0	34	20	70	63	50
50/32	55/35	1.0	1.0	1.5	1.0	34	24	70	63	54

公称通径/mm	配用铜管外径/mm	PN1.0/MPa		PN2.0/MPa		承口长度/mm		异径接头/mm	异径三通接头/mm	
		壁厚/mm								
		t_1	t_2	t_1	t_2	L_1	L_2	L	L_1	L_2
50/40	55/44	1.0	1.0	1.5	1.5	34	30	75	63	60
125/80	133/85	2.5	1.5	4.0	2.5	68	38	150	139	107

公称通径/mm	配用铜管外径/mm	PN1.0/MPa		PN1.6/MPa		承口长度/mm		异径接头/mm	异径三通接头/mm	
		壁厚/mm								
		t_1	t_2	t_1	t_2	L_1	L_2	L	L_1	L_2
65/25	70/28	1.5	1.0	2.0	1.0	34	20	—	71	58
65/32	70/35	1.5	1.0	2.0	1.0	34	24	75	71	62
65/40	70/44	1.5	1.0	2.0	1.5	34	30	82	71	68
65/50	70/55	1.5	1.0	2.0	1.5	34	34	82	71	71
80/32	85/35	1.5	1.0	2.5	1.5	38	24	—	88	69
80/40	85/44	1.5	1.0	2.5	1.5	38	30	92	88	75
80/50	85/55	1.5	1.0	2.5	1.5	38	34	98	88	79
80/65	85/70	1.5	1.5	2.5	1.5	38	34	92	88	79
100/50	105/55	2.0	1.0	3.0	1.5	48	34	112	111	89
100/65	105/70	2.0	1.5	3.0	2.0	48	34	112	111	89
100/80	105/85	2.0	1.5	3.0	2.5	48	38	116	111	93

注：① 表中配用铜管外径108mm的铜管管件尺寸摘自(浙江)天力管件有限公司企业标准。

② 铜件材料选用 T2 或 T3。

三、不锈钢和铜螺纹管路连接件(QB/T 1109—1991)

1. 用途　不锈钢管路连接件适用于连接输送水、蒸汽和非强酸强碱液体等介质的管路；铜螺纹管路连接件适用于连接输送水、蒸汽和非腐蚀性液体等等介质的管路。

2. 规格

公称通径 /mm	管螺纹尺寸 代号	三通、四通、弯头/mm	
		I	II
6	G⅛	19	—
8	G¼	21	20
10	G⅜	25	23
15	G½	28	26
20	G¾	33	31
25	G1	38	35
32	G1¼	45	42
40	G1½	50	48
50	G2	58	55
65	G2½	70	65
80	G3	80	74
100	G4	—	90

公称通径 /mm	管螺纹尺寸 代号	三通、四通、弯头/mm	
		I	II
125	G5	—	110
150	G6	—	125

公称通径 /mm	管螺纹尺寸 代号	通丝外接头 L/mm	
		I	II
6	G⅛	17	—
8	G¼	25	26
10	G⅜	26	29
15	G½	34	34
20	G¾	36	38
25	G1	43	44
32	G1¼	48	50
40	G1½	48	54
50	G2	56	60
65	G2½	65	70
80	G3	71	75
100	G4	—	85
125	G5	—	95
150	G6	—	105

公称通径 /mm	管螺纹尺寸代号	内接头 L/mm	活接头 L/mm
		I、II	I、II
6	G⅛	21	38
8	G¼	28	42
10	G⅜	29	45
15	G½	36	48
20	G¾	41	52
25	G1	46.5	58
32	G1¼	54	65
40	G1½	54	70
50	G2	65.5	78
65	G2½	76.5	85
80	G3	85	95
100	G4	90	116
125	G5	107	132
150	G6	119	146

公称通径 /mm	管螺纹尺寸代号	管帽 L/mm		管堵 L/mm
		I	II	I、II
6	G⅛	13	14	13
8	G¼	17	15	16

公称通径 /mm	管螺纹尺寸 代号	管帽 L/mm		管堵 L/mm
		I	II	I、II
10	G⅜	18	17	18
15	G½	22	19	22
20	G¾	25	22	26
25	G1	28	25	29
32	G1¼	30	28	33
40	G1½	31	31	34
50	G2	36	35	40
65	G2½	41	38	46
80	G3	45	40	50
100	G4	—	—	57
125	G5	—	—	62
150	G6	—	—	71

注：① 不锈钢管件的材质为 ZGCr18Ni9Ti；铜管件的材质
为 ZCuZn40Pb2。

② 弯头包括 45°弯头和侧孔弯头。侧孔弯头适用于三
根公称通径相同并且相互垂直的管子的连接。

③ L—全长。

④ I系列公称压力≤3.4MPa；II系列公称压力≤1.6MPa。

第四节 复合管

一、钢塑复合压力管（CJ/T 183—2008）

1. 结构外形　如图 10-32 所示。

2. 用途　用于城镇和建筑内输送外冷热水、饮用水、供暖、燃气、特种流体(包括工业废水、腐蚀性流体、煤矿井下供水、排水、压风等)、排水(包括重力污、废水排放和虹吸式屋面雨水排放系统)所用复合管，也可作为电力电缆、通信电缆、光缆保护套管。

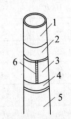

图 10-32　钢塑复合压力管

1—内层聚乙(丙)烯；2、4—专用热熔胶；3—钢管；5—外层聚乙(丙)烯；6—钢管焊缝

3. 分类

按用途分类	
名称	代号
冷水、饮用水用复合管	L
热水、供暖用复合管	R
燃气用复合管	Q
特种流体用复合管	T

按用途分类	
名称	代号
排水用复合管	P
保护套管用复合管	B

按塑料品种分类		
名称	塑料代号	工作温度/℃
冷水、饮用水复合管	PE	≤40
热水、供暖复合管	PPR；PE-RT；PE-X	≤80
燃气复合管	PE	≤40
特种流体复合管	PE	≤40
	PPR；PE-RT；PE-X	≤80
排水复合管	PE	≤65◆
保护套管复合管	PPR；PE-RT；PE-X	—

注：① ◆—瞬时排水温度≤65℃。

② 特种流体是指复合管采用塑料所接触传输介质抗化学药品性能相一致的特种流体。

③ 塑料代号含义：PE—聚乙烯；PPR—无规共聚聚丙烯；PE-RT—耐热聚乙烯；PE-X—交联聚乙烯。

4. 工作压力

复合管用途	公称压力 PN /MPa	允许最大工作压力 p_0 /MPa
冷水、饮用水		1.25
热水、供暖		1.00
燃气		0.50
特种流体	1.25	1.25
		1.00
排水		1.25
冷水、饮用水		1.60
热水、供暖		1.25
燃气		0.60
特种流体	1.60	1.60
		1.25
排水		1.60
冷水、饮用水		2.00
热水、供暖		1.60
燃气		0.80
特种流体	2.00	2.00
		1.60
排水		2.00

复合管用途	公称压力 PN /MPa	允许最大工作压力 p_0 /MPa
冷水、饮用水		2.50
热水、供暖		2.00
燃气		1.00
特种流体	2.00	2.50
		2.00
排水		2.50

5. 规格

公称外径 d_n/mm	$d_{em,min}$/mm	$d_{em,max}$/mm
16	16	16.3
20	20	20.3
25	25	25.3
32	32	32.3
40	40	40.4
50	50	50.5
63	63	63.6
75	75	75.7
90	90	90.8

公称外径 d_n/mm	$d_{em,min}$/mm	$d_{em,max}$/mm
100	100	100.8
110	110	110.9
160	160	161.6
200	200	202.0
250	250	252.4
315	315	317.6
400	400	403.0

注：$d_{em,min}$ 为最小平均外径，$d_{em,max}$ 为最大平均外径。

二、给水涂塑复合钢管(CJ/T 120—2008)

1. 用途　适用于输送公称尺寸不大于 DN1200 饮用水管材，对于公称尺寸大于 DN1200 或输送其他介质流体的管材可参照执行。

2. 规格

公称通径 /mm	内面涂层厚度/mm		外面涂层厚度/mm	
	聚乙烯	环氧树脂	聚乙烯	环氧树脂
			普通级	普通级
15				
20	>0.4	>0.3	>0.5	>0.3
25				

公称通径 /mm	内面涂层厚度/mm		外面涂层厚度/mm	
	聚乙烯	环氧树脂	聚乙烯 普通级	环氧树脂 普通级
32	>0.4	>0.3	>0.5	>0.3
40				
50				
65				
80	>0.5	>0.35	>0.6	>0.35
100				
125				
150				
200	>0.6		>0.8	
250				
300				
350				
400				
450				
500				
550	>0.8	>0.4	>1.0	>0.4
600				
650				

公称通径 /mm	内面涂层厚度/mm		外面涂层厚度/mm	
	聚乙烯	环氧树脂	聚乙烯	环氧树脂
			普通级	普通级
700	>0.8	>0.4	>1.0	>0.4
750				
800	>1.0	>0.45	>1.2	>0.45
850				
900				
1100				
1200				

三、给水衬塑复合钢管(CJ/T 136—2008)

1. 用途　适用于输送以生活用冷热水为主，公称通径不大于 500mm 的复合管。用于输送其他用途介质的管材可参照使用。

2. 规格

公称通径 /mm	内衬层厚度 /mm	法兰面衬塑层厚度 /mm	外覆层最小厚度 /mm
15	$1.5^{+0.2}_{-0.2}$	$1.0^{\ 0}_{-0.5}$	0.5
20			0.6

公称通径 /mm	内衬层厚度 /mm	法兰面衬塑层厚度 /mm	外覆层最小厚度 /mm
25			0.7
32			0.8
40	$1.5^{+0.2}_{-0.2}$	$1.0^{0}_{-0.5}$	1.0
50			1.1
65			1.1
80			1.2
100	$2.0^{+0.2}_{-0.2}$	$1.5^{0}_{-0.5}$	1.3
125			1.4
150	$2.5^{+0.2}_{-0.2}$	$2.0^{0}_{-0.5}$	1.5
200	$2.5^{0}_{-0.5}$		2.0
250	$3.0^{0}_{-0.5}$	$2.5^{0}_{-0.5}$	2.0
300			2.2
350	$3.5^{0}_{-0.5}$	$3.0^{0}_{-0.5}$	
400			2.2
450	$3.5^{0}_{-0.5}$	$3.0^{0}_{-0.5}$	
500			2.5

四、结构用不锈钢复合管(GB/T 18704—2008)

1. 用途　适用于市政设施、建筑装饰、家具、交通护栏、站台护栏、铁路护栏、路桥护栏、医疗器械、车船制造、钢结构网架、一般机械结构部件用复合管。

2. 分类

按交货状态分类	
名称	代号
表面未抛光状态	SNB
表面抛光状态	SB
表面磨光状态	SP
表面喷砂状态	SS

按截面形状分类	
名称	代号
圆管	R
方管	S
矩形管	Q

3. 规格

复合圆管外径/mm	总壁厚/mm
12.7	0.8, 1.0, 1.2, 1.4, 1.6, 2.0
15.9	
19.1	
22.2	
25.4	0.8, 1.0, 1.2, 1.4, 1.6, 2.0, 2.2, 2.5
31.8	
38.1	1.2, 1.4, 1.6, 2.0, 2.2, 2.5
42.4	
48.3	
50.8	
57.0	1.0, 1.2, 1.4, 1.6, 2.0, 2.2, 2.5
63.5	1.2, 1.4, 1.6, 2.0, 2.2, 2.5, 3.0
76.3	
80.0	1.4, 1.6, 2.0, 2.2, 2.5, 3.0, 3.5
87.0	2.2, 2.5, 3.0, 3.5
89.0	2.5, 3.0, 3.5, 4.0
102.0	3.0, 3.5, 4.0
108.0	3.5, 4.0, 4.5

复合圆管 外径/mm	总壁厚/mm
112.0	3.0, 3.5, 4.0
114.0	3.0, 3.5, 4.0, 4.5
127.0	3.5, 4.0, 4.5
133.0	
140.0	3.5, 4.0, 4.5, 5.0
159.0	4.0, 4.5, 5.0
165.0	
180.0	4.5, 5.0, 6.0
217.0	4.5, 5.0, 6.0, 7.0, 8.0, 9.0, 10
219.0	4.5, 5.0, 6.0, 7.0, 8.0, 9.0, 10, 11
273.0	6.0, 7.0, 8.0, 9.0, 10, 11, 12
299.0	
325.0	7.0, 8.0, 9.0, 10, 11, 12
复合方管 边长/mm	总壁厚/mm
15	0.8, 1.0, 1.2, 1.4, 1.6, 2.0
20	0.8, 1.0, 1.2, 1.4, 1.6, 2.0
25	0.8, 1.0, 1.2, 1.4, 1.6, 2.0, 2.2, 2.5

复合方管 边长/mm	总壁厚/mm
30	1.0，1.2，1.4，1.6，2.0，2.2，2.5
40	
50	1.2，1.4，1.6，2.0，2.2，2.5，3.0
60	1.4，1.6，2.0，2.2，2.5，3.0，3.5
70	
80	
85	
90	3.0，3.5，4.0
100	
110	
125	
130	3.5，4.0，4.5，5.0
140	4.0，4.5，5.0，6.0
170	5.0，6.0，7.0，8.0
复合矩形管 长×宽/mm	总壁厚/mm
20×10	0.8，1.0，1.2，1.4，1.6，2.0
25×15	

复合矩形管 长×宽/mm	总壁厚/mm
40×20	1.0, 1.2, 1.4, 1.6, 2.0, 2.2, 2.5
50×30	
70×30	1.2, 1.4, 1.6, 2.0, 2.2, 2.5
80×40	1.2, 1.4, 1.6, 2.0, 2.2, 2.5, 3.0
90×30	
100×40	3.0, 3.5, 4.0
110×50	
120×40	
120×60	3.5, 4.0, 4.5
130×50	
130×70	
140×60	
140×80	
150×50	
150×70	3.5, 4.0, 4.5, 5.0
160×40	3.5, 4.0, 4.5
160×60	3.5, 4.0, 4.5, 5.0
160×90	4.0, 4.5, 5.0

复合矩形管 长×宽/mm	总壁厚/mm
170×50	3.5, 4.0, 4.5, 5.0
170×80	4.0, 4.5, 5.0
180×70	
180×80	
180×100	4.0, 4.5, 5.0, 6.0
190×60	4.0, 4.5, 5.0
190×70	
190×90	4.0, 4.5, 5.0, 6.0
200×60	4.0, 4.5, 5.0
200×80	4.0, 4.5, 5.0, 6.0
200×140	4.5, 5.0, 6.0, 7.0, 8.0

注：复合管的总壁厚可以根据客户需要，基材和覆材均为
0.4～0.8mm 之间复合的管材。

五、不锈钢塑料复合管(CJ/T 136—2003)

1. 结构外形　如图 10-33 所示。

2. 用途　适用于输送公称压力为 1.6MPa 的建筑冷热水供应、燃气、压缩空气及工业流体等所用复合管。

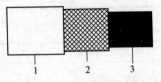

图 10-33　不锈钢塑料复合管

1—不锈钢；2—粘结层；3—塑料层

3. 分类

名称	代号	内层颜色
输送冷水用复合管	L	白色
输送热水用复合管	R	橙红色
输送燃气用复合管	Q	黄色
输送其他流体用复合管	T	红色

注：不锈钢塑料复合管是以挤压成型的塑料管为内层，对
　　接焊薄壁不锈钢管为外层，采用热熔胶或其他胶粘剂
　　粘接复合而成的。

4. 规格

公称外径/mm	总壁厚/mm	不锈钢壁厚/mm
$16^{+0.20}_{-0.10}$	$2.0^{+0.30}_{0}$	$0.3^{+0.02}_{-0.02}$
$20^{+0.20}_{-0.10}$	$2.0^{+0.30}_{0}$	$0.3^{+0.02}_{-0.02}$

公称外径/mm	总壁厚/mm	不锈钢壁厚/mm
$(22^{+0.20}_{-0.10})$	$2.5^{+0.30}_{0}$	$0.4^{+0.02}_{-0.02}$
$25^{+0.20}_{-0.10}$	$2.5^{+0.30}_{0}$	$0.4^{+0.02}_{-0.02}$
$(28^{+0.20}_{-0.10})$	$3.0^{+0.30}_{0}$	$0.4^{+0.02}_{-0.02}$
$32^{+0.20}_{-0.10}$	$3.0^{+0.30}_{0}$	$0.4^{+0.02}_{-0.02}$
$40^{+0.22}_{-0.10}$	$3.5^{+0.40}_{0}$	$0.4^{+0.02}_{-0.02}$
$50^{+0.25}_{-0.10}$	$4.0^{+0.40}_{0}$	$0.4^{+0.02}_{-0.02}$
$63^{+0.25}_{-0.10}$	$5.0^{+0.50}_{0}$	$0.5^{+0.02}_{-0.02}$
$75^{+0.30}_{-0.15}$	$6.0^{+0.50}_{0}$	$0.5^{+0.02}_{-0.02}$
$90^{+0.40}_{-0.20}$	$7.0^{+0.60}_{0}$	$0.6^{+0.02}_{-0.02}$
$110^{+0.50}_{-0.20}$	$8.0^{+0.60}_{0}$	$0.6^{+0.02}_{-0.02}$
$125^{+0.60}_{-0.20}$	$9.0^{+0.70}_{0}$	$0.8^{+0.02}_{-0.02}$
$160^{+0.70}_{-0.30}$	$10.0^{+0.80}_{0}$	$0.8^{+0.02}_{-0.02}$

六、内衬不锈钢复合管(CJ/T 192—2004)

1. 用途　适用于输送工作压力≤2.0MPa，公称通径≤500mm 的冷热水、饮用净水，消防给水、燃气、空气、油和蒸汽等低压流体或其他用途的复合钢管。

2. 规格

公称通径 /mm	钢管外径 /mm	钢管壁厚 /mm	钢管长度 /m	内衬厚度 /mm
6	10.2	2.0	6.0	≥0.20
8	13.5	2.5	6.0	≥0.20
10	17.2	2.5	6.0	≥0.20
15	21.3	2.8	6.0	≥0.25
20	26.9	2.8	6.0	≥0.25
25	33.7	3.2	6.0	≥0.25
32	42.4	3.5	6.0	≥0.30
40	48.3	3.5	6.0	≥0.35
50	60.3	3.8	6.0	≥0.35
65	76.1	4.0	6.0	≥0.40
80	88.9	4.0	6.0	≥0.45
100	114.3	4.0	6.0	≥0.50
125	139.7	4.0	6.0	≥0.50
150	168.3	4.5	6.0	≥0.60
200	219.1	5.0	6.0	≥0.70
250	273.0	6.0	6.0	≥0.80
300	323.0	7.0	6.0	≥0.90
350	377.0	8.0	4~9	≥1.0

公称通径 /mm	钢管外径 /mm	钢管壁厚 /mm	钢管长度 /m	内衬厚度 /mm
400	426.0	8.0	4～9	≥1.2
450	48.0	8.0	4～9	≥1.2
500	530.0	8.0	4～9	≥1.2

七、铝管对接焊式铝塑管(GB/T 18997.2—2003)

1. 结构外形　如图 10-34 所示。

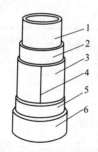

图 10-34　铝管对接焊式铝塑管

1—PE 塑料内层；2—内胶粘层；

3—对接焊铝管层；4—焊缝；

5—外胶粘层；6—PE 塑料外层

2. 用途　适用于在较高工作温度和较大工作压力下输送流体。

3. 分类

名称	代号
一型铝塑管 (聚乙烯/铝合金/交联聚乙烯)	XPAP1
二型铝塑管 (交联聚乙烯/铝合金/交换聚乙烯)	XPAP2
三型铝塑管(聚乙烯/铝/聚乙烯)	PAP3
四型铝塑管(聚乙烯/铝合金/聚乙烯)	PAP4

4. 应用特性

流体种类	铝塑管代号	工作温度 /℃	工作压力 /MPa
冷水	XPAP1、XPAP2	40	2.0
	PAP3 、PAP4		1.4
冷热水	XPAP1、XPAP2	90	1.25
		75	1.5
	PAP3 、PAP4	60	1.0
天然气	PAP4	35	0.4
液化石油气			0.4
人工煤气			0.2
特种流体	PAP3	40	1.0

5. 规格

公称外径 d_n/mm	管壁厚 e_m/mm	内层壁厚 e_n/mm	外层壁厚 e_w/mm	铝管层壁厚 e_a/mm
$16^{+0.30}_{0}$	2.3^{+050}_{0}	$1.4^{+010}_{-0.10}$	$\geqslant 0.3$	$0.28^{+004}_{-0.04}$
$20^{+0.30}_{0}$	2.5^{+050}_{0}	$1.5^{+010}_{-0.10}$	$\geqslant 0.3$	$0.36^{+004}_{-0.04}$
$25^{+0.30}_{0}$	3.0^{+050}_{0}	$1.7^{+010}_{-0.10}$	$\geqslant 0.3$	$0.44^{+004}_{-0.04}$
$26^{+0.30}_{0}$	3.0^{+050}_{0}	$1.7^{+010}_{-0.10}$	$\geqslant 0.3$	$0.44^{+004}_{-0.04}$
$32^{+0.30}_{0}$	3.0^{+050}_{0}	$1.6^{+010}_{-0.10}$	$\geqslant 0.3$	$0.60^{+004}_{-0.04}$
$40^{+0.40}_{0}$	3.5^{+060}_{0}	$1.9^{+010}_{-0.10}$	$\geqslant 0.4$	$0.75^{+004}_{-0.04}$
50^{+050}_{0}	4.0^{+060}_{0}	$2.0^{+010}_{-0.10}$	$\geqslant 0.4$	$1.0^{+004}_{-0.04}$

八、塑覆铜管（YS/T 451—2002）

1. 结构外形　如图 10-35 所示。

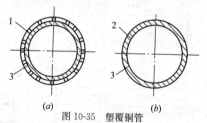

图 10-35　塑覆铜管

(a)齿形环；(b)平形环

1—齿形塑料；2—塑料；3—铜管

2. 用途　适用于对冷水、热水、天然气、液化石油气、煤气和氧气等介质的输送。

3. 分类

名称	断面形状
塑覆铜冷水管	平形环
塑覆铜热水管	齿形环(梯形、三角形或矩形)
塑覆铜燃气管	平形环、齿形环
塑覆铜气管	平形环、齿形环

4. 规格

铜管外径 /mm	塑覆铜管外径/mm		塑覆层壁厚/mm		齿数
	平形环	齿形环	平形环	齿形环	
6	8.2±0.2	8.2±0.2	1.1±0.15	1.3±0.15	6~8
8	10.6±0.2	10.6±0.2	1.1±0.15	1.3±0.15	8~10
10	12.2±0.2	12.6±0.2	1.1±0.15	1.3±0.15	10~12
12	14.2±0.2	14.6±0.2	1.1±0.15	1.3±0.15	12~20
15	17.6±0.25	18.6±0.25	1.3±0.2	1.8±0.2	16~26
18	20.6±0.25	21.6±0.25	1.3±0.2	1.8±0.2	16~25
22	24.6±0.25	25.6±0.25	1。3±0.2	1.8±0.2	20~30
28	30.6±0.25	31.6±0.25	1.3±0.2	1.8±0.2	20~30
35	38.6±0.3	40±0.3	1.8±0.25	2.5±0.25	28~35
42	45.6±0.3	47±0.3	1.8±0.25	2.5±0.25	32~42
54	58±0.4	60±0.4	2.0±0.3	3.0±0.3	42~52